内蒙古开发建设项目水土保持案例分析

朱 丽 著

黄河水利出版社
·郑 州·

图书在版编目(CIP)数据

内蒙古开发建设项目水土保持案例分析/朱丽著.
郑州:黄河水利出版社,2015.12
ISBN 978-7-5509-1283-0

Ⅰ.①内… Ⅱ.①朱… Ⅲ.①水土保持-案例-内蒙古 Ⅳ.①S157

中国版本图书馆CIP数据核字(2015)第277165号

组稿编辑:李洪良 电话:0371-66026352 E-mail:hongliang0013@163.com

出 版 社:黄河水利出版社
地址:河南省郑州市顺河路黄委会综合楼14层 邮政编码:450003
发行单位:黄河水利出版社
发行部电话:0371-66026940、66020550、66028024、66022620(传真)
E-mail:hhslcbs@126.com
承印单位:河南新华印刷集团有限公司
开本:787 mm×1 092 mm 1/16
印张:15.25
字数:352千字 印数:1—1 000
版次:2015年12月第1版 印次:2015年12月第1次印刷

定价:58.00元

前　言

中国是世界上水土流失最为严重的国家之一，由于特殊的自然地理和社会经济条件，水土流失成为主要的环境问题。中国的水土流失分布范围广、面积大，根据公布的中国第二次遥感调查结果，中国的水土流失面积为356万km^2，占国土总面积的37%，其中水力侵蚀面积为165万km^2，风力侵蚀面积为191万km^2。在水蚀和风蚀面积中，水蚀、风蚀交错面积为26万km^2，侵蚀形式多样，类型复杂，相互交错，成因复杂。中国土壤流失严重，根据统计，每年流失的土壤总量达50亿t。长江流域年土壤流失总量为24亿t，其中上游地区年土壤流失总量达15.6亿t，黄河流域黄土高原区每年进入黄河的泥沙多达16亿t。

内蒙古自治区位于我国西北部，由东北向西南延伸，呈狭长形，平均海拔1 000 m左右，基本上是一个高原型的地貌区。由于人类活动和不合理的开发利用导致环境恶化、气候干旱，植被破坏、水土流失、灾害频繁、土地贫瘠化等问题日益突出。近几年，全国经济发展对矿产资源的需求增长在很大程度上拉动了内蒙古的经济增长，相关的开发建设活动也很活跃。大规模的开发建设活动在支撑全区经济快速发展的同时，对生态环境造成了极大的压力，人为水土流失呈现显著上升趋势。为了采取更及时有效的防护措施，将开发建设项目施工、运行过程中水土流失造成的损失降至最低程度，加强开发建设项目的水土保持措施的贯彻执行，水土保持方案的编制尤为重要。但是目前开发建设项目类型多样，项目区自然条件复杂，将水土保持方案与项目情况、当地实际相结合，切实保障水土保持措施的可操作性和可实施性，对于《中华人民共和国水土保持法》的落实至关重要。

在本书中作者基于多年来从事水土保持方案编制工作的经验，以及对水土流失和水土保持工作的理解，结合内蒙古地区的特点，针对不同项目的施工工艺，介绍了水土保持方案编制的重点和难点。全书共分两篇。上篇主要介绍开发建设项目水土保持基础理论；下篇主要以案例的形式介绍了不同类型开发建设项目水土保持方案的编制工作。

全书由包头师范学院朱丽副教授撰写并统稿。作者在写作过程中，收集了大量的水土保持方案实例，同时也参阅了大量的参考文献，借此机会向这些文献的作者表示衷心的感谢！黄河水利出版社对本书的出版给予了大力支持，编辑为此付出了辛勤的劳动，在此表示诚挚的感谢！

水土流失是一项长期的、全球性的问题，更是一个跨学科的极其复杂的科学问题，而水土保持方案的编制也是不断完善的过程。由于作者知识水平、能力有限，书中难免有不妥之处，敬请读者不吝赐教！

朱　丽

2015年12月于呼和浩特

目　录

上篇　开发建设项目水土保持基础理论

下篇　开发建设项目水土保持方案实例

上篇　开发建设项目水土保持基础理论

第1章　绪　论

1.1　建设项目相关知识

1.1.1　建设项目的概念和特征

建设项目是指按固定资产投资方式进行的一切开发建设活动，包括国有经济、城乡集体经济、联营、股份制、外资、港澳台投资、个体经济和其他各种不同经济类型的开发建设活动。建设项目往往是按一个总体设计进行建设的各个单项工程所构成的总体，在我国也称为基本建设项目。我国通常把建设一个企业、事业单位或一个独立工程项目作为一个建设项目，凡属于一个总体设计中分期分批进行建设的主体工程和附属配套工程、综合利用工程、供水供电工程整体作为一个建设项目，不能把不属于一个总体设计的工程按各种方式归并为一个建设项目，也不能把同一个总体设计内的工程按地区或施工单位分为几个建设项目。

建设项目除具备一般项目特征外，还具有自身的特点：①建设项目资金投入巨大，建设周期长。②建设项目是按照一个总体设计进行建设的，由具有生产能力或使用价值的若干个单项工程组成。③建设项目统一性强。建设项目一般在行政上统一管理，经济上统一核算，因此应统一管理设计所规定的各项工程。

1.1.2　建设项目的分类和主要类型

建设项目按照其性质不同，可划分为基本建设项目和更新改造项目两大类。基本建设项目是指建设投资用于进行以扩大生产能力或增加工程效益为主要目的的新建、扩建工程及有关工作。基本建设项目一般包括新建项目、扩建项目、迁建项目和恢复项目。更新改造项目是指建设资金用于对企业、事业单位原有设施进行技术改造或固定资产更新，以及相应配套的辅助性生产、生活福利等工程和有关工作。更新改造项目包括挖潜工程、节能工程、安全工程及环境工程等。

建设项目按其投资在国民经济各部门中的作用，分为生产性建设项目和非生产性建设项目。生产性建设项目是指直接用于物质生产或直接为物质生产服务的建设项目，主要包括工业建设、农业建设、基础设施建设、商业建设。非生产性建设(消费性建设)项目包括用于满足人民物质、文化、福利需要的建设项目和非物质生产部门的建设项目,主要包括办公用房建设、居住建设、公共建设和其他建设。

建设项目按国家标准《开发建设项目水土流失防治标准》分为建设类项目和建设生产类项目。建设类项目是指只在建设期发生水土流失的项目。建设生产类项目是指在基本建设竣工后,在运营期仍存在水土流失的项目,建设生产类项目的水土流失发生在建设期和生产运行期。

1.2 土壤侵蚀

土壤侵蚀是指土壤及其母质在水力、风力、冻融、重力等外营力作用下,被破坏、剥蚀、搬运和沉积的过程。因此,它的本质也是地球的外营力对地表的塑造与夷平。这一过程从陆地形成以后就在不断地进行着,只是在人类出现和参与的情况下,发生了根本的变化,故通常将地史时期纯自然条件下发生和发展的侵蚀作用与过程,称为自然侵蚀或正常侵蚀。它的特点是侵蚀速率缓慢,不受人为活动影响,是一个纯自然过程,因而又可称为常态侵蚀。人类出现以后,人们为了生存,就自觉与不自觉地加入到了改造自然的过程中,在生产方式落后、效益低下的情况下,往往加快了土壤侵蚀的过程。所以,有史以来(距今约5 000年),人类大规模的生产活动逐渐形成,改变和促进了自然侵蚀的过程,这种快速的侵蚀过程,称为加速侵蚀。其特点是侵蚀速度快、破坏大、影响深远,除有常态侵蚀作用外,还有人类活动的参与,两者作用相叠加,大大加速了侵蚀的发生与发展。

1.2.1 土壤侵蚀的概念

1.2.1.1 基本概念

(1)土壤侵蚀。《中国大百科全书·水利卷》对土壤侵蚀的定义为:土壤及其母质在水力、风力、冻融、重力等外营力作用下,被破坏、剥蚀、搬运和沉积的过程。

(2)水土流失。水土流失在《中国水利百科全书·第一卷》中定义为在水力、重力、风力等外营力的作用下,水土资源和土地生产力的破坏和损失,包括土地表层侵蚀及水的损失,亦称水土流失。

(3)土壤侵蚀量。土壤在外营力作用下产生位移的物质量,称土壤侵蚀量。

(4)土壤侵蚀速度。单位面积单位时间内的土壤侵蚀量称为土壤侵蚀速度(或土壤侵蚀速率)。

1.2.1.2 水土流失与土壤侵蚀关系

从土壤侵蚀和水土流失的定义中可以看出,二者虽然存在着共同点,即都包括了在外营力作用下土壤、母质及浅层基岩的剥蚀、搬运和沉积的全过程,但是也有明显的差别,即水土流失中包括了在外营力作用下水资源和土地生产力的破坏与损失,而土壤侵蚀中则没有。

1.2.1.3 水土保持与土壤侵蚀关系

土壤侵蚀是水土保持的工作对象,水土保持就是在合理利用水土资源的基础上,采用水土保持林草措施、水土保持工程措施、水土保持农业措施、水土保持管理措施等构成的水土保持综合措施体系，以达到保持水土、提高土地生产力、改善山丘区和风沙区生态环境的目的。

1.2.2 土壤侵蚀的动力与分类

1.2.2.1 内营力作用

内营力作用的主要表现是地壳运动、岩浆活动、地震等。

(1)地壳运动。①概念。地壳运动使地壳发生变形和位移，改变地壳的构造形态，因此又称为构造运动。②类型。根据地壳运动的方向，可分为垂直运动和水平运动两类。垂直运动也叫升降运动或振荡运动，运动方向垂直于地表（沿地球半径方向）。这种运动表现为地壳大范围区域的缓慢上升与下降，出现于大陆和洋底，具有此起彼伏的补偿运动性质。垂直运动的一个显著特点是作用时间长，影响范围广。水平运动的方向平行于地表，即沿地球切线方向运动。现代科学技术发展证实世界大陆的形成经历了长距离的水平位移。水平运动使板块互相冲撞，形成高大的山脉，如喜马拉雅山、安第斯山等。印度大陆向喜马拉雅山脉方向运动的速度达 5 cm/a，我国山东郯城至安徽庐江的断裂，其西北盘与东南盘相对错动达 150～200 km，汾渭断裂深达 4 000 m 以上，这些都反映出地壳存在着水平运动。地壳在内营力作用下发生水平运动，同样也会导致侵蚀基准面发生变化而影响到土壤侵蚀的发生和发展。③褶皱运动和断裂运动。褶皱运动是使岩层发生波状弯曲的地壳运动，垂直运动和水平运动都可以使岩层发生褶皱。断裂运动可分为水平断裂运动和垂直断裂运动。两者往往是伴生的，很难严格区分。

(2)岩浆活动。岩浆活动是地球内部的物质运动（地幔物质运动）。地球内部软流圈的熔融物质会在压力、温度改变的条件下，沿地壳断裂或脆弱带侵入或喷出。岩浆侵入地壳形成各种侵入体，喷出地表则形成各种类型的火山，改变原来形态，造成新的起伏。

(3)地震。地震也是内营力作用的一种表现，它往往与断裂、火山现象相联系。世界主要火山带、地震带与断裂带分布的一致性即是这种联系的反映。

1.2.2.2 外营力作用

外营力作用的主要能源来自太阳能。地壳表面直接与大气圈、水圈、生物圈接触，它们之间发生复杂的相互影响和相互作用，从而使地表形态不断发生变化。外营力作用总的趋势是通过剥蚀、堆积（搬运作用则是将二者联系为一个整体）使地面逐渐夷平。外营力作用的形式很多，如流水、重力、破浪、冰川、风沙等。各种作用对地貌形态的改造方式虽不相同，但是从过程实质来看，都经历了风化、剥蚀、搬运和堆积（沉积）几个环节。

(1)风化作用。风化作用就是指矿物、岩石在地表新的物理、化学条件下所产生的一切物理状态和化学成分的变化，是在大气及生物影响下岩石在原地发生的破坏作用。风化作用可分为物理风化和化学风化作用。而生物风化就其本质而言，可归入物理风化或化学风化作用之中，它是通过生物有机体来完成的。

(2)剥蚀作用。各种外营力作用（包括风化、流水、冰川、风、波浪等）对地表进行破坏，并把破坏后的物质搬离原地，这一过程或作用称为剥蚀作用。狭义的剥蚀作用仅指重力和片状水流对地表侵蚀并使其变低的作用。一般所说的侵蚀作用，是指各种外营力的侵蚀作用,如流水侵蚀、冰蚀、风蚀、海蚀等。鉴于外营力性质的差异,作用方式、作用过程、作用结果不同,于是将侵蚀作用分为水力侵蚀、风力侵蚀、冻融侵蚀等类型。

(3)搬运作用。风化、侵蚀后的碎屑物质,随着各种不同外营力作用转移到其他地方的过程称为搬运作用。根据搬运的介质不同,分为流水搬运、冰川搬运、风力搬运等。在搬运方式上也存在很多类型,有悬移、拖曳(滚动)、溶解等。

(4)堆积作用。被搬运物质由于介质搬运能力的减弱或搬运介质物理、化学条件的改变,或在生物活动参与下发生堆积或沉积,称为堆积作用或沉积作用。按沉积的方式可分为机械沉积作用、化学沉积作用、生物沉积作用等。搬运物堆积于陆地上,在一定条件下就会形成"悬河"并导致洪水灾害发生;堆积在海洋中,会改变海洋环境,引起生物物种的变化。

1.2.3 土壤侵蚀的类型及形式

1.2.3.1 土壤侵蚀类型的划分方法

根据土壤侵蚀研究及其防治的侧重点不同,土壤侵蚀类型的划分方法也不一样。最常用的方法主要有以下3种,即按导致土壤侵蚀的外营力种类划分土壤侵蚀类型、按土壤侵蚀发生的时间划分土壤侵蚀类型和按土壤侵蚀发生的速率划分土壤侵蚀的类型。

1.2.3.2 按导致土壤侵蚀的外营力种类划分

按导致土壤侵蚀的外营力种类进行土壤侵蚀类型的划分,是土壤侵蚀研究和土壤侵蚀防治等工作中最常用的一种方法。一种土壤侵蚀形式的发生往往是由一种或几种外营力导致的,因此这种分类方法就是依据引起土壤侵蚀的外营力种类划分出不同的土壤侵蚀类型。

在我国引起土壤侵蚀的外营力种类主要有水力、风力、重力、水力和重力的综合作用力、温度作用力(由冻融作用而产生的作用力)、冰川作用力、化学作用力等,因此土壤侵蚀类型就有水力侵蚀类型、风力侵蚀类型、重力侵蚀类型、混合侵蚀类型、冻融侵蚀类型、冰川侵蚀类型和化学侵蚀类型等。

1.2.3.3 按土壤侵蚀发生的时间划分

以人类在地球上出现的时间为分界点,将土壤侵蚀划分为两大类:一类是人类出现在地球上以前所发生的侵蚀,称之为古代侵蚀;另一类是人类出现在地球上之后所发生的侵蚀,称之为现代侵蚀。人类在地球上出现的时间从距今200万年之前的第四纪开始算起。

(1)古代侵蚀。古代侵蚀是指人类出现在地球上以前的漫长时期内,由于外营力作用,地球表面不断产生变化的剥蚀、搬运和沉积等一系列侵蚀现象。这些侵蚀有时较为激烈,足以对地表土地资源产生破坏;有些则较为轻微,不足以对土地资源造成危害。其发生、发展及其所造成的灾害与人类活动无任何关系和影响。

(2)现代侵蚀。现代侵蚀是指人类在地球上出现以后,由于地球内营力和外营力的影响,并伴随着人们不合理的生产活动所发生的土壤侵蚀现象。这种侵蚀有时十分剧烈,可以给生产建设和人民生活带来严重恶果。

一部分现代侵蚀是由于人类不合理活动导致的,另一部分则与人类活动无关,主要是在地球内营力和外营力作用下发生的,将这一部分与人类活动无关的现代侵蚀称为地质侵蚀,因此地质侵蚀就是在地质营力作用下,地层表面物质产生位移和沉积等一系列破坏土地资源的侵蚀过程。地质侵蚀是在非人为活动影响下发生的一类侵蚀,包括人类出现在地球上以前和出现后由地质营力作用发生的所有侵蚀。

1.2.3.4 按土壤侵蚀发生的速率划分

(1)加速侵蚀。加速侵蚀是指由于人们不合理活动,如滥伐森林、陡坡开垦、过度放牧和过度樵材等,再加之自然因素的影响,土壤侵蚀速率超过正常侵蚀(或称自然侵蚀)速率,导致土地资源的损失和破坏。一般情况下所称的土壤侵蚀就是指发生在现代的加速侵蚀部分。

(2)正常侵蚀。正常侵蚀是指在不受人类活动影响下的自然环境中,所发生的土壤侵蚀速率小于或等于土壤形成速率的那部分土壤侵蚀。这种侵蚀不易被人们察觉,实际上也不会对土地资源造成危害。

1.2.4 土壤侵蚀的规律

1.2.4.1 水力侵蚀

从动力角度讲,水力侵蚀是降雨侵蚀力与径流冲刷力共同作用的结果。

(1)降雨侵蚀力。降雨侵蚀力是降雨引起土壤侵蚀的潜在能力,它是降雨物理特征的函数,在下垫面特征相对一致的条件下,降雨侵蚀力越大,引起的土壤侵蚀越剧烈。

(2)水流作用力。水体流动,对床面上的泥沙产生作用。作用于泥沙的力既包括水流作用力,也包括泥沙的重力及其分力,其中水流作用力有水流推移力和上举力。

(3)水流侵蚀作用。水流破坏地表,并冲走地表物质的作用,称水流侵蚀作用。除水流冲蚀外,还包括挟带物质对床面的撞击和磨蚀。

(4)水流搬运作用。水流挟带泥沙及溶解质,并推动坡面物质移动的作用,为水流搬运作用。从搬运方式上来讲,在上举力作用下起动的较细小泥沙,进入水流并以与水流相同的速度呈悬浮状态搬运,称为悬移,被搬运的物质称悬移质。它的悬浮主要受紊流的旋涡流影响,悬移质的数量与水流流速、流量及流域的组成物质有关。起动泥沙颗粒较大,可从水流中回落到床面上,对床面泥沙有一定冲击作用,使另一部分泥沙跃起进入水流,或起动泥沙沿床面滚动、滑动,称为推移,其搬运物质称推移质。推移质与悬移质之间,以及与河床上泥沙之间存在着不断交换现象,这一交换,使水流含沙量分布连续,泥沙颗粒较均一。在水流挟沙能力方面,在一定水流条件下,能够搬运泥沙的最大量称水流挟沙能力,或饱和挟沙量。若上游来水含沙量小于其挟沙能力,水流就会侵蚀床面,取得更多泥沙;反之,则发生泥沙沉积。只有来水含沙量等于其挟沙能力,才会不冲不於,来沙全部通过,或处于动态平衡。水流挟沙能力,常以悬移质的数量来度量。

(5)泥沙堆积。当水流能量降低时,搬运的泥沙就要发生沉积,亦称堆积。堆积先从推移质中的大颗粒开始,最后悬移质转化为推移质,继而在床面上沉积。

1.水力侵蚀的分类

水力侵蚀是指由大气降水所形成的径流引起的侵蚀过程和一系列土壤侵蚀形式。早期的土壤保持专家主要依据地表径流逐渐集中的过程将其划分为片蚀、细沟侵蚀、切沟侵蚀和河岸侵蚀。1982 年,捷克土壤侵蚀学家查赫(D. Zacher)将水力侵蚀划分为降雨侵蚀、河流侵蚀、山洪侵蚀、湖泊侵蚀、库岸侵蚀和海洋侵蚀等类型，得到了人们的普遍认可。我国水力侵蚀按侵蚀类型，可划分为溅蚀、面饰、沟蚀和河沟山洪侵蚀等类型。

(1)溅蚀。溅蚀是指裸露的坡地受到雨滴击溅而引起的土粒与母体分离的一种土壤侵蚀现象。溅蚀破坏土壤表层结构，堵塞土壤孔隙，阻止雨水下渗，为产生坡面径流和层状侵蚀创造了条件。因此，溅蚀是在一次降雨中最先发生的土壤侵蚀。

(2)面蚀。面蚀是指由分散的地表径流冲走坡面表层土粒的一种侵蚀现象，它是土壤侵蚀中最常见的一种形式。面蚀发生面积大，侵蚀的又都是肥沃的表土层，所以对农业生产的危害很大。根据其发生的地质条件、土地利用现状的不同及其表现形态的差异，又可分为层状面蚀、鳞片状面蚀和细沟状面蚀。

(3)沟蚀。沟蚀是指由汇集成股的地表径流冲刷破坏土壤及其母质，形成切入地表以下沟壑的土壤侵蚀形式。沟蚀形成的沟壑称为侵蚀沟。根据沟蚀程度及形态，分为浅沟侵蚀、切沟侵蚀和冲沟侵蚀等类型。沟蚀虽不如面蚀涉及的面广，但其侵蚀量大、速度快，且把完整的坡面切割成沟壑密布、面积零散的小块坡地，使耕地面积减小，对农业生产的危害亦十分严重。

(4)河沟山洪侵蚀。河沟山洪侵蚀系指山区河流洪水对沟道堤岸的冲淘、对河床的冲刷和淤积过程。由于山洪具有流速高、冲刷力大和暴涨暴落的特点，因而破坏力大，并能搬运和沉积泥沙石块。河沟山洪侵蚀改变河道形态，冲毁建筑物和交通设施，掩埋农田和居民点，会造成严重危害。

2. 水力侵蚀的分级

(1)土壤侵蚀强度。土壤侵蚀强度定量地表示和衡量某区域土壤侵蚀数量的多少和侵蚀的强烈程度，通常由调查研究和长期定位观测得到，它是水土保持规划和水土保持措施布置、设计的重要依据。土壤侵蚀模数和侵蚀深是表示侵蚀强度最直观的指标，可比性强，在水土保持工作中经常采用。单位面积上每年侵蚀土壤的平均质量，称为土壤侵蚀模数，单位为 $t/(km^2 \cdot a)$。单位面积上每年流失的径流量，称为径流模数，单位为 $m^3/(km^2 \cdot a)$。沟谷密度和地面割裂度可形象地表示侵蚀强度。通常把单位面积上沟谷的长度称沟谷密度，把沟壑面积占流域(某区域)总面积的百分比称为地面割裂度。它们形象地表示已经侵蚀的强度大小。此外，人们为了对比不同时空的侵蚀，还提出用特定径流深(如 50 mm 径流深)或特定降雨量(如 10 mm 降雨量)产生的侵蚀表示侵蚀强度的大小。

(2)土壤侵蚀强度分级。土壤侵蚀强度分级是研究和生产部门工作的重要依据，因而世界上土壤侵蚀严重的国家和地区，均制订了适用于本国家和地区情况的土壤侵蚀强度分级方案。侵蚀强度分级是根据土壤侵蚀强度从小到大的规律变化，划分出若干个等级序列，以便针对不同的侵蚀强度，实施不同的综合治理。水利部 2008 年在《开发建设项目水土保持技术规范》(GB 50433—2008)中，依据不同侵蚀营力的侵蚀特点，制订出侵蚀强度分级方案，见表 1-1 和表 1-2。

表 1-1　水力侵蚀强度分级指标

级别	侵蚀模数[t/(km² · a)]	年平均流失厚度(mm)
Ⅰ微度侵蚀(无明显侵蚀)	<200,500,1 000	<0.16,0.4,0.8
Ⅱ轻度侵蚀	(200,500,1 000)~2 500	(0.16,0.4,0.8)~2
Ⅲ中度侵蚀	2 500~5 000	2~4
Ⅳ强度侵蚀	5 000~8 000	4~6
Ⅴ极强度侵蚀	8 000~15 000	6~12
Ⅵ剧烈侵蚀	>15 000	>12

表 1-2　不同水力侵蚀类型强度分级参考指标

级别	面蚀		沟蚀		重力侵蚀
	坡度(坡耕地)(°)	植被(林地、草地)覆盖度(%)	沟壑密度(km/km²)	沟蚀面积占总面积的百分数(%)	滑坡、崩塌、泻溜面积占坡面面积的百分数(%)
Ⅰ微度侵蚀(无明显侵蚀)	<3	>90			
Ⅱ轻度侵蚀	3~5	70~90	<1	<10	<10
Ⅲ中度侵蚀	5~8	50~70	1~2	10~15	10~25
Ⅳ强度侵蚀	8~15	30~50	2~3	15~20	25~35
Ⅴ极强度侵蚀	15~25	10~30	3~5	20~30	35~50
Ⅵ剧烈侵蚀	>25	<10	>5	>30	>50

1.2.4.2　风力侵蚀

风力侵蚀是指在风力作用下地表土壤及细小颗粒剥离、搬运和沉积的过程。在陆地上到处都有风和土,但并不是任何地方都会发生风蚀。严重的风蚀必须具备两个基本条件:一是要有强大的风,二是要有干燥的土壤。因而,风蚀发生在年降水量低于200~300 mm的干旱区和半干旱区,在海岸和河流普遍存在的地区,受季节性干旱的影响,也会产生风蚀。风力作用过程包括风对土壤物质的侵蚀、输移和沉积3个过程。

1. 风的侵蚀作用

风是沙粒运动的直接动力,气流对沙粒的作用力与空气密度、气流速度、沙粒迎风面面积和与沙粒形状有关的作用系数等有关。起动风速的大小与沙粒的粒径大小、沙层表土湿度状况及地面粗糙等有关。一般沙粒越大,沙层表土越湿,地面越粗糙,植被覆盖度越大,起动风速也越大。例如,沙粒粒径在0.1~0.25 mm时,起沙风速为4.0 m/s;沙粒粒径在0.25~0.5 mm时,起沙风速为5.6 m/s;沙粒粒径在0.5~1.0 mm时,起沙风速为6.7 m/s;沙粒粒径大于1.0 mm时,起沙风速为7.1 m/s。不同地表状况下沙粒的起动风速也不同,戈壁滩的起动风速为 12 m/s,风蚀残丘的起动风速为 9 m/s,半固定沙丘的起动风速为 7 m/s,流沙的起动风速为 5 m/s。

风力侵蚀作用包括吹蚀和磨蚀两种方式。风的侵蚀能力是摩阻流速的函数。地表附近风速梯度较大,使凸出于气流中的颗粒受到强烈的风力作用。颗粒越大,凸出于气流中的高度越高,受到风的作用力越大。然而,这些颗粒由于质量较大,需要较大的风力才能被分离。能够被风移动的最大颗粒粒径,取决于颗粒垂直于风向的切面面积及本身的质量。粒径为 0.05 ~0.5 mm 的颗粒都可以被风分离,以跃移方式运动,其中粒径为 0.1 ~0.15 mm 的颗粒最易被分离剥蚀。风沙流中跃移的颗粒,增加了风对土壤颗粒的侵蚀力。因为这些颗粒不仅将易蚀的土壤颗粒从土壤中分离出来,而且还通过磨蚀,将那些小颗粒从难蚀或粗大的颗粒上剥离下来带入气流。磨蚀强度用单位质量的运动颗粒从被蚀物上磨掉的物的质量来表示。风对土壤颗粒成团聚体的侵蚀过程是一个复杂的物理过程,特别是当气流中挟带了沙粒而形成风沙流后,侵蚀更为复杂。

2. 风的输移作用

当风速大于起动风速时,在风力作用下,土壤和沙粒物质随风运动,其运动方式有悬移、跃移、蠕移 3 种形式,运动方式主要取决于风力强弱和搬运颗粒粒径大小。风沙运动与水流中泥沙运动不同,以跃移运动为主。造成这种差异的原因是空气和水的密度不同。在常温下,水的密度(1 g/cm^3)要比空气的密度(1.22×10^{-3} g/cm^3)大 800 多倍,所以水中泥沙反弹不起来。沙粒在水中的跳跃高度只有几个粒径,而在空气中的跳跃高度却有几百或几千个粒径。沙粒在空气中跳跃,便会从气流中获得更大的能量。因此,下落冲击地面时,不但本身会反弹跳起,而且还把下落点附近的沙粒也冲击溅起。这些沙粒在落到地面以后,又溅起更多的沙粒。沙粒在气流中的这种跳跃移动具有连锁反应的特性。高速跃移的沙粒通过冲击方式,靠其动能可以推动比它大 6 倍或重 200 多倍的表层粗沙粒(>0.5 mm)蠕移运动。蠕移速度较小,每秒仅向前运行 1 ~2 cm,而跃移速度快,一般可以达到每秒数十到数百厘米。在一定条件下,风的搬运能力主要取决于风速,与被搬运物质的粒径关系不密切。同样的风速可搬运多数的小颗粒或较少的大颗粒,其搬运总质量基本不变。

3. 风的沉积作用

土壤颗粒被风搬运的距离取决于风速的大小、土壤颗粒或团聚体的粒径和重量,以及地表状况。当风速减小,紊流旋涡的垂直分速小于重力产生的沉速时,在气流中悬浮运行的沙粒就要降落堆积在地表,称为沉降堆积。沙粒沉速随粒径增大而增大;风沙流运行时,遇到障阻沙粒堆积起来,称遇阻堆积。风沙流因遇障阻速度减慢,而把部分沙粒卸积下来,也可能全部(或部分)越过和绕过障碍物继续前进,在障碍物的背风坡形成涡流。风沙流遇到山体阻碍时,可以把沙粒带到迎风坡小于 20°的山坡上堆积下来。当风沙流的方向与山体成锐角时,一股循山势前进,另一股沿着山体迎风坡成斜交方向上升,这时部分沙粒不能随气流上升而沉积下来。两股风沙流相遇,即使在风向几乎平行的条件下,也会发生干扰,降低风速,减小输沙的能力,从而使部分沙粒降落下来。在风沙流经常发生的地区,粒径小于 0.05 mm 的沙粒悬浮在较高的大气层中,遇到冷湿气团时,粉粒和尘土成为雨滴的凝结核随降雨大量沉降,称为气象学上的沉暴或降尘现象。从搬运方式来看，蠕移质搬运距离很近，若被磨蚀作用分解成细小颗粒，可转化成跃移和悬移方式。跃移质多沉积在被蚀地块的附近，在灌丛、土埂的背后堆成沙垄。沙丘中的粗沙粒堆积于沙丘迎风坡，细沙粒沉积在背风坡。悬移质受打击崩解而进入气流中的悬浮颗粒，搬运距离最长。这部分颗粒数量虽少，但多是含有大量土壤养分的黏粒及腐殖质。

1.2.4.3 重力侵蚀

重力侵蚀是指斜坡上的风化碎屑、土体或岩体在重力作用下发生变形、位移和破坏的一种土壤侵蚀现象。重力侵蚀对边坡具有破坏作用。边坡上的岩土体，当受到不利因素影响时，岩土体原有平衡遭到破坏，产生向坡下的滚动和滑移。岩石、砂性土破裂面近似一平面，在横断面上为一直线；黏性土破裂面为一圆柱面，在横断面上为一圆弧。

以重力为主要外营力的侵蚀形式有蠕动、泻溜、崩塌和滑坡等。

(1)蠕动。蠕动是指斜坡上的土体、岩体和它们的风化碎屑物质在重力作用下，顺坡向下发生缓慢移动的侵蚀现象。蠕动的移动速度相当缓慢，每年只有若干毫米或几十厘米，因此常常不被人们觉察。但经长期积累，这种变形也会给生产和建设带来危害，小则造成电线杆、树木倾倒，围墙扭裂；大则造成房屋破坏、地下管道扭裂、水坝变形甚至完全损毁。根据蠕动体的性质，可将其分为松散层蠕动和岩体蠕动两种类型。松散层蠕动包括土层蠕动、岩屑蠕动，是指颗粒本身由于冷热和干湿引起体积膨胀、收缩而同时又在重力作用下产生的一种移动；岩体蠕动是斜坡上岩体在本身的重力作用下发生的十分缓慢的塑性变形或弹塑性变形，它多形成于柔性岩层组成的山坡上。

(2)泻溜。泻溜是指崖壁和陡坡上的土石经风化形成的碎屑，在重力作用下沿着坡面下泻的现象。泻溜是坡地发育的一种方式。陡坡上的土石岩体，受冷热、干湿和冻融的交替作用，造成土石表面结构松散和内聚力降低，形成与母岩分离的碎屑物质。这些物质一旦失稳，在自身重力作用下不断下落，使坡面后退。碎屑堆积在坡脚，土质堆积物的安息角一般为35°~36°，常被洪水冲刷、搬运。如果堆积物不被流水冲走，斜坡将逐渐变缓。

(3)崩塌。边坡上部岩(土)体被裂隙分开或拉裂后，突然向外倾倒、翻滚、坠落的破坏现象称为崩塌。发生在岩体中的崩塌，称为岩崩；发生在土体中的崩塌称为土崩；规模巨大、涉及大片山林的崩塌称为山崩。崩塌主要出现在地势高差较大、斜坡陡峻的高山地区和河流强烈侵蚀的地带。崩塌可造成河流堵塞，或阻碍航运、毁坏建筑物或村镇，以及引起波浪冲击沿岸等灾害。

(4)滑坡。当雨水渗透至土层底部时，在不透水层或基岩上形成地下潜流。由于土体不断吸水增重，当土体下滑力大于抗滑力时，土体沿着一定滑动面发生位移的现象，称为滑坡。滑坡发生的坡度一般为12°~32°，在此范围内坡度越大，重力超过运动阻力的可能性也越大。在凹形山坡上较难产生滑动，山坡下部平缓部分有阻止滑动的作用；凸形坡则相反，山坡下部比较不稳定，常因下部产生滑塌而导致山坡上部发生滑动。土壤的物理性质、矿物质成分及胶体化学性质均对滑坡产生影响。土壤质地均匀，渗透性因粒径增大而加强，土粒呈棱角状，则抗剪强度较大，当沙土和黏土相间成层时，在黏土面上常形成潜流，在潜流的动水压力作用下，产生化学浅蚀和力学浅蚀，促使滑坡形成。土体中含滑石、云母、绿泥石和蛇纹石等鳞片及片状矿物，较易发生滑动。滑坡体由几百、几千立方米到几万立方米,在山区还常伴生泥石流,危害极大。

按《开发建设项目水土保持技术规范》(GB 50433—2008)建议,当滑坡、崩塌、泻溜面积占坡面面积小于10%时,为轻度侵蚀;10%～25%时,为中度侵蚀;25%～35%时,为强度侵蚀;35%～50%时,为极强度侵蚀;大于50%时,为剧烈侵蚀。

1.2.5 土壤侵蚀的影响因素

1.2.5.1 水力侵蚀的影响因素

影响水力侵蚀的因素,可归纳为气候、水文、地质、地貌、土壤、植被和人为等因素。

1. 气候因素

气候因素主要包括降雨量、降雨强度、降雨量和降雨强度的最佳组合作用、前期降雨和雨型等影响因素。

降雨量是影响侵蚀的因子之一。一般来说,年降雨量大,可能侵蚀总量也大,但是年降雨量大的地区,自然植被常常生长较好,自然侵蚀反而并不严重;降雨稀少地区的植被生长较差,径流量也少,水力侵蚀相对减弱。因此,在半湿润与半干旱地区水力侵蚀最为强烈。研究结果表明,在天然降雨条件下,降雨量与土壤侵蚀量之间的直接关系并不明显。因此,人们在进行降雨量与土壤侵蚀的研究中,常常统计的是可蚀性降雨量。所谓可蚀性降雨量,指的是降雨侵蚀模数不小于1 t/km^2 的降雨量。

降雨强度是影响土壤侵蚀的最重要因子。大量研究证明,土壤侵蚀只发生在少数几次暴雨之中。例如,据绥德站测定结果,1956年发生过一次强度为3.5 mm/min的暴雨,该年的水土流失量占1954～1956年3年总量的30%以上。

单就降雨量与降雨强度对土壤侵蚀的影响进行分析,并不能充分反映降雨对侵蚀的作用。因此,通常利用降雨量与降雨强度进行不同的组合,再与侵蚀进行分析。研究证明,黄土高原在其他条件一致的情况下,一次降雨量和平均雨强与侵蚀量的关系为非线性函数。

降雨时空分布对侵蚀的作用也不相同。侵蚀的形成往往与可蚀性降雨集中程度相一致。一年中,侵蚀主要发生在雨季。例如,天水站1945～1953年径流小区的观测表明,6～8月降雨量占全年降水量的47.8%,而径流量占年总径流量的78.5%,侵蚀量占年侵蚀总量的81.7%。降雨量的年际变化也对土壤侵蚀造成影响,一般情况下,丰水年侵蚀强烈,干旱年侵蚀微弱。

前期降雨使土壤水分饱和,再继续降雨就很容易产生径流而造成水土流失。前期的降雨若降雨量少而次数少,则使土壤水分达到饱和,而不产生侵蚀,后期的降雨,随着降雨次数和降雨量的增加,侵蚀的程度也会逐渐增加。

雨型不同,降雨的分布亦不同。例如,黄土地区的降雨主要有两种雨型,一种是受局部地形和气候影响产生的来势猛、历时短(1 h左右)的小面积降雨,称短阵性雨型;另一种主要是受锋面影响的大面积普通雨型。就一定雨强来说,局部地区短阵性雨型比大面积的普通雨型更易引起土壤侵蚀。除上述影响因素外,降雨的雨滴特性——雨滴形状、大小、分布、降落速度和接地时的冲击力等也影响着水力侵蚀的发生和强弱。

2. 水文因素

水文因素主要包括降雨及冰雪融水形成的坡面径流等。一般情况下，随着径流量和流速的增大，侵蚀量增大。

3. 地质因素

(1)岩性与地面组成物质。地面组成物质不同，其抵抗侵蚀的能力不同，因此影响侵蚀的程度也不同。就黄土区而言，红黏土的粒度小于黄土，渗透性弱，在相似降雨条件下产生的径流量大于黄土，因其结构紧密，颗粒不易被水流带动，抗蚀性远远大于黄土，可蚀性远远小于黄土。

(2)新构造运动。新构造运动的上升区，往往是侵蚀的严重区。黄土高原是抬升比较显著的地区，据观测，六盘山西侧近百年上升速度为 5 ~ 15 mm/a，引起这个地区的侵蚀复活，使得冲沟和斜坡上的一些古老侵蚀沟再度活跃。

(3)侵蚀基准面变化。侵蚀基准面的变化除与径流的直接冲刷有关外，还与新构造运动密切相关。在现代构造运动以上升为主的地区，地壳活动对侵蚀的间接影响，首先在沟谷或河谷中反映出来，并逐渐向坡地传递。沟谷或河谷受内力的影响首先表现为纵坡面变化，并通过纵坡面调整影响沟谷的其他形态要素。因此，沟床下切深度、沟头前进速度和谷坡扩展速度，都和侵蚀基准面变化有关。

4. 地貌因素

(1)坡度。坡度的大小直接影响到坡面土(岩)体的稳定性，以及承雨量、渗透量和径流量的多少等。坡度愈小，径流在坡面上停留的时间愈长，水流损失愈大，则入渗土壤的机会也愈多；在较大的坡面上则情况相反。因此，在渗透较大的条件下，渗透量与坡度呈反比关系。

(2)坡长。坡长指的是从地表径流的起点到坡度降低到足以发生沉积的位置或径流进入一个规定沟(渠)的入口处的距离。当坡面其他条件一致时，径流深一般随着坡长的增加而增加。

(3)坡形。自然界的坡面依据其形态，可分为直线形坡、凸形坡、凹形坡和阶形坡四种类型，其他形态是上述坡形的不同方式的自然组合。直线形坡，从分水岭到斜坡底部坡度保持不变，严重土壤侵蚀发生在下半部。随着距分水岭距离增大，径流量和流速也增大，斜坡上常出现彼此平行排列的细沟、浅沟和切沟。凸形坡，其坡度随着距分水岭距离增加而增大。邻近分水岭附近地面平缓，以后随着坡长增加，坡度亦增加。由于坡度和坡长同时增加，将引起径流量和流速迅速增加，水土流失量亦随之增大，凸形坡的下部经常以浅沟、切沟等为主要侵蚀形式。凹形坡，坡度的转折与凸形坡不同，在斜坡上半部邻近分水岭附近，坡度较陡，而距分水岭较远时，坡度变缓。因而，在斜坡的下半部，虽然其斜坡坡长增加，但由于坡度减缓，不仅不产生侵蚀作用，而且往往以沉积为主。此种坡形较多地分布在山区与阶地平原接壤处或河谷两岸。阶形坡，是斜直坡与阶地相间的复式坡形，这种坡形对水流起到一种缓冲作用，既可增加地表径流的下渗机会，减少径流量，又可削减径流流速，降低径流冲刷强度。

(4)坡向。坡向不同，所接受的太阳辐射不同，从而造成土壤温度、湿度、植被状况等一系列环境因子的不同，其侵蚀过程也有明显差异。

5. 土壤因素

在土壤侵蚀过程中，土壤是被破坏的对象，所以土壤的特性对土壤侵蚀的发展有着重要的影响。在一定的地形和降雨条件下，地表径流的大小及土壤侵蚀的程度和强度取决于土壤的性质。土壤的特性包括渗透性、抗蚀性和抗冲性等。

(1)土壤的渗透性。地表径流是水力侵蚀的动力，在其他因素相同的条件下，径流对土壤的破坏性能，除取决于流速外，主要是取决于径流量。径流量的大小，则完全取决于土壤的透水性。土壤渗透性强弱主要取决于土壤的质地及结构性、空隙率等因素。①土壤质地。一般砂质土，颗粒较粗，土壤空隙度大，因此透水性强，不易形成地表径流，壤质或黏质土壤则相反。②土壤结构。土壤的结构越好，透水性越强，持水量越大，土壤侵蚀程度越轻。结构良好的土壤因大小空隙比例适当，透水性强，减少了径流量，削弱了径流的破坏力，因此抗蚀力也很强。腐殖质含量高的土壤，土壤结构良好，土壤疏松多孔，透水保水能力都强，所以抗蚀力很强。③土壤的空隙率。土壤持水量的大小对地表径流的形成和大小亦有很大的影响。如持水量很低，渗透强度又不大，在大暴雨时，就会产生超渗现象，从而发生强烈的地表径流和土壤流失。土壤的持水量主要取决于土壤的空隙率，同时也与空隙的大小有关。当土壤空隙很小时，持水性虽然很强，但由于透水性不好，不能很好地吸收雨水。如果土壤空隙率加大，同时空隙也大，土壤吸收雨水能力即加强。土壤湿度也有一定的影响，每种土壤保持的水分是有一定限度的，这与土壤的空隙度、团粒结构以及所含的有机成分有关。当土壤含水量达到饱和时，多余的水分就难渗入，除非是其透水性强和其下层尚有吸收水分的余地。一方面土壤湿度的增加会减少土壤吸水量，另一方面土壤颗粒在较长时间的湿润情况下吸水膨胀，会使空隙减缩，尤其是胶体含量大的土壤更为显著。这就是土壤湿度影响地表径流的基本原因。所以，暴雨落到极其潮湿的土壤上的径流系数要比落到比较干燥的土壤上大得多。

(2)土壤的抗蚀性。土壤的抗蚀性是指土壤抵抗雨点打击分散和抵抗径流悬浮的能力。土壤的破坏，一方面取决于降雨强度、雨滴的大小、地表径流的多少及其速度，另一方面则取决于土壤抵抗水流破坏和雨滴冲击作用的能力及土壤的抗蚀能力。

(3)土壤抗冲性。土壤抗冲性系指土壤抵抗地表径流对土壤的机械破坏和推动下移的能力。土壤结构越差，遇水崩解越快，抗冲性越弱，越容易产生土壤侵蚀。

6. 植被因素

植被防治土壤侵蚀主要是通过拦截降雨、调节地表径流、固结土体和改良土壤性状等实现的。

(1)拦截降雨。植物的地上枝叶，不仅呈多层遮蔽地面，而且都有一定的弹性开张角，既能拦截降水，又能分散和削弱雨滴的能量，使雨滴速度减小，有效地防止雨滴对地面的直接打击和破坏作用。植被覆盖度越大，层次结构越复杂，拦截的效果越好。尤其以茂密的森林最显著。

(2)调节地面径流。森林、草地中往往有厚厚的一层枯枝落叶，像海绵一样接纳通过树冠和树干流下来的雨水，使之慢慢渗入地下变为地下水，不易产生地表径流。即使在暴雨时，也有1/3 的降雨量立刻被森林的枯落物吸收，同时枝叶截流的作用可减缓地表径流的形成。

(3)固结土体。植物根系对土壤有良好的穿插、缠绕、网络、固结作用，特别是森林及人工混交林中，各种植物根系分布深度不同，有的垂直根系可伸入土中10 cm以上，能促成表土、心土、母质和基岩连成一体，不但增强固结土体的能力，而且减少土壤冲刷量。

(4)改良土壤性状。林地和草地落叶腐烂分解后可以给土壤层增加大量腐殖质，林木每年从土壤中吸收有机物仅为同面积农作物或草本植物的1/15～1/10，这些有机物只有30%～40%用来生长木材，而60%～70%以枯枝落叶形式归还土壤。因此，林地土壤腐殖质含量比无林地土壤高4%～10%，有利于形成大量的具有水稳性的团粒结构，这种团粒结构的抗蚀力很大。

7. 人为因素

自从人类出现以来，人们就不断地以自己的活动对自然界施加影响，改变着原有的生态环境，建立新的生态环境。随着人类社会生产活动范围或规模的扩大，前述影响土壤侵蚀的自然因素，在人为因素作用下，也都在向着不同的方向发展，既有促进土壤侵蚀的一面，也有防止土壤侵蚀的成效。通过人为治理活动消除前者的破坏性作用，发展后者的积极作用。

1.2.5.2 风力侵蚀的影响因素

风蚀作用的大小、强弱除与风力有关外，还受土壤抗蚀性、地表土垄、降雨、土丘坡度、裸露地块长度、植被覆盖等因素影响。

1. 土壤抗蚀性

土壤抵抗风蚀的性能主要取决于土粒质量及土壤质地、有机质含量等。风力作用时，受作用力的单个土壤颗粒(团聚体或土块)的质量(或大小)足够大，则不能被风力吹移、搬运；若颗粒质量很小，极易被风吹移。因此，常把粗大的颗粒称为抗蚀性颗粒，把轻细的颗粒称为易蚀性颗粒。抗蚀性颗粒不仅不易被风吹移，还能保护风蚀区内的易蚀性颗粒不被移动。由此可见，土壤抗蚀性颗粒的含量多少，能够表示土壤抗蚀性强弱。抗蚀性颗粒的机械稳定性，影响风蚀的进一步发展。若抗蚀性颗粒(或团聚体)形状大(或成复粒)，在风沙流的冲击和磨蚀作用下，仅被分离成较大的颗粒或不易分离，表示颗粒稳定性高，相反，易分离的颗粒稳定性差。颗粒稳定性与土壤质地、有机质含量有关。

2. 地表土垄

由耕作过程形成的地表土垄，能够通过降低地表风速和拦截运动的泥沙颗粒来减慢土壤风蚀。阿姆拉斯特等研究了不同高度土垄的作用，得出：当土垄边坡比为1:4，高5～10 cm时，减缓风蚀的效果最好；低于这个高度的土垄在降低风速和拦截土壤物质方面，效果不太明显；当土垄高度大于10 cm时，在其顶部产生较多的旋涡，摩阻流速增大，从而加剧了风蚀的发展。

3. 降雨

降雨使表层土壤湿润而不能被风吹蚀。降雨还通过促进植物生长间接减少风蚀。特别是在干旱地区，这种作用就更加明显。由于植物覆盖是控制风蚀最有效的途径之一，植物对降雨的这种反应也就显得特别重要。降雨还有促进风蚀的一面，原因是雨滴的打击破坏了地表抗蚀性土块和团聚体，并使地面变平坦，从而提高了土壤的可蚀性。一旦表层土壤变干，将会发生严重的风蚀。

4. 土丘坡度

在水平地面及坡度为1.5%的缓坡地形上，一般风速梯度和摩阻流速基本不变。但对于短而较陡的坡，坡顶处风的流线密集，风梯度变大，使高风速层更贴近地面。这就使顶部的摩阻流速比其他部位都大，风蚀程度也较严重。

5. 裸露地块长度

风力侵蚀强度随被侵蚀地块长度而增加，在宽阔无防护的地块上，靠近上风的地块边缘，风开始将土壤颗粒吹起并带入气流中，接着吹过全地块，所挟带的吹蚀物质也逐渐增多，直到饱和。把风开始发生吹蚀至风沙流达到饱和需要经过的距离称饱和路径长度。对于一定的风力，它的挟沙能力是一定的。当风沙流达到饱和后，还可能将土壤物质吹起带入气流，但同时也会有大约相等重量的土壤物质从风沙流中沉积下来。尽管一定的风力所挟带的土壤物质的总量是一定的，但饱和路径长度随土壤可蚀性的不同而不同。土壤可蚀性越高，则饱和路径长度越短。

6. 植被覆盖

增加地面植被覆盖（生长的作物或作物残体），是降低风的侵蚀性最有效的途径。植被的保护作用与植物种类有关。

第2章 开发建设项目水土流失

2.1 开发建设项目水土流失的特点

2.1.1 水土流失地域的扩展性和不完整性

由于开发建设项目建设及生产运行可在短时间内对当地的水土资源环境造成极大的破坏，因此水土流失发生的地域也已从山丘区到平原区，由农村发展到城市，由农区扩展到牧区、林区、工业区、开发区、草原、黑土地区等原本水土流失轻微的地区。

开发建设项目建设及生产运行期间，根据资源分布或生产建设的需要，所占用的区域一般都不是完整的一条小流域或一个坡面，而是由工程特点及其施工需要所决定的。

2.1.2 水土流失规律及流失强度的跳跃性

开发建设项目建设及生产运行，使原有的土壤侵蚀分布规律发生了变化。原来水土流失不严重的地区，局部却产生了剧烈的水土流失，而且土壤侵蚀强度较大，原有的侵蚀评价和数据在局部地区已不适用。土壤侵蚀过程也发生了变化。过去的一个地区的水土流失产生、发展过程呈现规律性，现在局部地区打破了原有的规律，可能从轻微侵蚀迅速跳跃到剧烈侵蚀。

2.1.3 水土流失形式的多样性

由于开发建设项目的组成、施工工艺和运行方式多样，且因地表裸露、土方堆置松散、人类机械活动频繁等，造成水蚀、风蚀、重力侵蚀等侵蚀形式的时空交错分布。一般在雨季多水蚀，且溅蚀、面蚀、沟蚀并存，非雨季大风时多风蚀。生产建设过程对地表的扰动及重塑，局部改变了水土流失的形式，使原来的主要侵蚀营力发生变化，从而改变侵蚀形式。例如，在丘陵沟壑区的公路施工中，路基修筑过程中的削坡、开挖断面及对弃渣的堆砌，使原本的风力侵蚀作用加大，变成风力加水力侵蚀的复合侵蚀类型。在平原区，高填路基施工后，形成一定的路基边坡，从而使原本以风蚀为主的单一侵蚀形式，在路基边坡处变为以水蚀为主的侵蚀形式；对于设置在水蚀区的干灰场来说，由于堆灰工程所引起的灰渣流失，该区原有的侵蚀方式由水蚀变为风蚀，或者风蚀、水蚀并存。

2.1.4 水土流失的潜在性

实践表明，开发建设项目在建设、生产(运行)期造成的水土流失及其危害，并非全部立即显现出来，往往是在很多种侵蚀营力共同作用下，首先显现其中一种或几种所造成的危害，经过一段时间后，其余侵蚀营力造成的危害才慢慢显现出来；其次，由侵蚀营力造成的水土流失危害有一个不确定时段的潜伏期，而结果无法预测。例如，弃土场使用初期，往往水蚀和重力侵蚀同时存在，在雨季主要表现为水蚀，在大风日主要表现为风蚀，而重力侵蚀及其他侵蚀形式则随着弃土场使用时间的推移，经过潜伏期后，慢慢地显现其侵蚀作用，造成水土流失。又如，对于大多地下生产项目如采煤、采铁、淘金等，除扰动地面外，更长期的扰动是因地层挖掘、地下水疏干等活动，间接使其地表河流干涸、地下水位下降、地表植被退化、地面塌陷，形成重力侵蚀，从而加剧水土流失。

2.1.5 水土流失物质成分的复杂性

开发建设中的工矿企业、公路、铁路、水利电力工程、矿山开采及城镇建设等，在施工和生产运行中会产生大量的废渣，除部分利用外，尚有许多剩余的弃土、弃石、弃渣。对于开发建设项目的弃渣来说，其物质组成成分除土壤外，还有岩石及碎屑、建筑垃圾与生活垃圾、植物残体等混合物。矿山类弃渣还有煤矸石、尾矿、尾矿渣及其他固体废弃物。火电类项目还有炉渣等。有色金属工程，其固体废弃物就是采矿、选矿、冶炼和加工过程及其环境保护设施中排出的固体或泥状的废弃物，其种类包括采矿废石、选矿尾矿、冶炼弃渣、污泥和工业垃圾等。有色金属工程在生产过程中还会排放出有害固体废弃物。正因为如此，上述弃渣应在指定的场所集中堆放，并修建拦挡、遮盖工程，以避免产生水土流失、压埋农田、淤积江河湖库、危害村庄及人身安全，减少对周边环境的严重影响。

2.1.6 水土流失的突发性和灾难性

开发建设项目所造成的水土流失，往往在初期阶段呈现突发性，并且具有侵蚀历时短、强度大的特点。一些大型的开发建设项目对地表进行大范围及深度的开挖、扰动，破坏了原有的地质结构，造成了潜在的危害。随着时间的推移，在生产(运行)期遇到一定外来诱发营力的作用下，便会造成大的地质灾害，发生崩岗、滑塌等地质灾害。如山西省太原市郊区，因忽视开发建设项目中的水土保持工作，1996 年 8 月的一场暴雨使洪水挟带泥沙涌入市区，淤积厚度达 1 m，造成 60 人失踪或死亡，直接经济损失达 2.86 亿元。又如陕西省铜川市区，近年来大规模开挖导致山体大面积滑坡、崩塌，仅 1982 ~ 1985 年，城区因崩塌、滑坡等灾害造成的人身伤亡事故就达 20 多起，死亡 122 人，直接损失达 1 000多万元。

实践表明，开发建设项目在施工过程中若随意弃土弃渣，或者乱采滥挖，就将不可避免地造成大量水土流失，进而使可利用土地资源不断减少，土地可利用价值和生产力大大降低。同时，大量弃土弃渣流入河流，会造成河道淤积，毁坏水利设施，影响正常行洪和水利工程效益的发挥，甚至还会引发更大的洪涝或地质灾害。近几十年来，各类开发建设项目激增，使长江中下游地区湖泊面积丧失约 1 200 万 hm^2，丧失率达 34%，极大地削弱了湖泊的调洪能力。另外，由不合理的开发建设活动而导致的塌陷、崩塌、滑坡、泥石流等自然灾害也屡见不鲜，且危害极大。例如，2006 年 3 月 27 日，青海省贵德县境内的一座大型水电站——拉西瓦水电站发生一起滑塌事故，导致 3 人死亡、2 人受伤。四川巫溪中阳村对坡脚的不合理开挖，造成水土流失，于 1988 年 1 月 10 日引发坡体滑塌，导致 25 人死亡、7 人受伤，直接经济损失达 468.5 万元。

综上所述,开发建设项目在施工活动或生产运行期所产生的弃渣(包括灰渣、尾矿),若不及时采取有效的防护措施,或者虽建有拦挡工程而管理不善,使水土保持措施不能很好地发挥拦挡作用,就有可能造成水土流失,影响周边环境,导致人员伤亡,给社会造成极大危害。

2.2 开发建设项目水土流失的基本概念

水土流失在《中国百科大辞典》中的定义为"由水、重力和风等外界力引起的水土资源破坏和损失",在《中国水利百科全书·第一卷》中的定义为"在水力、重力、风力等外营力的作用下,水土资源和土地生产力的破坏和损失,包括土地表层侵蚀和水的损失,亦称为水土损失"。土地表层侵蚀指在水力、风力、冻融、重力以及其他外营力的作用下,土壤、土壤母质及岩屑、松软岩层被破坏、剥蚀、转运和沉积的全部过程。水土流失的形式除雨滴溅蚀、片蚀、细沟侵蚀、浅沟侵蚀、切沟侵蚀等典型的土壤侵蚀形式外,还包括河岸侵蚀、山洪侵蚀、泥石流侵蚀以及滑坡等侵蚀形式。

在一些国家的水土保持文献中,水的损失是指植物截留损失、地面及水面蒸发损失、植物蒸腾损失、深层渗漏损失、坡地径流损失。在我国,水的损失主要是指坡地径流损失。我国判断水土流失的3条标准:一是水土流失发生的场所是陆地表面,除海洋外的地球表面都有可能发生水土流失;二是水土流失产生的原因必须是外营力,最主要的外营力是水力、风力、重力和人为活动;三是水土流失产生的结果是水土资源和土地生产力的损失和破坏。

开发建设项目造成的水土流失,是以人类生产建设活动为主要外营力形成的水土流失类型,是人类生产建设活动过程中扰动地表和地下岩土层、堆置废弃物、构筑人工边坡以及排放各种有害物质而造成的水土资源和土地生产力的破坏和损失,是一种典型的人为加速侵蚀。其形式包括开发建设项目主体工程建设区和直接影响区的水资源、土地资源以及环境的破坏和损失(包括岩石、土壤、土状物、泥状物、废渣、尾矿及垃圾等的流失)。开发建设项目水土流失是在人为作用下诱发产生的。它与原地貌条件下的水土流失有着天然的联系,但也存在着明显的区别。其所造成的水土流失的形式,主要体现为项目建设区的水资源、土地资源及其环境的破坏和损失,不但包括建设过程中岩石、土壤(含土壤母质)等自然物质的破坏、侵蚀、搬运和沉积,也包括生产运行期内的生产性废弃物,呈土状物、泥状物的废渣、尾矿、垃圾等多种物质的破坏、侵蚀、搬运和沉积。与天然状态不同的是,由于开发建设项目的数量大、建设类型多样、产生水土流失的方式不一,其造成的水土流失危害具有分散性、潜伏性和不确定性等特点。

2.3 开发建设活动引起的水土流失形式

开发建设项目水土流失,是人类在开发建设活动中,因扰动地表或地下岩土层,如钻井、开挖管沟、平整场地、临时建设施工占地、现场建材和管材堆放、运输车辆及作业机械的各项施工活动,以及排放多种有毒有害物质,而造成的水土资源和土地生产力的破坏和损失,是一种典型的现代人为加速侵蚀。其形式复杂多样,包括开发建设项目及其影响区域范围内的水损失(包括水资源及其环境的破坏)和土地损失(包括岩石、土壤、土状物、泥状物、废渣、尾矿、垃圾等的流失)。开发建设项目水土流失是在人为作用下诱发产生的,它与原地貌条件下的水土流失有着天然的联系,但也存在着明显的区别。

传统水土流失以对自然地貌的侵蚀为主,人为加速侵蚀主要由毁林毁草、开垦荒地和不合理的生产经营活动造成。开发建设项目水土流失是一种极为剧烈的人为加速侵蚀,其形式复杂多样且具显著特征。

(1)水循环系统和水资源的破坏和损失。开发建设项目开挖地表及深层土壤、岩石,破坏下垫面和地下储水结构,破坏水循环系统;硬化地面,使入渗减少,径流增加,破坏水量平衡,造成水的损失;建设和生产过程中有毒有害物质进入水循环系统,导致水资源污染。

(2)侵蚀搬运物质复杂化。现代化的建设项目,采用高度机械化的挖掘施工工艺和高能量的爆破技术,不仅使表层土壤和植被荡然无存,而且还将浅表层或深层的岩土物质搬运到地表。构成开发建设项目的侵蚀搬运物质已不是传统意义上的土壤和岩石风化物,而是包括土壤、母岩、基岩、工业固体废弃物以及垃圾等物质的混合物。这些搬运物质通常呈非自然固结状态,胶结和稳定性极差,加剧了水蚀、风蚀和重力侵蚀过程。

(3)人为诱发水土流失严重。在山区、丘陵区、风沙区甚至平原区,开发建设项目通过水文网络时,常将固体废弃物倾泻或堆置在岸坡或水路上,不仅导致废弃物淋溶污染,而且缩窄了水路,影响行洪,增加山洪泥石流发生的潜在危险;项目建设过程中的开山通路,破坏了自然边坡的载荷平衡,诱发了崩塌、滑坡等侵蚀。

(4)特殊的水土流失形式。开发建设项目在建设和生产过程中,由人为因素造成的特殊侵蚀形式如非均匀沉降、砂土液化、采空区塌陷等的成因和形式十分复杂,它们与工程设计、施工工艺和生产流程有密切关系。

开发建设项目水土流失形式的分类,目前尚无统一的划分方案。下面分别就水资源系统破坏、水力侵蚀、重力侵蚀、混合侵蚀、风力侵蚀等几方面进行详细阐述。

2.3.1 开发建设活动对水资源的影响

工程建设和采矿活动破坏了下垫面的植被、土壤,改变和重塑了地形地貌;同时,大量取水、用水和排水,破坏地下储水结构,不仅影响项目建设区本身的水文平衡,而且影响项目建设区周围区域的水文循环,导致水土资源的破坏和损失,造成区域水资源匮缺、水环境及水质恶化,使项目建设区和直接影响区的土地生产力下降,给周围区域农业及人民生活用水带来了巨大的困难。工程建设活动造成的区域水量损失及水质污染,导致的区域水资源状况恶化,称之为水资源破坏。在水资源遭到破坏的同时,水循环所涉及的区域下垫面状况,如区域地形、地貌、土壤、植被、地质构造及河道特征等,也遭到不同程度的破坏,其与水资源破坏一起称为水资源系统的破坏。

2.3.1.1 开发建设活动对水循环的影响

水是地球上分布最广泛的物质之一,是人类赖以生存的最基本的物质基础。水的相变特征和气液相的流动性,决定了水分在空间循环的可能性。水在地球引力、太阳辐射、大气环流作用下，无休止地在海洋、大气和陆地之间运行，称为水分大循环或海陆循环。在自然界复杂多变的气候、地形、水文、地质、生物及人类活动等作用因素的影响下，水分循环与转化过程是极其复杂的。

开发建设活动主要影响内陆水循环，特别是河川流域水文情势的变化。它是通过对河川流域的地形、地貌、土壤、植被、地质构造及河道特征等多方面的扰动、破坏、重塑实现的，属于人类活动的水文效应范畴。开发建设项目对水循环的影响，实际包括对水环境或者水循环系统及水循环本身的影响，这种影响可根据水文变化分为突变、渐变和不规则变化3类。如大型水库、引水工程、开凿运河等水工程的影响往往是突变性的，短时间内将造成永久水文环境条件变化；开矿、城市和工业化对水循环的影响，则是在连续不断的活动下逐渐改变水文情势的；在一定的区域范围内，多种人类活动交织在一起，形成错综复杂的影响，则往往表现为不规则的变化。

水工程建设对水循环特别是对河川径流直接进行时间和空间上的调配，人为改变自然水循环。如蓄水工程使蓄水区变成了水面，拦截了径流，减少了下游水量，增加了水面蒸发，并且使库区周围地下水位上升，导致土壤盐渍化，这在地下水位较高的平原地区尤为严重。规模宏大的引水调水工程如南水北调工程等，在更为广阔的空间上调节区域水量，虽然可以满足日益增加的城市工业用水和居民用水需求，但由此却使得自然水循环遭受破坏，带来的环境问题也是惊人的；不合理的设计将会加剧其危害。

采煤工程对水资源的循环也有影响。在采煤初期，矿井涌水主要来自煤层自身和疏干上层潜水，影响范围较小；在采空范围的增大期，上覆岩土破裂塌陷，煤层以上含水层、地下水、坡面径流及河道水流沿着塌裂区下渗补给矿井的水量，也不断增加，矿井涌水量越来越多。与此相应，上覆地层中各含水层地下水储量不断疏干，地下水位降低，河道基流逐渐变小以至于枯竭，地表径流渗漏量越来越大，河川基流越来越少，流域中的地表水和地下水之间的循环条件发生了很大的变化；在采空范围扩大到一定程度后，疏干补给、地表径流入渗补给以及其他补给显著增加，形成整个开采过程的涌水高峰，地表径流明显减少，地下水位大幅下降，导致泉水断流。大量的矿坑排水，使得地表水迅速向地下水转化，地下储水结构相应发生变化，使地下水体由原来的以横向运动为主变为以竖向运动为主，破坏了浅层水源，严重影响了工农业用水。采煤工程周期长，人员多，配套建设规模大，引发区域用水紧张、超采情况严重，干扰了正常的水循环，破坏了地下水补给与供需的动态平衡，造成大量的地下水降落漏斗，特别是浅层水位普遍下降，改变了区域水文地质条件，造成房屋建筑开裂、地面沉降积水、河堤下沉、泄洪能力降低等一系列的问题。

开发建设活动均离不开水，如选矿、发电、化工等都需要大量的水。与此同时，居民的生产生活也离不开水。近年来，随着城市化和工业化的高速发展，我国北方和南方部分地区水资源日趋紧张，某些厂矿企业因缺水限产。地下水超采情况越来越严重，干扰了正常的水循环，破坏了地下水补给与供给的动态平衡，造成了地下水降落漏斗；特别是深层水位的普遍下降，改变了区域水文地质条件，使深、浅含水组间的水力联系发生根本改变。在没有良好或完整隔水层的边山、洪积扇区，受工矿企业和城市深层水超采的影响，浅层水渗漏排泄，大面积疏干，人畜饮用水和农业灌溉出现困难，严重影响周边地区的浅层地下水位。一些地区水井枯竭，小泉断流。同时，地下水位下降引起大面积地面沉降，导致道路、桥梁、房屋等建筑物开裂，地面雨后积水，河堤下沉、泄洪能力降低等一系列灾害性问题。开发建设区大部分生产用水通过一定工艺流程之后，变成废水再次排放进入地表，不仅影响河川径流的水质，而且通过深层渗漏影响地下水质，对水循环及水环境造成质和量的两重破坏，后果更为严重。

2.3.1.2 开发建设活动对地表水环境的破坏

开发建设活动的进行，使人类对区域水文的影响日益显著，不断改变和破坏着区域的原始地形地貌，从而改变了区域特性、洪水特征以及河道汇流等一系列水文特征，进而改变了天然状态下的水循环过程。

灌溉、排污以及河流上的水利工程建设等，都在时间和空间上引起了水文循环要素质和量的变化；大规模的土地开发利用，不仅改变了地表产汇流规律，而且改变了地下水的补给规律；生产活动造成了河道外用水量大量的增加，使地表径流量、枯季径流量和地下水补给条件发生了相应改变；水利工程的修建、通江湖泊的开垦，以及跨流域调水工程的实施，更是改变了地表水的地域分配；城市化建设导致大片森林和田园消失，并侵占流域河道的洪水滩地，促使下垫面结构改变，不透水面积增大，降雨径流转化关系随之改变。

煤炭开采过程中形成的巷道和开采后形成的采空区，严重破坏了地表水、地下水运移、赋存的天然状态，产生了一系列问题，诸如河水断流、地下水位下降、泉水流量锐减甚至干涸、水资源污染加重等。以山西省为例，山西地处黄土高原，煤矿绝大部分位于山区，地形复杂，河谷切割很深，沟谷径流较少，大部分为季节性河流，当煤矿开采沉陷波及地面时，造成地表开裂和塌陷，使得地表水渗入地下或矿坑，因而使地表径流量减少，水库蓄水量下降。此外，大量矿坑污水排向河道后，不仅严重污染了流域内地表水，还可能通过渗漏污染地下水。开发建设活动对地表水环境的破坏，不仅影响项目建设区和影响区的工农业及人民生活用水，而且导致区域内土地生产力下降和生态环境恶化。

2.3.1.3 开发建设活动对地下水环境的破坏

煤炭以及其他一些固体矿石的开采，一般深度有几百米。被开采的煤炭以及其他一些固体矿石一旦运出地面，就会在几百米的地层中留下巨大的空洞；这些空洞如果不花费较高的成本进行充填，空洞上面的岩层、水层就会形成自然陷落。这种陷落不仅会影响地表地貌，更会使地下水层、水系发生改变，从而也会影响到原有的地表水系和地下水系，造成地表土地失水、荒漠化加剧和地下水的深层渗漏。

在我国西南岩溶地区，地貌的特殊性表现在一定的地貌类型内的水文地质特征的不同，以及在这些地块中对人类活动的扰动所表现出来的脆弱性。岩溶地区开发建设活动造成的水环境破坏形式主要有以下几类：一是改变了水流方向。开发建设活动改变了原地下水或地表水的径流方向，使原来的地下水可能变为地表水，或使原来的地表水变为地下水。一般来说，这种形式的水环境破坏对岩溶水的总水量虽然没有影响，但对地表水与地下水的水量比例则有较大影响，从而造成了水环境的破坏。特别是在水系上游区，冲沟发育，当开发建设活动横跨冲沟修建时，在无涵洞的情形下，向下游汇流的地表水被切断，水流在冲沟上游聚集成塘，久不能干，只有通过蒸发排泄。二是阻断地下水补给源。其多产生于岩溶地下水单元补给区，水环境破坏主要有 3 种形式：①落水洞的补给通路被切断。岩溶地区的落水洞是岩溶水的重要补给点。由于开发建设项目的修建，一些排向落水洞的地表水路被拦堵,造成了地下水量的减少,从而形成了对地下水环境的破坏。②裂隙下渗通路被封堵。降雨到达地面以后,会直接向下渗漏,这是地下水的主要补给方式;而开发建设项目的修建直接减少了这类补给的面积,从而减少了地下水的补给量。③皮下水的破坏。岩溶地下水皮下补给通路破坏常发生在峰丛补给区,当开发建设项目开挖地基时,揭穿皮下水层,使皮下水外渗变成了地表水。三是截断地下水的流通路径。与皮下水破坏类似,在地下水浅埋的地区,由于工程建设向下开挖,切穿地下水主要通道,造成地下水涌出。这是岩溶工程建设中的常见现象。四是封堵地下水的排泄口。这类水环境破坏现象表现在地下水的排泄区的工程建设中。由于工程建筑物对地下水排泄点的直接封闭,阻断了岩溶水的排泄,从而造成了水环境的改变。五是工程扰动类水环境破坏。岩溶地区水环境脆弱性的一个较为重要方面是,在公路修建的扰动下(如爆破),岩溶水环境表现出层与层之间有可能被击穿,岩溶水可因爆破裂隙的沟通,导致地下水向更低处排泄而使排泄点下移。六是复合型的水环境破坏类型。这一类水环境破坏类型指在同一区域,由于开发建设活动造成的两种或两种以上的水环境破坏形式。其中地表水文系统的破坏与阻断地下水补给源是较为常见的复合型破坏,开发建设活动一方面改变了地表水文系统,另一方面切断了地表水通过落水洞进入地下的通道。

2.3.1.4 采矿区水损失及其危害

采矿区水损失主要包括地表水损失和地下水损失。

一是地表水损失。主要包括地表径流损失、地表水浅层渗漏损失和地表水深层渗漏损失。地表径流损失主要指,当地表植被破坏、地表机械碾压、道路硬化、地形变陡、地表疏松、土层被剥离,使岩土体下渗和容蓄水分能力降低时地表水的损失,表现为地表径流迅速汇集而流失。如露天大型排土场平盘经机械碾压,土壤密度较高,易产生汇流,这不仅造成地表水损失,而且使边坡产生沟蚀,同时也导致平台干旱,植被生长不良。当然,河川径流量的减少,影响因素很多,如降水量减少,地表水、地下水过量开采等,但煤矿开采对排水的影响是主要原因之一。地表水浅层渗漏损失主要指,当地表被机械挖掘、爆破振动而松动、开裂,或地表堆置固体废弃松散物时地表水的损失,表现为水分向浅层岩土中迅速渗漏,使表层0~50 cm的植物根系得不到充足的水分供应,导致植被生长不良或死亡。如露天矿覆盖黄土后,由于黄土中的水分迅速向底部松散岩土渗漏,而导致复垦植被生长缓慢,甚至枯萎。地表水深层渗漏损失是指,当地下储水结构破坏并引起地面塌陷或裂缝时地表水的损失,表现为水分向深层渗漏而转化为地下水。若地下水层组和浅层储水层组隔离而失去联结,潜水位迅速下降,地表水又不能长时间保蓄在表层土壤中,结果导致地表严重干旱,植物干枯死亡;在风沙区由于颗粒间失去水分的固结而出现土地沙化。

二是地下水损失。地下水损失主要包括矿山排水引起的地下水损失、采煤引起的地下水损失和工程建设活动引起的地下水损失。矿山排水包括地下开采的矿坑水和露天矿疏干水的排放,其目的不是利用水,而是为了保证采矿生产的正常进行(当然不排除部分排水可为其他工艺直接利用)。大量排水的结果使区域地下水储量大幅度下降,造成矿区及周围区域水资源严重浪费和短缺,同时导致含水层围岩破坏、地面沉降等一系列水环境问题。煤矿开采直接影响的地下水是煤系裂隙水,这是由以下原因造成的:其一,煤矿排水局部改变了地下水自然流场。煤、水资源共存于同一地质中，在天然条件下，各有自身的赋存条件和变化规律。由于煤矿开采排水打破了地下水原有的自然平衡状态，形成以矿井为中心的降落漏斗，地下水向矿坑汇流，在其影响半径内，地下水流速加快，水位下降，储存量减少，局部由承压转为无压，导致煤系地层裂隙水以及煤系顶部裂隙水都受到明显的影响。其二，开采排水局部破坏了煤系含水层补、径、排的关系。其三，采区水位下降，井泉流量减少。其四，矿井排水，局部改变了降水、地表水和地下水的转化关系。工程建设活动引起的地下水损失，主要包括钻井、穿山凿洞、地下水超采等引起的地下水损失。

2.3.1.5 工业建设区水污染及其危害

水污染是由于人为活动的影响（包括物质加入和能量的参与），直接或间接地改变了水质及水体各组成部分的物质特征和存在状态，使水的资源、环境和生态功能遭到破坏。

水污染是物理、化学、生物以及物理化学等基本作用及其综合作用的结果，在一定的条件下往往以某一种作用为主，其作用机理可概括为下列 3 种方式：①物理作用。指污染物质或能量进入水体后，只影响水体的物理性状、空间分布及存在状态，而不改变水的化学和生物作用状态的污染过程，主要包括污染物质在水体中的对流迁移作用，水动力弥散作用，分子扩散作用，污染物的沉降与聚集作用，底积物质的搬运及扰动、悬浮和再溶作用，水体中氧气的逃逸和复氧作用等。②化学与物理化学作用。指污染物进入水体后，以离子或分子状态随水迁移的过程中发生化学形态、化学性质的变化，或参与水体的各种化学反应过程，使水质发生化学性质的变化，但未发生生物作用的污染过程。主要包括水体的酸碱反应、氧化还原反应、物质的分解与化合作用，与水体介质间的吸附与解吸作用，溶解与化学沉淀作用，有机质的络合与螯合作用，胶体的溶解与凝聚作用等。③生物与生物化学作用。指进入水体中的各种污染物，因生物活动的参与发生分解、转化和生物浓缩作用，以及由于病原微生物及生物性营养物质的大量加入，水体的生物大量繁殖，引起水体的资源状况、环境质量和生态功能发生改变的污染作用过程。生物作用与生物化学作用可以将有害的无机和有机污染物分解为无害物质，这种作用一般称为污染物质的生物降解；它也可以转变某些污染物质的化学状态而形成更有害的物质。例如汞的甲基化过程就是使毒性增强。生物作用还能通过食物链或生物体的积累使某些微量污染物在生物体内高度富集，达到使生物或人体致病的程度。其中，生物污染物尤其是有机物的降解作用，是水体净化过程中最重要的作用，它可在好氧和厌氧两种情况下进行。好氧分解过程无害化程度高，分解充分，最有利于水质的净化，人们通常利用这种作用处理和改良有机污水。厌氧分解常形成还原性的中间产物，如甲烷、氨、硫醇、硫化氢等恶臭物质，使水质恶化，表现为腐解过程。

水污染的特点是：天然水体因时空分布、水动力条件、更替方式及水质状况等特征不同，遭受污染的特点、污染效应不同。河流是陆地上分布最广的汇水和排水系统。河流污染的特点主要有：集中排放污物以点源方式进入河流，在河流水动力的弥散作用下，通过扩散、混合、运移和稀释逐步由点、线、带到整个河流被污染；河流污染程度由径流量和排污量的比值及径污比决定，径污比大，污染程度轻，反之则重，同时枯水期重，丰水期较轻；河流在污染过程中具有较强的自净能力；河流污染的危害较大，影响范围广。湖泊、水库一般水交替缓慢，水流速度小或呈静止状态，污染物主要源于汇水范围内的面流侵蚀和冲刷,汇湖河流污染物、湖滨和湖面活动产生的污染物直接排入等。湖泊污染的特点有:湖泊污染物来源广,面源污染物比重大,包括集水汇流范围内的河流污染物及陆地径流、灌溉排水、地下水等污染物都可能最终汇入湖泊,使湖泊污染难以治理;湖泊水动力条件差,对污染物的搬运、混合、稀释能力弱;湖泊水流滞缓,光热充足,营养物质丰富,有利于生物生存,因此对污染物的生物降解、转化和富集作用强;湖泊污染物使大量的生物性营养尤其植物性营养物质进入水体,造成水生生物主要是藻类的大量繁生,水体营养化造成水体厌氧环境形成,并加速湖泊老化。地下水污染的过程缓慢且不易发现。地下水污染的主要作用有水动力弥散、分子扩散、过滤和离子交换吸附、生物降解作用等。地下水的污染方式有直接污染和间接污染两种。

2.3.2 开发建设活动引发的水力侵蚀

2.3.2.1 人工扰动岩土结构的特点

大型采矿工程扰动和破坏了历经数百年、数千年形成的表层土壤,传统的剥排方式造成岩土无序排弃,使排土场岩土混合,土层顺序颠倒。从岩土的形成与发生而言,人工扰动岩土与自然岩土有显著的差异,概括起来主要有以下4点。

1. 人为作用强烈

特别是露天矿山开采,对矿床以上岩层、风化层和土层的剥离,厚度从数十米到数百米,完全破坏了自然土壤和耕作土壤原来的层序和自然土壤、耕作土壤发生发展的规律性进程,而重新在人为作用下堆垫组合,形成全新的矿山工程堆垫土或矿山工程下陷土。

2. 自然作用的持续性

开发建设工程的人工扰动岩土由人为重新堆垫组合而成,但它总是存在于一定的地理环境和生物气候带,因而和各种土壤一样,将持续不断地承受当地气候、母质、地形、生物和时间等自然因素的影响与作用。

3. 成土的特异性

开发建设工程的人工扰动岩土要恢复到可种植的土地时,其最突出之点在于要求具备一定厚度,适于植物生长的表土层和下垫层的土体构型。因此,如何在2~3年及更短的时间内尽快使土壤培肥熟化,是矿山工程扰动岩土与自然土壤和耕作土壤的主要特异之处。

4. 土地构型的人为塑造

开发建设工程的人工扰动岩土与一般土壤的最大差别是土体构型的彻底变化。人工扰动岩土通常多以下列土体构型为其人工塑造的剖面特征,而不同于一般自然土壤和耕作土壤:①堆垫表层、堆垫岩土碎屑层、下垫砾石层、基岩层;②堆垫岩石碎屑表层、下垫砾石层、基岩层;③通体堆垫砾石层、基岩层或通体堆垫土层、基岩层等。

2.3.2.2 降雨击溅引起的岩土侵蚀

溅蚀是降雨雨滴打击地面,使土壤细小颗粒从土体表面剥离出来并被溅散雨滴带起而产生位移的过程,是水蚀之始。溅蚀不仅造成土粒的位移,而且使土壤表面产生结皮,堵塞土壤孔隙,破坏土体结构,阻止水分下渗,为坡面径流的产生和侵蚀创造了条件。

开发建设区溅蚀的特殊性:开发建设区溅蚀主要发生在已复垦的农田、取土场、建筑工程和铁路公路工程扰动地上。在固体废弃物堆积体(如排土场、矸石山、渣山等)覆盖疏松土层(如次生黄土)后未进行植被恢复的场地,溅蚀尤为剧烈。但对于石多土少或纯粹的矸石、尾渣、尾矿以及岩石堆积体而言,溅蚀的作用是很微弱的。

开发建设区溅蚀的特殊性主要有以下几点:溅蚀会增强坡面径流的紊动强度,能够增加水流的搬运能力,有助于岩土侵蚀;溅蚀使岩土混合堆积体(如露天排土场)的土粒和细碎岩屑位移,并溅入较大的岩石孔隙,加剧了土粒和岩屑的迁移和表面的砂砾化;雨滴击溅和淋洗使固体废弃物中的有毒离子如金砂矿中的汞离子等随径流迁移,造成水质污染和土壤污染;溅蚀有利的一面是加速固体物质的崩解和风化,特别是泥岩、泥质页岩、页岩、煤矸石等的快速风化,有助于植被的恢复。

2.3.2.3 坡面径流引起的岩土侵蚀

坡面径流包括坡面薄层水流(坡面漫流)和细沟流。坡面薄层水流是降雨超过下渗率或土地充分饱和后,地面积水呈薄层状并在重力作用下沿斜坡面均匀流动,结果使细小土粒和可溶性物质以悬移方式被带走,表层被薄而均匀地剥蚀,即面蚀。面蚀发生在植被盖度小、分布不均的坡面均为鳞片面蚀,发生在土石山区和南方花岗岩丘陵区即为砂砾化面蚀。坡面薄层水流进一步发展的结果,就会产生集中小股流即细沟流。细沟流冲蚀地面形成现状小沟,这个过程称为细沟侵蚀。

开发建设区细沟侵蚀主要发生在固体废弃物堆积体、复垦坡面(未覆盖植被或植被稀少)和土质边坡(如公路、铁路边坡)上,一般与等高线方向垂直,大致相互平行地分布在坡面上。大的坡面细沟间较难串通,黄土或土状覆盖物覆盖的坡面,细沟纵横交叉呈网状。取土场、采矿矿坑壁的细沟呈管状。细沟侵蚀强度随坡长的增加而增加。在较长的坡面自上而下可形成轻微冲刷带、较强冲刷带以及淤积带。开发建设区细沟侵蚀不同于一般的坡耕地细沟侵蚀,体现在以下几点:大型机械化搬运堆积形成的固体废弃物堆积体(如露天排土场)中,车辙道是细沟流产生的重要原因,因车辙道较规则,且密度大,故细沟呈相互平行且不串通的规则分布;以砾石废渣为主的堆积体下坡面下切困难,细沟呈宽浅式;颗粒大小组成变异大的堆积体上,细沟冲刷有分选作用,上坡部位以细小颗粒搬运为主,越到下坡搬运颗粒越大,致使细沟底和细沟壁呈犬齿状;由于堆积体坡面具有显著的不均匀和不平整性,细沟流极易发展为浅沟或切沟,且流路基本不变,只是向深向宽扩展。

在开发建设区面蚀主要发生在已复垦的土地上,特别是岩石堆积体覆土后经机械碾压,密度大,表面粗糙度小,易产生坡面薄层水流,而引起面蚀;若覆土薄且与下伏松散岩石结合不良,则会产生砂砾化面蚀,影响新垦土地的持续利用;在植被恢复不良的废弃地或复垦地上也会发生鳞片面蚀。至于尾矿、尾渣、煤矸石等透水性好的堆置体,则很难产生薄层均匀流;采矿、取石等形成裸岩会产生薄层均匀流,也无所谓面蚀。此外,土质道路边坡和土质坎坡易发生面蚀。

2.3.2.4 集中股流引起的岩土侵蚀

集中股流是由坡面径流进一步汇集而形成的,又称槽流。它具有流量大、流速高、暴涨暴落(有时干涸)、含沙量高,挟带物质颗粒大小混杂以及分选性磨圆性差的特征;其搬运物质的能力强,造成地面分割破碎,淤漫农田村庄,甚至导致人民生命财产损失,危害性较大。集中股流一般包括坡面集中股流(沟槽流)、沟谷径流和河道径流。

2.3.2.5 开发建设活动对集中股流侵蚀的影响

人工边坡是指在人类生产建设活动中形成的坡面。其坡度陡缓变化大,坡型大部分为直型坡,坡长短(长坡往往被分割,呈阶梯状),坡面组成物质复杂。人工边坡有的是均质坡,有的是非均质坡,有的是松散非固结坡,有的是坚硬固结坡。

人工边坡沟蚀受边坡本身特性限制,不同类型边坡沟蚀差别很大,但也有其共同特点:以对齐或构筑为主形成的各种坡面,多呈松散状,易形成沟蚀,但受坡长、汇水面积控制,一般开始发育快,以后很快趋于缓慢,故以浅沟蚀为主,发生频数大;人工边坡沟蚀,多发生在汇水集中的某一地段,实际上最终形成自然排洪沟渠;均质人工边坡沟蚀与固结状况、物料构成有关,非均质人工边坡沟蚀则易受自然沉降速率的影响,沉降裂隙的产生是沟蚀形成的重要原因;快速排弃堆积的边坡,受排弃速度的影响,沟蚀较为剧烈;覆盖表土的复垦坡面,若不及时恢复植被,短时间内就可能因沟蚀而毁坏,以致不能种植;陡立人工边边坡沟蚀呈直立的悬沟。

开发建设活动不仅造成人工边坡的沟蚀,而且对自然地貌条件下的集中股流侵蚀也产生深刻的影响。一是沟岸扰动,沟道挖损,侵蚀加剧。沿沟道两岸开采、爆破、剥离、搬运,破坏岸坡平衡,诱发沟岸坍塌,加剧沟岸扩张。而在沟道内大规模取石、挖砂、采矿,挖损沟道,改变自然均衡剖面,使沟道纵坡变陡,进一步促进了沟道下切、沟岸扩张和沟头溯源。二是河道弃土弃渣,改变河势,影响行洪。河道(或沟道)是径流和泥沙的运输通道。开发建设区随意倾泻固体废弃物,堆置河道,改变河势,使流路发生明显变化。这是因为人类生产生活一般在河流缓岸进行,倾泻堆积固体物质必然使主流线向陡岸逼近。这一方面有利于河流循陡岸稳定流动,另一方面缩窄河道,阻碍水流,造成堆积体前淤积,特别是堆积密集河段,不仅减少过水断面和过洪流量,而且壅高水位,产生涌浪、激流,扩大淹没范围,冲刷、淘空岸坡,破坏堤防工程,造成洪水灾害。在纵坡大、河道狭窄地段,由于巨大的曲流作用,缓岸堆积的松散废弃物发生大规模搬运,对河流下游安全构成威胁。

开发建设项目如果充分考虑水土保持,把弃土弃渣和地表剥离与沟道治理结合起来,可以达到拦渣蓄水、治沟打坝的目的。

2.3.3 开发建设活动诱发的重力侵蚀

2.3.3.1 人工扰动对地貌和地表岩土层的破坏

重力侵蚀是地表土石物质在自重力作用下失去平衡,产生破坏、迁移和堆积的一种自然现象。严格地说,纯粹由重力作用引起的侵蚀现象并不多见。重力侵蚀其实是在其他外营力,特别是水力侵蚀的共同作用下,以重力为其直接原因所引起的地表物质移动的形式。这种现象常见于山地、丘陵、河谷、沟谷坡地,以及人工开挖、堆积废弃物形成的边坡上。重力侵蚀包括泻溜、陷穴、崩塌、滑坡等多种形式;由于移动物质多呈块体形式,故又称为块体移动。

重力侵蚀发生的条件主要有:土石松散或松软,易风化瓦解,内聚力小,抗剪强度低;地形高差大,坡度陡,岩土外张力大,处于非稳定状态(或暂时稳定);坡面一般缺乏植被和其他人工保护措施。

项目建设区重力侵蚀产生的原因包括人工挖损、固体废弃物堆积、人工边坡构筑、采空塌陷、地下水超采、爆破及机械振动等,形式比一般自然地貌条件下发生的重力侵蚀更为复杂。由于人类活动特别是城市建设和采矿不仅局限于山丘区,而且也普遍存在于河谷盆地和平原区,因此开发建设区重力侵蚀广泛分布于各种地貌类型区,形式主要有泻溜与土砂流泻、崩塌、滑坡3种类型。

1. 泻溜与土砂流泻

泻溜是崖壁和陡坡上的岩土体因干湿、冷热、冻融交替而破碎产生的岩屑,在自重作用下,沿坡面向下滚动或滑落的现象。泻溜碎屑形成的堆积物称为岩屑锥或溜砂锥,其坡角与泻溜物安息角一致。泻溜发生在黏土、页岩、粉砂岩和风化的砂页岩、片岩、千枚岩、花岗岩构成的无植被覆盖的裸露岩土陡坡上,陡坡坡度大于其组成物质的自然安息角。开发建设区的泻溜主要发生在上述岩土构成的挖损地或堆置地上。

土砂流泻发生在人工堆积的固体松散坡面上,由于深层岩石上覆有巨厚的岩土层而承受着巨大的静压力,呈固结或超固结状态,一旦被爆破、粉碎、剥离并堆置在地表,大小不同的岩土颗粒在新的条件下,发生新的自然固结;由于固结速度、时间差异,导致坡面土砂物质失重,向坡脚滚落,称之为土砂流泻。它与泻溜外部表现极为相似,但土砂石砾不仅包括细小碎片,而且包括大小不等的土体、碎石、石块等。

2. 开发建设区的岩土崩塌

斜坡岩土的剪应力大于抗剪强度,岩土在剪切破裂面上发生明显位移,即向临空方向突然倾倒,岩土破裂,顺坡翻滚而下的现象称为崩塌。崩塌多发生在坚硬、半坚硬或软硬互层岩、土体中。发生在土体中的称为土崩,发生在岩体中的称为岩崩。崩塌坡面坡度一般大于55°。开发建设人为活动如扰动岩土层、构筑人工边坡等,破坏了岩土原有的平衡状态,加剧了崩塌产生或产生新崩塌。

产生崩塌的原因概括起来主要有几个方面:采矿造成的崩塌,主要包括采空塌陷引起的崩塌,采空、挖损引起的覆岩崩塌,露采场边坡的崩塌,固体废弃物松散堆积体的崩塌;道路建设造成的崩塌,主要指人工道路修筑过程中,开挖路堑和堆垫路基而引起的地层扰动,其引起的崩塌,以开挖、削坡造成的上覆岩层悬空并沿某一垂直节理或张裂劈开而形成崩落为主;水工程建设场地的崩塌,水工程建设场地范围内包括取土场、取石场、库区以及库坝等均可能产生崩塌,以岸坡崩塌最为常见,而黄土岸坡崩塌尤为严重。此外,山丘区开挖地基、削坡打窑亦可导致崩塌。

3. 开发建设活动诱发的滑坡

滑坡是指斜坡岩体或土体在重力作用下,沿某一特定面或组合面(软弱滑动面)而产生的整体滑动现象。滑坡形成的关键条件是在水、地质构造、地貌以及人为触发等因素的作用下,形成软弱滑动面或滑动带。滑坡一般经过蠕动变形、快速滑动、渐趋稳定三个阶段。滑坡类型极为复杂,可按照滑体组成物质、滑动面性质、滑体厚度、滑动年代等来划分出不同的类型。

开发建设活动诱发的滑坡属于人为扰动地层诱发的重力侵蚀范畴,因此受其所处的区域地质背景、主要地质构造和岩土组成物质的控制。工程建设活动对底层的扰动程度对滑坡也产生深刻的影响,不同场所滑坡的类型和危害程度不同。主要生产建设活动引起的滑坡主要有以下几个方面:露天开采引起的采场边坡滑坡、固体废弃物堆置引起的滑坡、道路建设引起的滑坡、水工程建设引起的滑坡。此外,水利设施(包括水库)漏水、工程建设毁坏植被、开凿隧洞、工程废水积水渗漏等改变地下水文状况的活动,也极易产生新的滑坡或使老滑坡复活。

2.3.3.2 爆破和机械振动引起的重力侵蚀

在采矿和工程建设过程中,爆破和机械振动经常引发崩塌、滑坡、地面沉陷、建筑物变形和破坏等多种灾害性现象。产生这些现象的原因:一是在岩土体被断裂构造切割的场合,或岩土体垂直节理发育时,爆破和机械振动促使斜坡岩土体结构进一步破坏,抗剪切强度降低,而引发坠石、崩塌、滑坡等重力侵蚀;二是质纯的砂层或粗砂层,当遇到振动时,颗粒将重新排列,这个过程若发生在地下水位以上,就会引起地面沉降如建筑地基下陷,若发生在地下水位以下,将引起砂土液化,产生流砂而诱发坍塌、滑坡、塌陷等重力侵蚀。

2.3.4 开发建设活动诱发的混合侵蚀

泥石流侵蚀是发生在山区沟谷、坡地上的含有大量泥沙和石块的流体,是由于降水(暴雨、融雪、冰川)形成的一种特殊洪流,是水力和重力混合作用的结果,因此也称为混合或复合侵蚀。它是介于水流和滑坡之间的一系列过程,是包括重力作用下的松散物质、水体和空气的块体运动。泥石流具有明显的阵发性、浪头特征、直进性和高搬运能力,历时短,来势凶猛,破坏力大,是水土流失危害最严重的形式。

泥石流的形成必备3个条件:一是丰富的松散固体物质,固体物质的成分、数量和补给方式,决定着泥石流的性质、规模和危害;二是短时间内有大量水的来源,其主要有暴雨、冰雪融水、水库溃决等形式;三是陡峻的地形和沟床纵坡,是泥石流形成的地形条件。

开发建设区泥石流的发生主要受到区域自然地理因素的影响,其次与生产建设活动中的扰动岩土,以及剥离、搬运、堆积等也有密切的关系。

2.3.4.1 岩土堆积引起的泥石流

岩土堆积,这里是指采矿、选矿、冶炼、取土、取石、挖沙等形成的固体废弃区的堆积。其引起的泥石流包括堆积体充水诱发和堆积体崩塌、滑坡诱发两类。

(1)堆积体充水诱发的泥石流。固体废弃物堆积在斜坡或斜坡冲沟上,由于降雨或地下水位上升等原因使其充分吸收水分,当达到相当高的含水量时,就会转变为黏稠状流体,在重力的作用下沿原自然坡面或堆积体本身形成的边坡流动而产生泥石流。此类泥石流主要发生在大型露天矿新排弃的、含有大量黏性岩土物质的排土场或边坡凸起部分,规模一般较小。

(2)堆积体崩塌、滑坡诱发的泥石流。固体废弃松散堆积体的滑坡、崩塌,在一定条件下可以直接演变为泥石流。一般情况下可分为2个阶段,首先是滑体沿一个或几个独立的剪切面滑动,然后经历有限变形,又沿无数个剪切面运动进入泥石流阶段。此类泥石流发生在堆积体天然含水量高、孔隙比大、下伏坡面陡峻且坡长较长(有时底部为小冲沟)的情况下,一旦出现滑坡,滑体滑程长,在滑动过程中,滑体释放能量使孔隙水与黏性岩土混合形成浆体,而转变为一种类似黏滞流的岩土碎屑流。

2.3.4.2 剥离倾泻岩土引起的泥石流

在开发建设活动过程中，大量剥离岩土并将其倾泻于沟坡、沟道中，为泥石流的形成提供了大量的固体松散物质。激发泥石流的因素主要是暴雨，因此发生的泥石流多为水动力泥石流。

2.3.4.3 岩体及地貌变形引起的泥石流

人类对岩体和地貌的影响范围是相当宽广的，比如开采矿产资源形成矿坑、池塘或形成尾矿库，发展交通使山坡稳定性降低，超采地下水引起地面沉降和地面塌陷等。为了满足开发建设的需要，山区兴建了许多矿山、采石场，大量开采石材，没有很好地按照有关的法律法规执行，无计划开采，盲目弃渣，造成边坡变形。交通工程的建设，会遇到许多斜坡，人工削坡，采石筑路，隧道弃渣，高填深挖地段的取弃土等，必然会引起斜坡变形。

上述不合理的工程活动，破坏了山体的稳定性，引起斜坡环境恶化，使得天然斜坡的抗灾能力达到临近崩溃的边缘，为诱发泥石流提供了大量的松散固体物质，严重影响到工程建设和人民生命财产的安全。人类不合理的工程活动是造成地貌变形灾害的主要根源。

2.3.5 开发建设项目与风力侵蚀

2.3.5.1 开发建设活动诱发的风力侵蚀

风力侵蚀是在气流冲击作用(风力)下，土粒、砂粒脱离地表，被搬运和堆积的现象和过程，简称风蚀。风就是空气的流动，它具有动能，作用于物体时能够做功。当风力大于地面土粒和砂粒的抵抗力时，即发生风蚀。风蚀和水蚀一样，包括剥离(土砂脱离地表)、搬运、沉积3个过程。风蚀的强度受风力强弱、地表状况、粒径和比重大小等综合因子的影响。风蚀过程中风沙搬运的形式主要有3种：一是悬移，也称为风扬，即土砂粒中粒径小于0.2 mm的粉砂、黏粒在气流的紊动旋涡上举力的作用下，被卷扬至高空，随风搬运；二是跃移，即粒径在0.2~0.5 mm的中细砂，受风力冲击脱离地表，升高到10 cm的峰值，在该处风的水平风力远远大于在地表处所受的水平分力，此时风就给砂粒一个水平加速度，因为砂粒受到风力和重力的双重影响，以两者合力方向，沿平滑的轨迹急速下降，返回地表，当其与地面碰撞时，又被反弹起来，砂粒呈弹跳跃式搬移；三是滚动，也称蠕移，即粒径在0.5~2 mm的较大颗粒，不易被风吹离地表，沿地表滚动或滑动。

风蚀可能因风速减小而发生沉积，也可能因遇到障碍物受阻而产生堆积。在一定条件下发生沉积会形成沙丘(沙堆、新月形沙丘)。风蚀不受地形限制，在无保护、干燥、松散的土壤上均可发生，其结果是导致土地荒漠化。当风速极大时，风蚀还会发展成为尘暴，给国民经济和人民生活带来严重损失。

分布在我国北方干旱半干旱风沙区的开发建设区普遍存在着严重的风蚀。在风蚀和水蚀交错带，开发建设区生产建设活动不仅加剧水蚀，而且加剧风蚀。自然界的风力主要受大气环流的控制，受人为影响很小，而地表组成物质和植被易受人类活动的影响。因此，开发建设区的风蚀不仅受当地气候条件的控制，更重要的是受工程建设活动过程中对地表扰动程度的控制。露天采矿和工程建设对土壤、岩石的扰动，使地面变得疏松并破坏植被和土壤层，甚至使原地貌面目全非。地下开采也常常因地面塌陷、地下水渗漏而导致植物生长不良甚至死亡,这无疑加剧了开发建设区的风蚀。

2.3.5.2 开发建设活动诱发的干旱和沙尘天气

开发建设活动诱发的干旱,一方面的原因是开发建设活动扰动自然岩土,引起的区域水量损失。它包括地表径流损失、地表水浅层渗漏损失、地表水深层渗漏损失和地下水损失,由此造成地表和土壤层的干旱,含水量降低,同时也诱发沙尘天气。另一方面的原因是开发建设活动破坏了地表植被,加速了地表和土壤层的干旱,同时裸露地面会将更多的太阳光反射到大气中。这种效应使大气变暖,妨碍云层的形成,从而妨碍降雨,使土地干旱并变成砂土,风把尘土吹到空中,这些尘粒又加热大气,使空气更加干燥,加速沙漠化的发展。

2.3.5.3 开发建设区的土地荒漠化

土地荒漠化是指包括气候变异和人类活动在内的种种因素造成的干旱、半干旱和亚湿润干旱地区的土地退化。《联合国防治荒漠化公约》中的“土地”定义是:具有陆地生物生产力的系统,由土壤、植被、其他生物区系和该系统中发挥作用的生态及水文过程组成。而“土地退化”是指由于使用土地或由于一种营力或数种营力结合致使干旱、半干旱和亚湿润干旱地区雨浇地、水浇地或草原、牧场、森林和林地的生物或经济生产力和复杂性下降或丧失,其中包括风蚀和水蚀致使的土壤物质的流失,土壤的物理、化学和生物特性或经济特性退化,自然植被长期丧失。可见,广义的土地荒漠化包括风蚀荒漠化、水蚀荒漠化、土壤盐渍化、植被退化等。开发建设区生产建设活动引起的土地荒漠化,即广义的土地退化,包括水地变旱地、土地风蚀和沙化、土地污染、土地生产力水平降低等类型,其结果造成土地质量的下降和粮食产量的大幅度减少。

水地变旱地,主要是由于采矿和地下水超采引起地表水渗漏、地下水位下降、泉水和河流干涸、地面裂隙毁坏农田水利设施等,导致水源枯竭或不能充分利用。土地风蚀和沙化也导致土壤不能再进行利用和生产。土地污染,包括废水排放河流或矿坑水直接灌溉农田导致的土地污染和粉尘污染导致的土地和作物污染。土地污染常常使作物幼苗枯死,土壤结构变坏,作物光合作用效率降低,引起土地质量下降,粮食大幅度减产。开发建设区生产建设使原来的农、林、牧业用地变成其他用地,特别是主沟道内的川台地、水浇地被大量占用,中低产田面积相对扩大。同时,农民投资转向,大量土地荒芜,使总土地生产力水平下降。开发建设区的土地荒漠化也有一定的区域性,工矿建设中心区问题比较严重,农耕地遭受土地破坏、压占和荒漠化多种挤压,近中心区主要受水地变旱地及水土流失威胁,远离中心区受到的威胁很小。

2.4 开发建设活动引起的水土流失调查和预测

2.4.1 水土流失分级标准

2.4.1.1 土壤侵蚀强度

土壤侵蚀强度是以单位面积和单位时段内发生的土壤侵蚀量为指标划分的土壤侵蚀等级。水利部采用土壤侵蚀模数制定了适于全国土壤侵蚀的分级标准,共分 6 级,见

表 2-1。

表 2-1　土壤侵蚀强度分级

级别	平均侵蚀模数[t/(km²·a)]	平均流失厚度(mm/a)
Ⅰ微度	<200,500,1 000	<0.15,0.37,0.74
Ⅱ轻度	(200,500,1 000)~2 500	0.15,0.37,0.74~1.9
Ⅲ中度	2 500~5 000	1.9~3.7
Ⅳ强烈	5 000~8 000	3.7~5.9
Ⅴ极强烈	8 000~15 000	5.9~11.1
Ⅵ剧烈	>15 000	>11.1

注:引自水利部发布的《土壤侵蚀分类分级标准》(SL 190—2007),表中流失厚度系按土壤密度 1.35 g/cm^3 折算,各地可按当地土壤密度计算。

2.4.1.2　土壤侵蚀程度

土壤侵蚀程度是以土壤原生剖面被侵蚀的状态为指标划分的土壤侵蚀等级。根据土壤剖面中 A 层(表土层)、B 层(心土层)及 C 层(母质层)的丧失情况加以判别,土壤侵蚀程度分级见表 2-2 和表 2-3。土壤侵蚀程度反映土壤肥力和土地生产力现状,为土地利用改良和防治土壤侵蚀提供依据。

表 2-2　按土壤发生层的侵蚀程度分级

侵蚀程度分级	指标
无明显侵蚀	A、B、C 三层剖面保持完整
轻度侵蚀	A 层保留厚度大于 1/2,B、C 层完整
中度侵蚀	A 层保留厚度小于 1/2,B、C 层完整
强度侵蚀	A 层无保留,B 层开始裸露,受到剥蚀
剧烈侵蚀	A、B 层全部剥蚀,C 层裸露,受到剥蚀

表 2-3　按活土层的侵蚀程度分级

侵蚀程度分级	指标
无明显侵蚀	活土层完整
轻度侵蚀	活土层小部分被侵蚀
中度侵蚀	活土层厚度 50% 被侵蚀
重度侵蚀	活土层全部被侵蚀
剧烈侵蚀	母质层部分被侵蚀

2.4.1.3　容许土壤流失量

容许土壤流失量是根据保持土壤资源及其生产能力而确定的年土壤流失量上限,通常小于或等于成土速率。对于坡耕地,容许土壤流失量是指维护土壤肥力,保持作物在长时期内能经济、持续、稳定地获得高产所容许的年最大土壤流失量。由于不同地区的成土速率不同,容许土壤流失量也不同。小于容许土壤流失量的侵蚀,属正常侵蚀;大于或等于容许土壤流失量的侵蚀,属加速侵蚀。

成土过程是一个长期而缓慢的过程,难以直接量测,因此确定容许土壤流失量也是一项较为复杂的工作,目前各国确定的指标还有待完善,需要积累成土速率和土壤侵蚀对土壤生产力影响等方面的资料。我国在不断积累资料的基础上,确定了不同地区的容许土壤流失量值为 200 ~1 000 t/(km^2 · a)。由于我国地域辽阔,自然条件复杂,因此各地区成土速率不同,在各侵蚀类型区采用了不同的容许土壤流失量,见表 2-4。

表 2-4 我国各侵蚀类型区容许土壤流失量

类型区	容许土壤流失量[t/(km^2 · a)]
西北黄土高原区	1 000
东北黑土区	200
北方土石山区	200
南方红壤丘陵区	500
西南土石山区	500

2.4.1.4 侵蚀类型与侵蚀潜在危险度

正常侵蚀是指在不受人为活动影响的自然环境中,土壤侵蚀速率小于或等于土壤形成速率的土壤侵蚀。

受自然因素如降水、大风、地形、坡度及植被覆盖等的影响,土壤侵蚀速率超过土壤形成速率时形成加速侵蚀。长期的加速侵蚀得不到根治,将导致土层变薄,甚至流失殆尽,形成石漠化、沙漠化现象等。不利自然条件主要有地面坡度陡峭、土体松软易蚀、高强度暴雨、地面无植被覆盖。

人为加速侵蚀是指由于人们不合理地利用自然资源(如滥伐森林、陡坡开垦、过度放牧、过度樵采)和不合理的开发建设活动(如开矿、采石、修路、建房及其他工程建设)等造成的加速侵蚀。毁林毁草、陡坡开荒、过度放牧、开矿、修路等工程建设破坏地表植被后不及时防护,随意倾倒废土弃石,形成虚土陡坡,一旦遇到暴雨或大风,就会产生大量的水土流失。

土壤侵蚀潜在危险度指生态系统失衡后出现的土壤侵蚀危险程度。它首先用于评估、预测无明显侵蚀区引起侵蚀和现状侵蚀区加剧侵蚀的可能性大小;其次表示侵蚀区以当前侵蚀速率发展,该土壤层承受的侵蚀年限(抗蚀年限),以评估和预测侵蚀破坏土壤和土地资源的严重性。

2.4.2 开发建设项目水土流失影响因素分析

水土流失影响因素分析,是为确定水土流失的形式、强度、持续时间等要素服务的,并为拟定水土流失预测方法或计算公式奠定基础。

水土流失影响因素分析要具有针对性。水土流失影响因素的分析,应当以人为因素和自然因素为分析基础,以具体项目的各单项工程施工工艺和时序为着眼点,分水土流失类型、分单元和不同时段,有针对性地分析水土流失的影响因素和环节。

水土流失影响因素分析要突出重点。应针对具体工程所处的地形地貌和项目区自然条件,以及工程布局、施工时序和施工工艺的特点,明确可能产生水土流失的主要环节、重点地段(区域)和时段,对于影响因素和环节的分析应做到重点突出。

水土流失影响因素分析要联系水土流失预测进行分析。水土流失影响因素和环节的分析,是水土流失预测的基础,因此分析工作应紧扣水土流失预测的每一个环节,并为水土流失类型的确定和预测参数的选取,以及预测单元和预测时段长度的确定提供依据。

开发建设项目水土流失的影响因素主要包括自然因素和人为因素,其中人为因素占主导地位。开发建设活动改变了建设区域的地形地貌,破坏了水土资源和植被,最终导致水土流失加剧。

2.4.3 开发建设项目区水土流失调查

开发建设项目区水土流失调查主要包括地质、地貌、土质、土壤、植被、气象、水文、社会经济状况等情况的调查,工程建设前原地貌水土流失状况、水土保持情况的调查,以及主体工程情况的调查等。

2.4.3.1 水土流失基本要素调查

地质调查:主要包括地质构造、断裂和断层、岩性、地下水、地震烈度、不良地质灾害等与水土保持有关的工程地质情况。调查方法采取资料收集和野外调查方法。

地貌调查:主要包括项目区的地形、地面坡度、沟壑密度等。调查方法采用地形图调绘,也可采用航片判读、地形图与实地调查相结合的方法。

土质调查:主要包括弃土弃渣堆放时可能产生的水土流失危害,对其土样进行采集,进行测定。调查方法为取样后在实验室进行分析、确定。

土壤调查:主要包括地带性土壤类型、分布、地表物质组成、土层厚度、土壤质地、土壤肥力、土壤的抗侵蚀性和抗冲刷性等。调查方法为收集资料、现场调查和取样进行室内试验相结合。

植被调查:主要包括地带性(或非地带性)植被类型,项目区植物种类,乡土树种、草种,植被的垂直及水平分布、生长状况及林草覆盖率、项目区土地利用状况等。

气象调查:主要包括项目区所处气候带、干旱及湿润气候类型、气温、大于10°有效积温、蒸发量、多年平均降水量、极值及出现时间、降水年内分配、无霜期、冻土深度、年平均风速、年大风日数及沙尘天数等。调查方法为到当地气象部门、气象研究部门收集资料,进行分析,并辅以必要的野外调查。

水文调查:主要包括项目区周边河流、水系及河道冲淤情况,地表水、地下水的状况,河流含沙量等水文情况。调查方法为到当地的水行政主管部门、水利规划设计部门收集水文设施与水利工程设计标准等资料,进行分析。

社会经济状况调查:主要包括项目区人口,人均收入,产业结构,区域的土地类型、利用现状、分布及其面积,基本农田、林地面积,人均土地及耕地等情况。

2.4.3.2　**水土流失调查的内容与方法**

水土流失调查的内容主要包括水土流失类型、面积、水土流失造成原因、发生、发展及其危害以及现状和扰动后的土壤侵蚀模数、土壤流失量等。

对于水土流失类型、面积、水土流失造成原因、发生、发展及其危害调查，主要方法为到当地水行政主管部门收集资料，收集和使用国家最新公布的土壤侵蚀遥感调查成果，结合实地调查，获知水土流失类型、面积和侵蚀强度。收集当地自然环境资料，了解主体工程的施工工艺与工序，确定工程水土流失重点区域，通过综合分析，确定水土流失造成的原因、发生、发展及其危害。

对于现状和扰动后的土壤侵蚀模数、土壤流失量调查，主要方法为查找资料，首先确定施工前原地貌项目区和直接影响区土壤侵蚀模数、水土流失量等，然后确定施工建设期项目区和直接影响区土壤侵蚀模数、水土流失量。确定区域主要包括主体工程开挖土临时堆放区，工程及临时便道的切削边坡和填筑边坡，取土采料区、弃土弃渣区及施工营地等地区。

2.4.3.3　**水土保持及主体工程情况的调查**

水土保持的调查主要包括项目区及周边区域水土流失治理现状调查、项目区内现有水土保持设施情况调查、工程建设破坏水土保持设施数量调查及同类开发建设项目水土保持工作经验调查。以上调查主要采用资料收集和实地勘测相结合的方法。

主体工程建设是产生水土流失的人为外营力因素。主体工程情况调查主要包括主体工程平面布局调查，取土场、弃土(石、渣)场调查，主体工程施工工艺调查，施工时辅助工程临时占地范围、水土流失影响调查等，主要方法为查阅资料和实地勘测。

2.4.4　开发建设项目水土流失预测

水土流失预测是在全面调查、勘测和试验的基础上，分析工程建设过程中可能引起水土流失的环节与影响因素，通过科学试验成果或类比周边同类工程的水土流失监测、实地调查成果，分析评价拟建项目的水土流失规律，确定各分区可能产生的水土流失形式、原因、数量、强度及分布，定量预测每个分区可能产生水土流失的总量和新增量及分布。

2.4.4.1　**水土流失预测的范围、分区与时段**

水土流失范围的确定主要包括项目永久征地和临时占地范围。对于扩建工程应分清本次工程建设所涉及范围，只对本次工程建设活动扰动的范围进行预测。对于新建且留有进一步扩建余地的工程，新增水土流失量的预测范围也只限于本期工程建设过程中所要扰动地表的区域，但在水土流失总量计算时还需要考虑未征用未扰动的土地。直接影响区没有征占地，所以只对可能造成的水土流失危害进行分析，不进行水土流失量预测，即直接影响区面积不能包括在预测范围内。

确定水土流失预测范围后，需根据工程的原地貌、建筑物类型、土地扰动程度、施工工艺、施工场地、工程环节、工程规模和施工期长短，以及项目不同施工区域的土壤流失类型及特点等因素划分不同的预测分区。

水土流失预测时段的划分，应以主体工程施工组织及施工进度为依据，应根据施工的不同时段预测不同时段的水土流失情况。

2.4.4.2 水土流失预测内容与方法

开发建设项目水土流失预测主要包括开挖扰动地表面积的预测、损坏水土保持措施数量和面积的预测、挖填土石方量与弃土弃渣量的预测、水土流失量的预测、水土流失危害的预测等方面的内容。

开挖扰动地表面积的预测及损坏水土保持措施数量和面积的预测，主要采用实地调查和图面直接量测相结合的方法。即根据主体工程可行性研究报告的工程占地、施工道路布设等相关资料，利用设计图，结合实地分区抽样调查，计算确定扰动地貌的面积、占压土地面积、损坏植被面积及损坏程度等。

挖填土石方量与弃土、弃渣量的预测，主要通过查阅项目技术资料及现场勘查、实测或类比调查方法进行。

水土流失量的预测主要采用数学模型法(包括经验公式法)、类比调查法和试验观测法等。每一种方法均有其自己的优势，同时也有其自身的局限性，实际预测时应当采用多种方法相结合，提高预测的精确性。

水土流失危害的预测主要从可能造成的水土流失危害的形式、程度和后果等方面进行分析，应当有针对性，主要包括对土地资源和土地生产力可能造成的破坏分析，对河道行洪、防洪的影响分析，对可能形成泥石流的危险性评价，对可能出现地面塌陷危害的分析，对周边环境可能造成的影响分析，对降低地下水位的影响分析等多个方面。

2.5 开发建设项目水土流失的相关术语

2.5.1 主体工程

主体工程指开发建设项目所包括的主要工程及附属工程的统称，不包括专门设计的水土保持工程。

2.5.2 线型开发建设项目

线型开发建设项目指布局跨度较大，呈线状分布的公路、铁路、管道、输电线路、渠道等开发建设项目。

2.5.3 点型开发建设项目

点型开发建设项目指布局相对集中，呈点状分布的矿山、电厂、水利枢纽等开发建设项目。

2.5.4 开发建设项目水土流失面积

开发建设项目水土流失面积，包括因开发建设项目生产建设活动导致或诱发的水土流失面积，以及项目区内尚未达到容许土壤流失量的未扰动地表水土流失的面积。

2.5.5 开发建设项目的土壤流失量

开发建设项目的土壤流失量是指项目区验收或某一监测时段，防治责任范围内的平均土壤流失量。

2.5.6 扰动地表

扰动地表是指开发建设项目在生产建设活动中形成的各类挖损、占压、堆弃用地，均以垂直投影面积计。

2.5.7 弃土弃渣量

弃土弃渣量是指开发建设项目在生产建设过程中产生的弃土、弃石、弃渣量，也包括临时弃土弃渣量。

第3章　开发建设项目水土流失防治

3.1　开发建设项目水土流失防治特点

开发建设项目水土保持方案与以往的仅在农村、仅与农业有关的以小流域为单位的水土保持规划、设计等方案有着明显的不同，过去的规划指导思想、规划方法、技术措施、经济计算与评价等不完全适用于开发建设项目的水土保持方案的编制，须按已颁发的《开发建设项目水土保持方案技术规范》编制开发建设项目水土保持方案。从这一角度讲，开发建设项目水土保持工作就与传统意义上的水土保持既有本质的联系，又有自己的特点，具体表现在以下方面。

(1)落实法律规定的水土流失防治义务。

根据"谁开发、谁保护，谁造成水土流失、谁负责治理"的原则，凡在生产建设过程中造成水土流失的，都必须采取措施对水土流失进行治理。编制水土保持方案就是落实法律的规定，使法定义务落到实处。开发建设项目水土保持方案较准确地确定了建设方所应承担的防治责任范围，也为水土保持监督管理部门的监督实施、收费、处罚等提供了科学的依据。

(2)水土保持被列入开发建设项目的总体规划，具有法律强制性。

法律规定在建设项目审批立项前，首先编报水土保持方案，这样就从立项开始把关，并将水土流失保持方案纳入主体工程中，与主体工程"三同时"实施，使水土流失得以及时控制。常规治理大多是政府行为，而建设项目则是法律强制行为。水土保持方案批准后具有强制实施的法律效力，未经批准，建设单位不得擅自停止实施或更改方案。水土保持被列入开发建设项目的总体安排和年度计划中，按方案有计划、有组织地实施，使水土防治经费有法定来源。

(3)防治目标专一，工程标准高。

常规治理以经济、社会、生态三大效益为目标，根据行业规范要求，常规治理防治水土流失，一般以拦蓄10年或20年一遇暴雨为标准。而开发建设项目则以控制水土流失为目标，防治项目建设区水土流失和洪水泥沙对项目、周边地区的危害，保障项目区工程设施和生产安全，兼顾美化环境、净化空气、维护生态平衡的功能。防治工程的标准往往是以所保护的对象来确定的，工程标准较高。

(4)方案实施有严格的时间限制。

常规水土保持综合治理通常根据地域水土保持规划要求和上级行政主管部门的安排进行。一般以3～5年为一个实施周期，治理的早与晚一般不会产生很大的危害或影响；而开发建设项目水土保持方案的实施具有严格的期限，不能逾期。如铁路、公路、通信等一次性建设项目，必须在工程开工前完成水土保持方案的编制，才能预防和治理施工过程中的水土流失。

(5)与项目工程相互协调。

常规水土保持综合治理要求独立编制规划和独立组织实施;而开发建设项目水土保持工作则要求其水土保持防治工程的布设、实施与主体工程相协调,需要结合项目施工过程和工艺特点,确定防治措施和实施顺序。

(6)水土保持防治有科学规划和技术保证。

按开发建设项目大小确定的甲、乙、丙级资格证书编制制度,保证了不同开发建设项目方案的质量。同时,方案的实施措施中对组织机构、技术人员等均有具体要求,使各项措施的实施有了技术保证。

(7)有利于水土保持执法部门监督实施。

有了相应设计深度的方案,使水土保持工程有设计的图纸,便于实施、便于检查、便于监督。

3.2 开发建设项目水土流失防治责任范围

编制水土保持方案的目的,是依据法律规定确定项目建设单位的防治责任范围,根据建设的特点与需要,采取有效的防治措施,使建设项目造成的水土流失得到及时治理。这是法律规定制止人为水土流失的重大举措。

国家标准《开发建设项目水土保持技术规范》规定:水土流失防治责任范围是项目建设单位依法应承担水土流失防治义务的区域,由项目建设区和直接影响区组成。

项目建设区是指开发建设项目建设征地、占地、使用及管辖的地域。直接影响区是指在项目建设过程中可能对项目建设区以外造成水土流失及其直接危害的地域。

3.2.1 防治责任范围的意义与内涵

3.2.1.1 防治责任范围的意义

水土流失防治责任范围(简称防治责任范围)是指依据法律法规的规定和水土保持方案,开发建设单位或个人(简称建设单位)对其开发建设行为可能造成水土流失必须采取有效措施进行预防和治理的范围,也即承担水土流失防治义务与责任的范围。科学界定防治责任范围是合理确定建设单位水土流失防治义务的基本前提,也是水行政主管部门对建设单位进行监督检查和验收的范围。所谓防治责任范围,是指承担水土流失防治责任和义务的范围,是开发建设项目水土保持方案中的重要内容。建设单位须负责预防和治理该范围内可能出现的水土流失危害或影响;如果因防治不当造成水土流失危害或影响,就要负责由此而引起的处理费用,赔偿对周边居民和环境造成的损失,并承担相应的法律责任和经济责任。

3.2.1.2 防治责任范围的内涵

防治责任范围,主要有 3 个方面的内涵。

其一是确定了空间范围。在此范围内的水土流失,不管是否由开发建设行为造成,均需对其进行治理并达到水土流失防治标准规定的治理要求或当地的治理规划要求;在此范围内,建设单位应根据地形、地貌、地质条件和施工扰动方式,有针对性地设置预防及防治措施,避免或减轻可能造成的水土流失灾害或影响。其二是明确了防治责任的时间期限。因防治责任与土地利用权属直接相关,在永久征地范围内的建设单位具有土地使用权,毫无疑问地要承担全过程的水土流失防治义务;在通过水土保持专项验收前,临时占地范围内的水土流失防治义务也归建设单位,通过验收和土地移交后,建设单位不再具有土地使用权,无法再设置防治措施,即超出了责任期限。其三是明确了责任主体。为落实具体的防治责任,需明确承担该空间和时间范围内水土流失防治义务的责任主体;在生产建设期间,责任主体为建设单位。当主体工程完工、临时占地归还地方时,需在土地交还前完成水土流失防治义务并经过水行政主管部门验收将防治责任归还土地使用权的接受者,即通过水土保持验收后建设单位或运行管理单位的防治责任范围仅为项目的永久占地范围。

3.2.2 防治责任范围的特征

(1)相对性。根据“谁开发、谁保护,谁造成水土流失、谁负责治理”的原则,防治责任范围与工程占地和扰动范围直接相关,在现有技术水平下,也与工程规模、防护标准和施工工艺等有关。应根据既有工程经验进行施工组织设计,估计开发建设项目的防治责任范围。防治责任范围要相对固定,即责任范围相对固定、责任期间相对明确;在该范围内发生的水土流失,须由建设单位负责预防和治理,是水土保持监督检查和专项验收的范围;超出该范围和期间的水土流失,一般不由建设单位负责治理,也不作为水土保持专项验收的范围。

(2)可变性。在实践中,工程所处的阶段不同,防治责任范围也不同。在设计阶段,根据设计资料合理界定防治责任范围,供建设单位报请水土保持方案批复时采用。在施工阶段,由于地质条件、材料质量和施工组织的变化,施工过程中工程变更广泛存在,征占地范围可能增大,进而导致实际的扰动范围与方案确定并批准的防治责任范围不同,在验收前应对原批准的防治责任范围进行检查,对没有扰动的,在实地调查的基础上参考水土保持监测成果可以从验收范围中去除;但对实际增加的扰动范围应按项目建设区进行检查和验收。在投产使用后,随着临时用地的归还而使防治责任范围变小,建设单位仅对永久占地范围内的水土流失防治和水土资源保护承担责任。

(3)系统性。防治责任范围包括项目建设区和直接影响区两部分。其中,项目建设区是工程实际占用的土地范围,而直接影响区则是在项目建设区周边、与生产建设有因果关系的、可能发生水土流失的范围。直接影响区一般不单独存在,总是伴随项目建设区而存在,如果附近没有施工扰动,就不会导致或诱发水土流失,也没必要设置直接影响区。一般情况下,直接影响区不单独进行水土流失防治分区,而是就近并入相应的防治分区;在设计阶段也没必要进行措施设计,只需提出相应的处理原则和规划措施类型,根据经验估列遭受扰动后所需的防治费用。

3.2.3 防治责任范围的划分

开发建设项目水土流失的防治责任范围包括项目建设区和直接影响区。其中,项目建设区包括永久征地、临时占地、租赁土地以及其他属于建设单位管辖的土地。经分析论证确定的施工过程中必然扰动和埋压的范围应列入项目建设区。直接影响区是指项目建设区外，由于开发建设活动可能造成水土流失及其直接危害的范围，应通过调查、分析确定。

3.2.3.1 **项目建设区**

项目建设区主要指生产建设扰动的区域，它包括开发建设项目的征地范围、占地范围、用地范围以及管辖范围。具体范围应包括建(构)筑物占地，施工临时生产、生活设施占地，施工道路(公路、便道等)占地，料场(土、石、砂砾、骨料等)占地，弃渣(土、石、灰)场占地，对外交通、供水管线、通信、施工用电线路等线型工程占地，水库正常蓄水位淹没区等永久征地和临时占地等。改建、扩建工程项目与现有工程的共用部分也应列入项目建设区。

项目建设区的项目永久征地、临时占地、租赁土地、管辖范围等土地权属明确，所有权属范围均需项目法人对其区域内的水土流失进行预防和治理。其主要特点是必然发生、与建设项目直接相关。项目建设区需根据整个项目的施工活动来确定，不得肢解转移。虽然建设单位一般不会直接参与施工，所有的施工均需外包，但防治责任均应由建设单位负责，不能无限转包最终至个人。在外购土、石料时，合同中应明确水土流失防治责任，并报当地(县级)水行政主管部门备案。

在此范围内，应根据因害设防的原则和以往经验，提前设置水土流失防治措施，以减轻水土流失灾害和影响。规模较小、集中安置的移民(拆迁)安置区应列入项目建设区，在方案中进行相应深度的设计；规模较小且分散安置时，列为直接影响区，在水土保持方案中明确水土流失防治责任、提出水土流失防治要求，建设单位承担连带责任，验收技术评估时应对该范围进行问卷调查。若规模较大(如超过 1 000 人)，须由地方政府集中安置，应该另行编报水土保持方案。移民安置工程通过水土保持验收移交地方后，不再属于建设单位运行期的防治责任范围。

3.2.3.2 **直接影响区**

直接影响区是指在项目建设区以外，由于工程建设，如专用公路、临时道路、高陡边坡削坡、渠道开挖、取料、堤防工程等，其扰动土地的范围可能超出项目建设区(征占地界)并造成水土流失及其直接危害的区域。具体应包括规模较小的拆迁安置和道路等专项设施迁建区，排洪泄水区下游，开挖面下边坡，道路两侧，灰渣场下风向，塌陷区，水库周边影响区，地下开采对地面的影响区，工程引发滑坡、泥石流、崩塌的区域等。应根据风向、边坡、洪水下泄、排水、塌陷、水库水位消落、水库周边可能引起的浸渍，以及排洪涵洞上、下游的滞洪、冲刷等因素，经分析后确定。

直接影响区的主要特点是由项目建设所诱发，可能会(也可能不会)加剧水土流失，如若加剧水土流失应由建设单位进行防治。在此范围内，如果发生水土流失灾害或影响，建设单位应负责治理，并应根据工程经验，在项目建设区采取有效措施进行预防。直接影响区一般包括不稳定边坡的周边、排水沟尾段至河沟的顺接地下施工作业范围、再塑地形与周边立地条件的衔接区、工程导致侵蚀外营力发生变化的区域等。对直接影响区，应针对具体情况进行调查分析确定，方案中应附详细的调查资料，不能简单外推；线型工程的直接影响区应根据地貌和施工特点分段计算。

方案编制时需在调查类比工程的基础上进行分析以确定直接影响区。当类比工程极少时，直接影响区可参考下列范围研究确定。线型工程：山区上边坡5 m，下边坡50 m；桥隧上边坡5 m，下边坡8 m；管道两侧各5～10 m；丘陵区上边坡5 m，下边坡20 m；风沙区两侧各50 m；平原区两侧各2 m。点型工程：有坡面开挖的两侧各2 m。塌陷区面积按有关行业技术标准的规定确定。

直接影响区一般不布设措施，也不估列水土保持设施补偿费，但可作为主体工程方案比选分析评价（水土流失影响分析）的重要依据。直接影响区越大，说明主体工程设计的合理性越差，方案中应作充分的分析，明确直接影响区的范围，以作为监督执法的依据。水库淹没造成直接影响区主要是指塌岸区域，应调查可能发生塌岸的地段，合理估算确定坍塌的范围；如必须采取措施，应与移民和施工组织设计专业协商，经协商确定需采取措施进行防治的，其范围应列入项目建设区。

3.2.4 防治责任范围的判别标准确定

3.2.4.1 项目建设区的判别准则

1. 导致或诱发水土流失的必然性

在项目建设过程中，必将破坏原有植被，在施工期会出现大量的裸露地表，土壤疏松或失去水分，同时地貌、水文等条件发生很大变化，遇降雨、大风等外力甚至在自身重力下不可避免地造成土壤侵蚀；施工形成的边坡面积较大，遇暴雨、大风或地表径流可诱发大量的水土流失。尽管在项目完工后，大量地表被硬化或覆盖，水土流失可能较项目建设前要轻些，但在施工期间的水土流失是必然的，是不可避免的。

2. 水土流失与生产建设存在因果关系

生产建设期间，防治责任范围内的水土流失量将增大，水土流失强度较施工扰动前的原地貌要高一至几个等级，由于地表裸露和植被等水土保持设施损毁不可避免，直接造成的水土流失量必然增加，即项目建设区的水土流失增加与生产建设活动存在因果关系。

3. 建设单位有土地利用的支配权

项目建设区一般指建设单位为项目生产建设而征用、占用、使用和管辖的土地范围，为生产建设必不可少的场地。在责任期间，建设单位可以在该范围内进行施工生产，可以提前采取措施对水土流失进行预防和治理，即建设单位对项目建设区的土地使用有支配操纵权，可以随时设置水土流失防治措施而不需经其他人同意。

3.2.4.2 直接影响区的判别标准

1. 诱发或导致水土流失的不确定性

直接影响区是指项目建设区以外，因施工生产活动而可能造成水土流失及其直接危害的区域；主要特征是可能造成水土流失的增加，也可能不造成水土流失的增加，即诱发或导致水土流失具有不确定性。当施工范围或施工工艺发生变化、防护不当或遇到超出工程防护标准的自然力时，可导致水土流失的增加或灾害事故的发生；如果没有扰动，该区域的水土流失仍处于相对稳定的状态，即事先无法确认是否会发生水土流失。如果一个区域因开发建设行为必然导致水土流失增加，则应将其纳入项目建设区。

2. 水土流失与生产建设的因果关系

水土流失的增加与生产建设活动有因果关系是界定直接影响区的重要原则。因开发建设行为和外营力的不利组合,才导致了水土流失的增加。如果水土流失的增加不是由于生产建设活动造成的,则建设单位不应承担该区域的水土流失防治责任;如果在竣工验收前,没有发生大的水土流失,且技术评估后认为不存在水土流失灾害的隐患,则建设单位无需承担该区域水土流失的防治义务。

3. 建设单位无土地利用的支配权

尽管存在水土流失增加的可能性,但建设单位没有征用、占用、使用及管辖该土地范围,没有土地利用的支配权,无权主动、大范围地采取水土流失防治措施。如果有土地支配权,即应纳入项目建设区,提前设置水土流失防治措施。只有直接影响区内确定已经或即将发生水土流失,且由生产建设活动直接导致,建设单位才有义务提前预防和治理水土流失,并采取措施消除水土流失隐患。在水土保持方案中,应在项目建设区提前设置必要的防护措施。在施工过程中,如果发生了扰动,应该及时清除泥土,进行修补或恢复原状,并对土地使用权属人进行赔偿,提出防治水土流失的建议措施。

4. 可转换性

在项目前期阶段,根据一定的分析方法确定的直接影响区具有不确定性,在实际施工中可能对该区域产生扰动,也可能不产生扰动。确定的直接影响区是项目建设前确定的关联责任边界,在施工中需对其进行监督检查,并在验收时检查其水土保持状况及水土流失隐患。但是,在实际施工过程中,如果确实对其产生了扰动,则应将此部分看作项目建设区,布设相应的防治措施,排除水土流失隐患。

第4章 开发建设项目水土保持相关知识

4.1 开发建设项目水土保持工作在我国的开展历程

4.1.1 水土保持方案报告制度的建立

我国水土保持工作历史悠久。新中国成立后，国家对水土保持工作十分重视，随着水土保持工作的开展，为适应经济建设的需要，我国在不同时期制定了不同的水土保持法规和政策，对生产建设过程中可能产生的水土流失进行控制。

1957年政务院颁布的我国第一部水土保持法规《中华人民共和国水土保持暂行纲要》对预防保护工作作出了具体规定，要求工矿企业、铁路以及交通等部门在生产建设中要采取水土保持措施，并接受水土保持机构的指导和检查。

20世纪60年代初，国务院发布《关于开荒挖矿、修筑水利和交通工程应注意水土保持的通知》，进一步强调了水利和交通等建设项目要同步采取水土保持措施。

1982年，国务院公布实施《水土保持工作条例》，规定工矿、交通等单位在开发建设项目中要制订水土保持实施方案，经水土保持部门提出意见，并由水土保持部门据此进行监督，对造成水土流失的单位和个人责令其限期治理。该条例中提出的水土保持实施方案，就是水土保持方案报告（制度）的雏形。

改革开放以后，各地开发建设项目和乡镇企业迅猛发展，特别是在晋陕蒙接壤地区，采矿、挖煤、修路、开石、采砂等活动造成的水土流失已经十分严重。1988年，经国务院批准，国家计委和水利部联合发布《开发建设晋陕蒙接壤地区水土保持规定》。这个规定着重解决了在该区域大规模开发煤炭和其他生产建设活动中要做好水土保持工作的问题。规定中明确了“谁开发、谁保护，谁造成水土流失、谁负责治理”的原则，对大型开发建设项目、小工矿和乡镇企业及个人等不同情况分别制定了相应的监督管理办法。对大型国有工矿、交通等单位实行水土保持方案报告制度，规定有关单位根据其项目对水土保持影响情况，应编制方案报告，报水土保持监督管理部门审批，并按方案实施。对小型工矿和乡镇企业及个体户实行水土保持审定书制度，这些单位和个人根据开发建设情况及时到水土保持部门登记，提出防治水土流失的方案，由水土保持监督管理部门核定后发给“水土保持审定书”，并按审定书进行防治。水土保持部门根据审批的“水土保持方案报告”及“水土保持审定书”依法进行监督管理。这个区域性法规提出了分类管理的概念，进一步完善了水土保持方案报告制度。

1987年全国人大法制工作委员会将制定水土保持法列入立法计划，要求水利部组织起草班子，着手调查研究，开始起草工作。1989年8月形成送审稿呈报国务院。之后，国务院法制局（现法制办）两次以国务院名义征求了各地和各有关部门的意见，并组织力量进行修改,于1990年1月将草案提交全国人大常委会审议。全国人大法制工作委员会即着手进行调研和修改,前后十易其稿。最后《中华人民共和国水土保持法》于1991年6月29日由第七届全国人大常委会第二十次会议审议通过,并于当天由国家主席以49号令公布实施。《中华人民共和国水土保持法》第八条规定,从事可能引起水土流失的生产建设活动的单位和个人,必须采取措施保护水土资源,并负责治理因生产建设活动造成的水土流失。该条规定明确了开发建设单位和个人防治水土流失的责任与承担的义务。该法第十九条规定,在山区、丘陵区和风沙区修建铁路、公路、水工程,开办矿山企业、电力企业和其他大中型工业企业,在开发建设项目环境影响报告书中,必须有水行政主管部门同意的水土保持方案;在山区、丘陵区和风沙区依照矿产资源法的规定开办乡镇集体矿山企业和个体申请采矿,必须持有县级以上人民政府水行政主管部门同意的水土保持方案,方可申请办理采矿手续。相应制定的《中华人民共和国水土保持法实施条例》第十四条则进一步规定,水土保持方案必须先经过水行政主管部门同意,将开办乡镇集体矿山企业和个体申请采矿的水土保持方案要求明确为水土保持方案报告表。国务院于1993年1月发布《关于加强水土保持工作的通知》,进一步强调了建立水土保持方案报告制度,并强调各级计划部门在审批项目时要严格把关。至此,水土保持方案报告制度正式在全国范围内建立,明确了分级审批、分类管理的要求,并确立了环境影响报告书审批、计划部门立项审批的把关责任。自此,水土保持方案报告制度走上正轨。

4.1.2 水土保持方案报告制度的逐步完善

1994年11月22日,水利部、国家计委、国家环境保护局联合公布了《开发建设项目水土保持方案管理办法》(水保〔1994〕513号),水土保持方案报告制度成为我国开发建设项目立项的一个重要程序和内容。1995年5月30日,水利部公布了《开发建设项目水土保持方案编报审批管理规定》(水利部令第5号),使得开发建设项目水土保持方案编报审批工作进一步程序化、规范化。1996年3月1日,水利部批复同意了全国首个开发建设项目水土保持方案,即《平朔煤炭工业公司安太堡露天煤矿水土保持方案报告书》,标志着开发建设项目水土保持方案审批工作走上正轨。

1996年6月,水利部在全国60个地(市)1 166个县(市、旗、区)开展了水土保持监督管理规范化建设工作,进一步规范了监督执法工作,加强了监督管理机构能力建设,提高了执法效率。

1998年2月5日,水利部批准公布了《开发建设项目水土保持方案技术规范》(SL 204—1998),使水土保持方案的编制设计工作得到全面规范。1998年10月20日,水利部、国家电力公司率先联合印发了《电力建设项目水土保持工作暂行规定》(水保〔1998〕423号)。自此,加强了部门相互配合,推进了水土保持方案的落实,促进了开发建设项目的水土保持工作。

2000年1月31日,水利部公布了《水土保持生态环境监测网络管理办法》(水利部令第12号),明确开发建设项目的水土保持专项监测点,依据批准的水土保持方案,对建设和生产过程中的水土流失进行监测,接受水土保持生态环境监测管理机构的业务指导和管理。2000年11月23日,水利部水土保持司、建设与管理司联合发布《关于加强水土保持生态建设工程监理管理工作的通知》，在水利工程监理系列设立水土保持专项监理资质。

2002年10月14日，水利部公布了《开发建设项目水土保持设施验收管理办法》（水利部令第16号），标志着开发建设项目水土保持设施验收工作开始全面展开。

2005年7月8日，为满足新形势下水土保持工作的要求，水利部颁布了《关于修改部分水利行政许可规章的决定》（水利部令第24号），对《开发建设项目水土保持方案编报审批管理规定》（水利部令第5号）和《开发建设项目水土保持设施验收管理办法》（水利部令第16号）进行了修订，使得开发建设项目水土保持方案的编报审批管理和开发建设项目水土保持设施的验收管理更加完善。与此同时，各地也相继出台了水土保持方案分类管理等规范性文件。

2008年1月14日，由水利部水土保持监测中心主编、相关行业的10个单位参编的《开发建设项目水土保持技术规范》（GB 50433—2008）和《开发建设项目水土流失防治标准》（GB 50434—2008）通过了建设部和国家质量监督检验检疫总局的批准，于2008年7月1日正式实施。2008年7月12日《光明日报》发表了以“开发建设项目水土保持有了限制规定”为标题的文章，并醒目提示两行：不符合标准可否决或修改建设项目；对工程建设提出了70余条强制条款。

此外，水利部还出台了关于规范技术评审、水利水电工程移民、水土保持咨询服务收费、工程监理等方面的指导文件，方便了水土保持方案的编制与审查工作。

截至2005年年底，全国共审批水土保持方案23万个，开发建设单位投入水土流失防治经费600亿元，布设防治措施面积7万 km^2，减少土壤侵蚀量16亿t。其中，国家大型开发建设项目1 000多个，开发建设单位投入水土流失防治经费400多亿元，防治面积近1.1万 km^2，超过8 000 km新建公路、1万km新建铁路实施了水土保持方案。从验收的情况看，实施水土保持方案的项目，拦渣率在95%以上，植被恢复系数、扰动土地整治率均在90%以上。

4.2 不同规划设计阶段开发建设项目水土保持的任务和内容

4.2.1 项目建议书阶段

项目建议书（或预可研）是对某一具体项目的建议文件，是建设程序中最初阶段的工作，是投资决策前对拟建项目的轮廓设想。其主要作用是说明项目建设的必要性、条件的可行性和获利的可能性，确定工程任务、规模，比选和初选方案，进行投资估算和经济评价。根据国民经济中长期发展规划和产业政策，由审批部门确定是否可以立项。在项目建议书阶段应有水土流失及其防治的内容，并说明可行性研究阶段重点解决的问题。

本阶段水土保持工作主要分析是否存在影响工程任务和规模的水土流失影响因素，以及不同比选方案可能产生的水土流失影响情况，对水土流失作出初步估测，提出水土流失防治的初步方案并估算投资。建议书经批准后，可以进行详细的可行性研究工作，但并不表明项目非上不可,项目建议书不是项目的最终决策。

4.2.2 可行性研究阶段

在可行性研究阶段,工程设计的主要任务是进行方案比选,基本确定推荐方案,估算投资和进行经济分析。重点是通过技术经济分析比较确定可行的方案。在可行性研究阶段必须编制水土保持方案,预测主体工程不同比选方案引起的水土流失及采取的措施,论证并确定水土流失防治的标准等级,以作为下一阶段设计的依据。

本阶段水土保持方案主要关注的焦点是总体布置、施工组织设计,特别是弃渣场、取料场等的布置方案。水土保持方案不仅要对主体工程设计提出约束条件,而且应提出解决的方案和建议,应对采挖面、排弃场、施工区、临时道路、生产建设区的选位、布局,生产和施工技术等提出符合水土保持的要求,对工程优化设计提出意见,供建设项目初设时考虑。各设计专业则应充分吸纳水土保持的意见,并在各专业协商基础上取得一致。主要工作包括:

(1)建设项目及其周边环境概况调查(必要的现场考察和调查);

(2)项目建设区水土流失及水土保持现状调查;

(3)生产建设中排放固体废弃物的数量和可能造成的水土流失及其危害预测;

(4)初步估算建设项目的责任范围,并制订水土流失防治初选方案(含重点分析和论证);

(5)水土保持投资估算(纳入主体工程总投资)。

4.2.3 初步设计阶段

初步设计的主要作用是根据批准的可行性研究报告和必要的设计基础资料,对设计对象进行通盘研究、概略计算和总体安排,目的是阐明在确定的地点、时间和投资内,拟建工程在技术上的可能性和经济上的合理性。

在初步设计阶段,应根据批准的水土保持方案和工程设计规程规范,设专章进行水土保持工程设计。

本阶段水土保持方案初步设计的主要工作有:

(1)复核、勘察和检验水土保持方案初步设计的依据;

(2)准确界定建设项目水土流失防治范围及面积;

(3)科学预测开发建设造成的水土流失面积和数量;

(4)根据不同工程的典型设计、工程量和实施进度安排,完成水土流失防治工程的初步设计;

(5)水土保持投资概算(年度安排);

(6)水土保持方案实施的保证措施(机构、人员、经费和技术保证等)。

4.3 开发建设项目水土保持的基本内涵

水土保持是由我国科技工作者首先提出并被世界各国科学技术界所接受的。在《中国大百科全书·农业卷》中水土保持的定义为:“防治水土流失,保护、改良与合理利用山丘和风沙区水土资源,维护和提高土地生产力,以利于充分发挥水土资源的经济效益与社会效益,建立良好的生态环境的事业。”水和土是人类赖以生存的基础资源,是发展农业生产的基本要素。水土保持工作对开发建设山区、丘陵区和风沙区,整治国土,治理江河,减少水、旱、风等灾害,维护生态平衡,具有重要的作用。

水土保持的工作对象即为土壤侵蚀。水土保持就是在合理利用水土资源的基础上,组织运用水土保持林草措施、水土保持工程措施、水土保持农业措施、水土保持管理措施等形成水土保持综合措施体系,以达到保持水土、提高土地生产力、改善山丘和风沙区生态环境的目的。因此,《中华人民共和国水土保持法》第二条规定:本法所称水土保持,是指对自然因素和人为活动造成水土流失所采取的预防和治理措施。

水土保持是集土壤学、水文学和生态学等于一体的一个专业名词,顾名思义,水土保持就是保持水土资源;有些国家称其为土壤侵蚀控制或水土保育;有关教科书将其解释为保护(保育)、稳定、固持、改良土壤,提高土地生产力。近代的生态演变、发展状况表明,水土流失的加剧主要是因人类不合理的活动造成的,如乱砍滥伐、过度垦殖、超载放牧、开采资源、工程建设等。鉴于此,《中华人民共和国水土保持法》专门确立了水土保持方案制度,其主要目的是有效保护生态环境,防治开发建设项目水土流失。

水土保持是江河治理和国土整治的根本。它既是水资源利用和保护的源头和基础,也是土地资源利用和保护的主要内容。预防和治理水土流失是水土保持的基本内涵,也是水土保持的精髓。水土保持有着极其丰富的内涵和外延,是一门综合性很强的学科。它涉及生态学、地理学、社会学、经济学、农学、林学、草学以及水利学等,涉及水利、林业、农业、环境、城建、交通和铁路等部门,也涉及城乡千家万户,具有长期性、综合性和群众性的特点。

因此,预防水土流失就是通过法律的、行政的、经济的、教育的手段,使人们在生产活动、开发建设中,尽量避免造成水土流失,更不能加剧水土流失。主要措施可归纳为 3 种:①坚决禁止严重破坏水土资源的行为,如禁止毁林开荒等;②严格控制可能造成水土流失的行为,并要求达到法定的条件,如实行水土保持方案报告制度等;③积极采取各种水土保持措施,如植树造林等,防止产生新的水土流失。

治理水土流失就是在已造成水土流失的区域,采取并合理配置生物措施、工程措施和蓄水保土耕作等措施,因害设防、综合整治,使水土资源得到有效保护和永续利用。“防”和“治”应以介入时段来界定。“防”是事前介入,一是防止新的水土流失产生,二是控制水土流失以免使现有水土流失加剧,属于积极主动的措施;“治”是事后介入,是遏止现有水土流失的继续,减轻现有水土流失,属于消极被动的措施。

4.4　开发建设项目水土保持专用术语

4.4.1　扰动土地整治面积与扰动土地整治率

扰动土地整治面积指对土地采取各类整治措施的面积,包括永久建筑面积。不扰动的土地面积,如水工程建设过程中不扰动的水域面积不计算在内。

扰动区土地整治率是扰动项目建设区内扰动土地整治面积占扰动土地总面积的百分比。

4.4.2 水土流失防治面积和水土流失总治理度

水土流失面积包括因开发建设项目生产建设活动导致或诱发的水土流失面积,以及项目建设区尚未达到容许土壤流失量的未扰动地表水土流失的面积。水土流失防治面积是指对水土流失区域采取水土保持措施,并使土壤流失量达到容许土壤流失量或以下的面积,以及建立良好排水体系,并不对周边产生冲刷的地面硬化面积和永久建筑物占用土地面积。弃土弃渣场地在采取挡护措施并进行土地整治和植被恢复,土壤流失量达到容许土壤流失量后,才能作为防治面积。

水土流失总治理度是项目建设区内水土流失治理达标面积占水土流失总面积的百分比。

4.4.3 土壤流失控制比

土壤流失控制比是项目建设区内,容许土壤流失量与治理后的平均土壤流失强度之比。水蚀的容许土壤流失量的指标根据《土壤侵蚀分类分级标准》(SL 190—2007)确定,水蚀为主的类型区及其容许土壤流失量为:

(1)西北黄土高原区。主要在黄河上游,为 1 000 t/(km^2·a);

(2)东北黑土区(低山丘陵和漫岗丘陵区)。主要在松花江流域,为 200 t/(km^2·a);

(3)北方土石山区。主要在淮河流域以北黄河中下游、海河流域,为 200 t/(km^2·a);

(4)南方红壤丘陵区。主要在长江中游及汉水流域、洞庭湖水系、鄱阳湖水系、珠江中下游,包括江苏、浙江等沿海侵蚀区,为 500 t/(km^2·a);

(5)西南土石山区。主要在长江上中游及珠江上游,为 500 t/(km^2·a)。

风力侵蚀的容许土壤流失量暂定为:沿河、环湖、滨海风沙区为 500 t/(km^2·a);风蚀水蚀交错区为 1 000 t/(km^2·a);北方风沙区为 1 000 ~ 2 500 t/(km^2·a),具体可根据原地貌风蚀强度确定。

4.4.4 拦渣率

拦渣率是在项目建设区内采取措施实际拦挡的弃土(石、渣)量与工程弃土(石、渣)总量的百分比。

4.4.5 可恢复植被面积和林草植被恢复率

可恢复植被面积是指在当前技术经济条件下,通过分析论证确定的可以采取植物措施的面积,不含国家规定应恢复农耕的面积,以批准的水土保持方案数据为准。

林草植被恢复率是指项目建设区内,林草类植被面积占可恢复林草植被(在目前经济技术条件下适宜于恢复林草植被)面积的百分比。

4.4.6　林草面积和林草覆盖率

林草面积是指开发建设项目的项目建设区内所有人工和天然森林、灌木林和草地的面积。其中,森林的郁闭度应达到0.2以上(不含0.2);灌木林和草地的覆盖度应达到0.4以上(不含0.4)。零星植树可根据不同树种的造林密度折合为面积。

林草覆盖率是指林草类植被面积占项目建设区面积的百分比。

以上6项内容中涉及的面积,均以垂直投影面积计。

下篇　开发建设项目水土保持方案实例

第1章　金属矿开发建设项目水土保持实例

1.1　井工开采项目

1.1.1　建设规模及工程特性

1.1.1.1　项目基本情况

项目名称为巴彦淖尔市××商贸有限责任公司乌拉特前旗分公司乌拉特前旗××矿区岩金矿年采选3万t金矿石建设项目；项目建设地点位于乌拉特前旗××镇；项目区位于乌拉特前旗东北部，地处阴山山脉西段的色尔腾山北部边缘，地形受区域构造线的控制呈近东西向延展，形成山、川相间的地形。最高海拔为1 707 m，最低为1 629 m，相对高差78 m。地势西高东低，中部为山脊分水岭，南侧缓坡而下，区内沟谷发育，切割中等，谷底多呈“V”字形，纵坡降5%～10%，平常无地表径流。矿区地貌类型属低山丘陵区。项目区属中温带半干旱大陆性季风气候区。项目区所在地土壤类型以棕钙土为主。项目区所在地主要植被类型为荒漠草原，该区域植被稀疏，群落结构简单，无明显的层次。

该项目属于新建建设生产类项目，项目建设规模为设计采选能力3万t/a，项目建设内容包括采矿工业场地、废石场、选矿厂、尾矿库、办公生活区、运输系统、供水系统及供电线路和探矿扰动区等。按建设计划，建设期末(2016年4月)，工程总占用土地面积6.33 hm^2，其中永久占地面积5.41 hm^2，临时占地面积0.92 hm^2，占地类型为草地。到水土保持方案服务期末(2022年)，工程累计占地面积6.33 hm^2，其中永久占地面积5.41 hm^2，临时占地面积0.92 hm^2，占地类型为草地。

工程于2015年5月开工，计划于2016年4月完成基建移交生产，工程总工期1年；工程总投资1 785万元，其中土建投资1 345.29万元。本工程水土保持工程估算总投资158.84万元，其中建设期投资157.22万元，运行期投资1.62万元。

建设期水土保持工程总投资中主体工程已列投资73.98万元；方案新增水土保持投资83.24万元，包括工程措施投资8.57万元，植物措施投资3.07万元，临时工程投资4.48万元，独立费用59.42万元(其中水土保持工程建设监理费12.52万元，水土流失监测费11.58万元)，基本预备费4.53万元，水土保持补偿费3.17万元。

运行期水土保持工程总投资 1.62 万元,全部为方案新增投资,包括工程措施投资 0.89 万元,植物措施投资 0.58 万元,临时工程投资 0.03 万元,独立费用 0.03 万元,基本预备费 0.09 万元。

井田开拓方式采用侧翼下盘竖井开拓运输方案。开拓运输方案由主竖井、风井及各中段运输巷道组成。根据矿床的矿岩岩性,采用地下开采方式,采矿方法设计选择浅孔留矿法。

1.1.1.2 项目组成及布局

本项目为新建工程,主要包括采矿工业场地、废石场、选矿厂、尾矿库、办公生活区、运输系统、供电线路、供水系统和探矿扰动区等。

1. 采矿工业场地

矿区以Ⅰ-3 号矿体作为首采区,主体设计中采矿工业场地围绕Ⅰ-3 号矿体进行布设,采矿工业场地位于矿区范围的东侧,开采Ⅰ-3 号矿体,由主竖井工业场地、风井工业场地及各中段运输巷道组成。采矿工业场地布置相对分散。

1) 主竖井工业场地

主竖井工业场地利用原有探矿期形成的 SJ2 竖井工业场地,布设在Ⅰ-3 号矿体的西端。主竖井工业场地现已基本场平,包括主竖井井口、主竖井生活区、辅助设施,总占地面积为 0.19 hm^2。

(1) 主竖井井口布置在主竖井工业场地的西南侧,主竖井为早期探矿时形成的,本次新建时经扩帮改造直接利用,主竖井用于矿石、废石、材料、设备的运输和人员出入,其中提升矿石量为 100 t/d,提升废石量为 10 t/d。主井占地面积 0.01 hm^2,其中井筒占地 50 m^2,周边硬化 50 m^2。矿石采用翻斗式矿车经主竖井提升至地表后直接通过汽车运送至西北侧的选矿厂矿仓,废石直接运至废石场。

(2) 主竖井生活区利用原有探矿期形成的 2 号生活区,主要设有职工宿舍、值班室和食堂,主竖井生活区建筑物占地面积为 0.04 hm^2。

(3) 辅助设施布置在井口的周围,主要设有提升机房、柴油发电机站、值班房等,辅助设施占地面积为 0.01 hm^2。

根据主竖井工业场地自然地形坡度,探矿期形成的场地现状,场区的长、宽度,建(构)筑物平面位置布置,场内运输方式和运输技术条件等,竖向布置选用平坡式布置,场地平整采用填筑式平场方式,经场地平整后,场地标高为 1 658 m,最终形成主竖井工业场地平台,主竖井工业场地部分地区场平现状形成挖方段 60 m 和填方段 110 m 的边坡,挖方坡比 1:1.5,填方坡比 1:1.5,边坡平均高度为 1 m,边坡采用 30 cm 厚浆砌石片砌护。

为防止西部山体汇水对主竖井工业场地安全生产造成影响,主体工程设计在主竖井工业场地西部边坡顶部设置截水沟,拦截坡面汇水,采用浆砌石梯形结构,长 95 m,底宽 0.4 m,深 0.6 m,边坡比 1:1,浆砌石厚 0.3 m,砂砾石垫层 0.15 m,截水沟外侧 2 m 范围内为施工扰动区。

由于主竖井井口紧贴较为陡峭的山体坡面,主竖井工业场地汇水面积较小,场地外围设置有截水沟,结合当地气象条件和工业场地竖向布置设计,确定主竖井工业场地内部地表雨水的排放方式采用顺自然地势径流方向设置场地标高,工业场地由西向东按 3‰坡度设计。排水根据工业场地建成后的自然地形，顺场平后的坡度排至东侧的自然沟道内，实现自然外排。

主竖井工业场地各组成部分现状均采取填筑的方式修建成工业场地平台，填筑材料为废石，绿化时考虑经覆土整治，以耐旱、耐贫瘠的灌木绿化为主。

2）风井工业场地

风井工业场地位于Ⅰ－3号矿体东侧约50 m，自然地形属坡地，总体呈西高东低，高差在2～3 m，风井主要担负排出污风的功能，并起到安全出口的作用。该场地利用原有探矿期形成的SJ1竖井工业场地，包括风井、辅助设施等，风井工业场地总占地面积为0.07 hm^2。

（1）风井占地面积0.01 hm^2，其中井筒占地30 m^2，周边硬化50 m^2。

（2）辅助设施布置在井口的周围，主要设有空压机站等，占地面积为0.02 hm^2。

根据风井工业场地自然地形坡度，场区的长、宽度，建（构）筑物平面位置布置，场内运输方式和运输技术条件等，竖向布置选用平坡式布置，场地平整采用重点式平场方式。风井工业场地部分地区场平已形成填方段45 m的边坡，填方坡比1∶1.75，边坡平均高度为1 m，边坡采用30 cm厚浆砌片石砌护。风井工业场地周边无河流，同时主竖井工业场地周边修筑了截水沟，拦截了坡面汇水，风井工业场地不受洪水威胁，能保证安全生产。排水根据工业场地建成后的自然地形，自然外排。

场地绿化以种植耐旱植被为主，以达到防尘降噪、美化环境的目的。

2. 废石场

废石场选择在采矿工业场地的中部，介于主竖井工业场地和风井工业场地之间，在探矿工程扰动区范围内，属于坡地型废石场，自然地形属缓坡地，西高东低，该处地势较开阔，可堆放大量的废石，且不压占矿脉。废石场现状零散无序堆存有约0.2万 m^3 的探矿期形成的废石。废石堆放区长130 m，宽40 m，高度为4 m，容量为1.40万 m^3，边坡比为1∶2.5。

根据本项目开发利用方案和可行性研究报告，日提升废石量为10 t左右，年提升废石量为3 000 t。废石场主要是为Ⅰ－3号矿脉服务，根据矿脉储量，服务年限为7年，共产生废石21 000 t，按废石密度1.88 t/m^3 计，即为1.12万 m^3，基建期井巷开拓产生的部分废石均用于工业场地的平整填方，不再排弃至废石场。

废石场处于主竖井工业场地东侧，且主竖井工业场地周边修筑了截水沟，拦截了坡面汇水，废石场不受洪水威胁，能保证安全生产。

同时，考虑到废石场内松散的废石存在潜在的滑坡和坍塌危险，造成对周边环境的不利影响，主体工程设计在废石场周边修建挡渣墙，挡渣墙采用浆砌片石砌筑。挡渣墙采用重力式，断面尺寸要素参考挡渣墙的设计指标。墙背采用垂直面，墙面坡比采用1∶0.5，墙高采用3.0 m，地面以上2.0 m，地埋1.0 m，墙顶宽0.5 m，墙底宽2.0 m，基础埋深1.0 m，基础宽为2.6 m，基础深0.6 m。挡渣墙采用浆砌石砌筑，基础底部铺设15 cm厚的砂砾垫层。废石场设置挡渣墙长330 m，开挖土方1 112.1 m^3，浆砌片石1 752.3 m^3，砂砾垫层128.7 m^3，挡渣墙外侧5 m范围内为施工扰动区。

废石场总占地面积为0.75 hm^2，其中废石堆放地占地面积为0.52 hm^2，周边挡渣墙及其临时施工扰动区占地面积为0.23 hm^2，详见表1-1。

表 1-1　废石场占地面积　　（单位：hm^2）

项目		项目建设区			占地类型
		永久占地	临时占地	小计	
废石场	废石堆放地	0.52		0.52	草地
	挡渣墙	0.07	0.16	0.23	草地
	合计	0.59	0.16	0.75	

基建期废石场不排弃废石，2016 年进入生产运行期后，废石场开始逐年排弃废石，排弃时从东侧开始分条块堆放，排弃高度为 3 m，边坡比为 1∶2.5，同时其防护措施的施工扰动区在进入生产运行期后植被进行了恢复，不再临时占用。废石场逐年占地面积见表 1-2。

表 1-2　废石场逐年占地面积　　（单位：hm^2）

区域	位置	类型		基建期	生产期							合计
				2015 年	2016 年	2017 年	2018 年	2019 年	2020 年	2021 年	2022 年	
废石场	废石堆放地	逐年占地面积	永久边坡		0.04	0.03	0.03	0.03	0.03	0.03	0.04	0.23
			永久平台		0.02	0.05	0.05	0.05	0.05	0.05	0.02	0.29
			小计		0.06	0.08	0.08	0.08	0.08	0.08	0.06	0.52
	挡渣墙	构筑物		0.07								0.07
		施工区		0.16								0.16
		小计		0.23								0.23
	合计			0.23	0.06	0.08	0.08	0.08	0.08	0.08	0.06	0.75

3. *选矿厂*

选矿厂位于采矿工业场地北侧，自然地形属坡顶，总体呈西高东低，高差约在 20 m。

选矿厂平面布局包括原矿仓、破碎车间、粉矿仓、磨矿车间、浮选车间、沉淀池、金矿储存场等工业厂区及高位水池等辅助车间。选矿厂原矿仓设在山坡上部，矿石进入原矿仓，经破碎进入磨矿、浮选、浓缩脱水等工艺系统。

（1）金矿储存场布置在选矿厂的南侧，采用防风抑尘网的结构，长 20 m，宽 10 m，占地面积为 0.02 hm^2，用于堆放金矿石。高位水池布设在金矿储存场西侧，采用钢筋混凝土框架结构，用于储存采矿产生的疏干水以用于选矿用水，占地面积为 0.01 hm^2。

（2）原矿仓、破碎车间依次布设在金矿储存场北侧，采用全封闭彩钢结构，占地面积为 0.02 hm^2，用于破碎矿石。

（3）粉矿仓、磨矿车间、浮选车间依次布设在破碎车间北侧，采用全封闭彩钢结构，用于选矿，占地面积为 0.04 hm^2。

（4）沉淀池布设在浮选车间北侧，占地面积为 0.01 hm^2。

（5）辅助设施布设在沉淀池西侧，包括宿舍、配电室、锅炉房等辅助设施，占地面积为 0.02 hm^2。

(6)场内道路由途经选矿厂大门的矿内道路接引,自南向北途经选矿厂主要车间,道路长 60 m,路面宽为 4 m,路面为水泥混凝土路面,占地面积为 0.03 hm^2。

根据选矿厂自然地形坡度,场区的长、宽度,建(构)筑物平面位置布置,场内运输方式和运输技术条件等,竖向布置选用平坡式布置,场地平整采用重点式平场方式,场平标高为 1 674 m。选矿厂部分地区场平需要挖填方,挖方 0.38 万 m^3,填方 0.48 万 m^3,形成填方段 176 m 的边坡,填方坡比 1∶1.75,边坡平均高度为 2 m,边坡采用 30 cm 厚浆砌片石砌护,挖方为场地中部制高点场平产生,在场平后未产生挖方边坡。

厂区周边主要沟谷呈东西向分布,沟谷较开阔,无地表水,均为季节性河流。场地不受洪水威胁,能保证安全生产。排水根据工业场地建成后的自然地形,顺场平后的坡度,排至北侧自然沟道,实现外排。

场地绿化以种植耐旱与常绿树木相结合,采用点线面相结合的绿化方式以达到防尘降噪、美化环境的目的。在不影响采光、场区行车视距、地下管线敷设等的前提下,沿场区建筑物周边营造防护林,建(构)筑物周边空地散点种植观赏性乔、灌木。

4. *尾矿库*

尾矿库位于矿区东部,选矿厂东侧的 50 m 的天然沟道内,包括尾矿堆场、排水系统和尾矿坝。根据主体工程设计,尾矿库库址选在选矿厂的东侧 50 m,属沟谷型尾矿库,该沟谷大致呈东北走向,山坡植被较发育,基岩裸露。沟谷全长 239 m,汇水面积 0.37 km^2。周围的山势高差 20 m 左右。沟谷平均宽度 50 m 左右,两侧山势较陡,一般在 25°以上,是个狭长沟谷。沟底较陡,平均纵向坡度 15% 左右。初步估算,可容纳约 23.85 万 m^3 尾矿,满足要求。

根据主体可研设计,拟建尾矿库为沟谷型尾矿库。尾矿库采用干堆排放方法,由压滤车间多频筛过滤后,干尾矿用装载机和自卸汽车运送至尾矿库堆存。

根据尾矿采用干式排放的特点,再结合已选定的尾矿库址的地形条件,设计尾矿库采用下游式倒排的形式,即从库尾开始堆筑,滤饼经晾晒后用装载机推入沟底,然后摊平、压实,逐步向下推进。堆放应分层、分段进行,每层高度不超过 5 m,每层堆积结束时堆积坝坡面外坡比不陡于 1∶3,以便于覆土护坡。

根据主体工程设计,在尾矿库的下游修筑一座尾矿坝,用来阻挡雨水等从尾矿堆积体中流出时挟带尾砂形成的淤泥,防止对下游环境的污染破坏,同时也形成一定的滞洪库容。依据《尾矿设施设计规范》(GB 50863—2013)的有关规定,确定的初期坝高应满足初期堆放 0.5 ~ 1 年选矿厂尾矿,以及尾矿澄清距离及初期调洪的要求。根据该尾矿库的地形条件,确定初期坝高为 8 m(高程 1 640 ~ 1 648 m),坝顶宽 4.0 m,坝底最大宽度 36 m,坝顶轴线长度为 60 m,外侧 10 m 范围内属尾矿坝修筑的施工扰动区。坝体上下游坡度均为 1∶2,根据现场调查情况,结合该沟地形条件,本着就地取材的原则,坝体结构形式采用碾压不透水堆石坝,坝体内坡设反滤层,反滤层自上而下分别为 400 mm 厚干砌石护坡、300 mm 厚砂砾石保护层、复合土工布、200 mm 厚砂砾石保护层、碾压堆石坝体。同时,上坝石料应分层填筑、分层碾压,每层填筑厚度及碾压遍数由现场试验确定。要求坝基坐落在基岩上,为了保证大坝按设计要求填筑成型,要求坝体每筑高 1 m,必须校正一次坝坡,以防止初期坝体缝隙渗漏尾砂。筑坝材料利用探矿时期堆弃在尾矿库区的废石。

清基时，应将坝基范围内的建（构）筑物全部拆除，所有树木、树根、乱石以及腐殖土层等均应清除。坝基中的工程地质钻孔、试坑、坟墓、洞穴等必须加以妥善处理。清基厚度至少为 1 m，并反复碾压。

尾矿库总占地面积为 1.96 hm^2，其中尾矿堆放地占地面积为 1.42 hm^2，尾矿坝及其临时施工扰动区占地面积为 0.27 hm^2，周边排水沟及其临时施工扰动区占地面积为 0.23 hm^2，坝肩截水沟及其临时施工扰动区占地面积为 0.04 hm^2。

根据主体工程设计，该尾矿库排水设施由周边排水沟、库内排水管和排水井、消力池、坝肩截水沟、坝面排水沟和排渗设施等组成。

（1）周边排水沟。

尾矿堆积阶段，为防止干排库的两侧山坡汇水冲刷堆积体，在尾矿库周围山体修建排水沟，使汛期汇水由排水沟排出。周边排水沟采用浆砌石梯形结构，长 410 m，底宽 0.4 m，深 0.6 m，边坡比 1∶1，浆砌石厚 0.3 m，砂砾石垫层厚 0.15 m，排水沟外侧 4 m 范围内为施工扰动区。

（2）库内排水管和排水井。

根据该库区地形特点，尾矿库排水系统采用管 - 井方式，设计排水管内径为 1.5 m，采用钢筋混凝土现浇结构，总长约 408.6 m；排水井共 4 座，采用框架式钢筋混凝土结构，井高均为 12 m，外径均为 3.0 m。库内排水系统及其施工扰动区均位于尾矿库内部，不再新增占地。

（3）消力池。

在尾矿坝排水管下游出口修筑一个消力池。消力池设计断面尺寸均为 10.0 m × 5.0 m × 3.0 m，采用钢筋混凝土结构。

（4）坝肩截水沟。

为了防止雨水冲刷坝体并将上游洪水排出库外，在两侧坝肩与山坡结合处设置截水沟。尾矿坝左、右肩长均为 35.35 m，坝肩截水沟采用浆砌石结构，底宽 0.4 m，深 0.6 m，边坡比 1∶1，浆砌石厚 0.3 m，砂砾石垫层厚 0.15 m，基础坐落在基岩上，超挖部分采用毛石混凝土基础换填，截水沟外侧 4 m 范围内为施工扰动区。

（5）坝面排水沟。

为了防止降雨时径流冲刷尾矿坝坝面，并进行有序导流，在尾矿坝第一级子坝坝顶标高 1 648 m 平台上设置一道横向坝面排水沟。排水沟采用浆砌石结构，过水断面尺寸为 0.6 m × 0.4 m，并与坝肩排水沟相连，尾矿库坝体坝面之上，不再新增占地。

（6）排渗设施。

为了保证浸润线的埋深以及加快尾矿的排水固结，随着尾矿坝的上升，在平行坝轴线方向设置一道排渗盲沟。采用 DN110 PE 管作导流管，将盲沟的渗水排出坝体。DN110 PE 管垂直坝轴线均匀布置，水平间距 20 m，接入坝面排水沟。

5. 办公生活区

办公生活区位于矿区的东侧，占地面积 0.17 hm^2，其中建筑物占地 0.06 hm^2，硬化面积 0.03 hm^2，空地面积 0.08 hm^2。办公生活区利用在探矿期间既已建成的 1 号办公区。办公生活区主要设办公室、职工宿舍、食堂及配电室等辅助设施。1 号办公区依山而建，在其西侧和北侧形成开挖边坡，已形成挖方段 70 m 的边坡，挖方坡比 1∶1，边坡平均高度为 2 m，边坡采用 30 cm 厚浆砌片石砌护。东侧形成填方边坡，已形成填方段 80 m 的边坡，填方坡比 1∶1.75，边坡平均高度为 2 m，边坡采用 30 cm 厚浆砌片石砌护。

本项目爆破工程采取外包形式，委托当地民爆公司负责，不再单独新建炸药库、雷管库。

6. 运输系统

矿区进场道路由东侧的乡村道路接引，利用部分探矿时已形成的探矿道路，经翻修延伸后，途经风井工业场地、主竖井工业场地后通至选矿厂，长 500 m，路基宽 5 m，路面宽 4 m，路基边坡比为 1∶1，路面为砂石路面，路面结构层为 15 cm 厚的砂砾石面层、20 cm 厚的级配碎石基层、20 cm 厚的天然砂砾石垫层。路基两侧各布设一行防护林，占地各 1 m^2，占地面积为 0.35 hm^2。

同时新建 2 条道路，包括尾矿库道路、主竖井至废石场窄轨铁路。

其中尾矿库道路长 50 m，路面宽 3.5 m，路基宽 4.5 m，路基边坡比为 1∶1，路面为砂石路面。主竖井至废石场窄轨铁路长 60 m，宽 3 m。

7. 供电系统

矿区现状供电系统已成规模，共建设 3 条供电线路，包括矿区供电线路、采矿工业场地供电线路、选矿厂供电线路。

矿区供电线路探矿期间已建成，供电系统电源引自早期矿区东北侧的坝梁 35 kV 变电站，通过架空线方式接引至矿区配电室，用于生产、生活用电，距离为 8 000 m，采用架空线，每 50 m 架设一根电杆，共架设 160 根电杆，每根电杆占地 1 m^2。矿区供电线路杆基占地面积为 0.02 hm^2，配电室占地面积为 0.01 hm^2，施工扰动区为电杆基坑外围 20 m^2，施工扰动区占地面积为 0.32 hm^2。

采矿工业场地供电线路由矿区配电室通过架空线方式接引，途经风井工业场地，接引至主竖井工业场地，距离为 300 m，采用架空线，每 50 m 架设一根电杆，共架设 6 根电杆，每根电杆占地 1 m^2。由于建成时间较长，其施工区处于探矿扰动区范围内，不再单独计算其施工扰动区占地，采矿工业场地供电线路总占地面积为 0.01 hm^2。

选矿厂供电线路由矿区配电室通过架空线方式接引，沿进场道路接引至选矿厂，距离为 360 m，采用架空线，每 50 m 架设一根电杆，共架设 8 根电杆，每根电杆占地 1 m^2。施工扰动区为电杆基坑外围 20 m^2，总占地面积为 0.03 hm^2。

8. 供水系统（包括排水系统）

1）供水系统

生活和地面消防水源：本项目矿区生活用水取自打在矿区办公生活区的饮水井，用拉水车拉到办公生活区使用，完全满足日常的生活用水要求，据现场调查水井房占地面积为 0.01 hm^2。矿区采用低压消防给水系统，室外消防用水量为 40 L/s，其中选矿厂为 20 L/s，井下采矿为 20 L/s，与生产供水共用管道。

生产用水水源：本项目生产供水水源来自于矿井涌水，选矿生产和采矿取水量 84.7 m^3/d（2.54 万 m^3/a），利用近一个水文年的疏干排水系统观测资料，经计算矿井涌水量为 107.11 m^3/d，可以满足要求，同时地下水资源量扣除地下水开采量后还有可利用量为 47.74 万 m^3/a 。不论现状年还是规划年，可利用水量均大于本采选工程取水量 2.54 万

m^3/a,可以满足用水需求。

本项目选矿生产用水来自于矿井涌水,经由主竖井通过地埋管线输送至选矿厂高位水池,用于生产用水。地面部分输水管线为单线,长180 m,选用DN100无缝钢管,埋地敷设,埋地深度1.9 m。

2)排水系统

雨水排放:矿区降水较少,各场地占地面积较小,均采用平坡式场地自然排水方式。

生活及生产污水排放:本项目生活污水量较小,办公生活区将生活污水汇集,经化粪池和一体化污水处理器处理达标后用于洒水降尘及绿化用水。生产污水基本实现零排放,循环利用,少量用于洒水降尘。

9.探矿扰动区

在本项目探矿期间形成扰动区1.96 hm^2。

1.1.1.3 工程占地及土石方平衡

本项目属建设生产类项目,建设期末(2016年4月),工程总占用土地面积6.33 hm^2,其中永久占地面积5.41 hm^2,临时占地面积0.92 hm^2,占地类型为草地,见表1-3。

表1-3 建设期末工程占地面积 (单位:hm^2)

项目		项目建设区			占地类型
		永久占地	临时占地	小计	
采矿工业场地	主竖井工业场地	0.19		0.19	草地
	风井工业场地	0.07		0.07	草地
	小计	0.26		0.26	
废石场		0.59	0.16	0.75	草地
选矿厂	建(构)筑物	0.15		0.15	草地
	道路及硬化用地	0.08		0.08	草地
	其他空地	0.04		0.04	草地
	小计	0.27		0.27	
尾矿库	堆场	1.42		1.42	草地
	尾矿坝	0.20	0.07	0.27	草地
	排水系统	0.08	0.19	0.27	草地
	小计	1.70	0.26	1.96	
办公生活区		0.17		0.17	草地
运输系统	进场道路	0.35		0.35	草地
	尾矿库道路	0.03		0.03	草地
	废石场窄轨铁路	0.02		0.02	草地
	小计	0.40		0.40	

续表 1-3

项目		项目建设区			占地类型
		永久占地	临时占地	小计	
供电线路	矿区供电线路	0.03	0.32	0.35	草地
	采矿工业场地供电线路	0.01		0.01	
	选矿厂供电线路	0.01	0.02	0.03	草地
	小计	0.05	0.34	0.39	
供水系统		0.01	0.16	0.17	草地
探矿扰动区		1.96		1.96	草地
合计		5.41	0.92	6.33	

到水土保持方案服务期末(2022 年),工程累计占地面积 6.33 hm^2,其中永久占地面积 5.41 hm^2,临时占地面积 0.92 hm^2,占地类型为草地,详见表 1-4。

表 1-4　水土保持方案服务期末工程占地面积　(单位:hm^2)

项目		项目建设区			占地类型
		永久占地	临时占地	小计	
采矿工业场地	主竖井工业场地	0.19		0.19	草地
	风井工业场地	0.07		0.07	草地
	小计	0.26		0.26	
废石场		0.59	0.16	0.75	草地
选矿厂	建(构)筑物	0.15		0.15	草地
	道路及硬化用地	0.08		0.08	草地
	其他空地	0.04		0.04	草地
	小计	0.27		0.27	
尾矿库	堆场	1.42		1.42	草地
	尾矿坝	0.20	0.07	0.27	草地
	排水系统	0.08	0.19	0.27	草地
	小计	1.70	0.26	1.96	
办公生活区		0.17		0.17	草地
运输系统	进场道路	0.35		0.35	草地
	尾矿库道路	0.03		0.03	草地
	废石场窄轨铁路	0.02		0.02	草地
	小计	0.40		0.40	

续表 1-4

项目		项目建设区			占地类型
		永久占地	临时占地	小计	
供电线路	矿区供电线路	0.03	0.32	0.35	草地
	采矿工业场地供电线路	0.01		0.01	
	选矿厂供电线路	0.01	0.02	0.03	草地
	小计	0.05	0.34	0.39	
供水系统		0.01	0.16	0.17	草地
探矿扰动区		1.96		1.96	草地
合计		5.41	0.92	6.33	

本项目建设期工程动用土石总方量 4.74 万 m^3，其中挖方量 2.37 万 m^3，填方量 2.37 万 m^3，无弃方。本项目土石方工程量及主要流向见图 1-1。

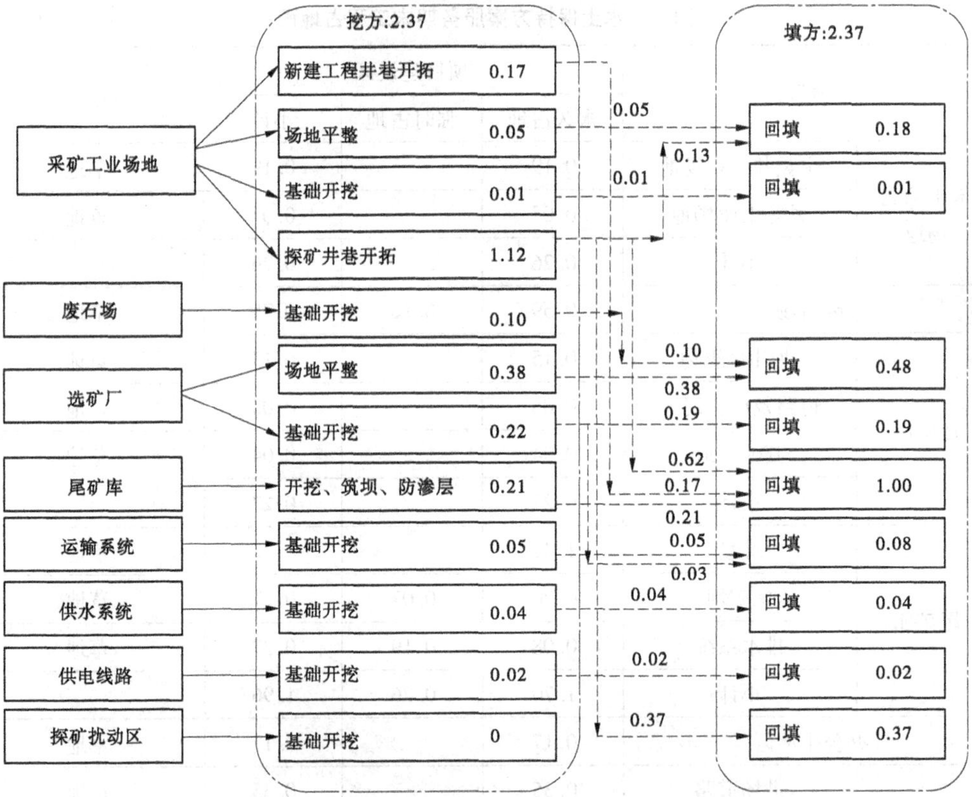

图 1-1　土石方平衡流向图　（单位：万 m^3）

1.1.1.4 施工组织和生产工艺

1. 施工组织

1) 井巷掘进工艺

开拓工程掘进包括主竖井、风井、运输巷道、硐室、通风巷道、配电室、水泵房等，设计依据岩石条件和工程服务年限，采用不支护、喷射混凝土支护、混凝土整体发碹支护等，并严格按照施工规范要求进行施工。

2) 工业场地及选矿厂施工

基础开挖及回填：工业场地没有高层建筑物，基础开挖不深，采用反铲挖掘机挖土，根据施工机械和开挖深度情况，挖至所需深度，在设计标高 30 cm 以上时，改用人工开挖，避免扰动原状土。挖出的土方就近堆放，作为基槽回填和各区域平整使用。基础回填土采用机械和人工相结合的方法，土方由装载机装土直接回填基槽，边缘回填不到之处辅以人工回填，然后采用人工和电动机具冲击夯实。

场地平整：工业场地及选矿厂场地平整所需土方主要为挖高填低以及建（构）筑物基础开挖的土方。平整以机械为主，人工配合机械对零星场地和边角平整。

道路施工：道路施工挖高填低，进行平整，路基修筑要略高于原地面。利用压路机、推土机等机械联合施工。

供水系统施工：管线敷设为地埋式。管线埋在冰冻线以下。管线开挖土方在一侧堆放，建设区域设施工便道。管线施工以机械施工为主，人工施工为辅，用挖掘机挖至距设计高程 30 cm 时，改用人工施工继续下挖，直至设计高程，然后清理槽底，将土料堆放于管线旁作回填用。管道由吊车吊装，管道安装完毕，试压回填，回填采用原土。回填土中不得掺有石块和粒径大于 100 mm 的坚实土块，严格分层夯实，沟槽其余部分的回填亦分层夯实。管顶 0.8 m 以下用蛙式打夯机夯实，0.8 m 以上用拖拉机压实。考虑管线回填的自然沉降，回填余土沿管线覆于管线上方。

供电线路施工：供电杆塔基础采用人工开挖，回填土就近堆放，吊车栽杆，人工回填土方，基部用蛙式打夯机夯实，回填余土在电杆基部拍实；架线采用机械、人工结合施工方式。

3) 砂石料场地

金矿建设所需的砂、石、砖等材料从当地购买，由卖方负责治理因采砂（石）而造成的水土流失，并在购买合同中明确水土流失的防治责任。水泥、木材、钢材等建筑材料从当地购进。

4) 施工所用水、电等供应方式

施工生产区利用探矿期形成的 2 号探矿扰动区，施工生活区利用探矿期形成的 2 号生活区，施工用水由矿区既有水源井供给，不新增占地；施工用电从已建好的已有供电设施上接引，永临结合；现有通信设施可以满足施工及后期生产的需要；施工道路可用已有的乡村道路。

2. 生产工艺

1）采矿工艺

本项目采矿工艺采取的是浅孔留矿法，其具体工艺流程如下：

采矿方法：根据矿床的矿岩岩性，采用地下开采方式，采矿方法选择浅孔留矿法。爆破工艺：浅孔留矿法爆破采用铵油炸药，人工装药，采用塑料导爆管、非电毫秒雷管，分段微差起爆，爆破矿石。本项目爆破工程采取外包形式，委托当地民爆公司负责。采准切割：主要包括掘进中段沿脉运输平巷，以及天井、天井联络道、漏斗、拉底平巷。平巷、天井掘进均采用YT28型气腿式凿岩机。矿房回采：凿岩、爆破落矿、通风、出矿撬渣平场。矿柱回采：矿柱采用崩落法进行回采。为了保证矿柱回采工作安全，在矿房大量放矿前，凿完矿房间柱和顶底柱中的炮孔，放出矿房中的全部矿石后，再爆破矿柱。一般先爆间柱，后爆顶底柱。采空区处理：由于使用浅孔留矿采矿法回采，在矿柱回采的同时，要有计划地采取自然或强制崩落围岩的方法处理采空区。

2）选矿工艺

破碎系统：由于选择的厂址地形条件限制，土方挖填量较大，因此设计的破碎工艺流程尽量简短以节省占地和投资。本设计采用两段一闭路的破碎工艺流程。粗碎采用PEF250×750颚式破碎机1台，细碎采用JC150×1000颚式破碎机1台，筛分选用SZZ900×1800自定中心振动筛1台，产品粒度为12 mm。

磨矿系统：一段磨矿采用MQG1836格子型球磨机1台，分级采用FLG15高堰式单螺旋分级机1台；二段磨矿采用MQY1530溢流型球磨机1台，分级选用ϕ250旋流器组。

浮选系统：金矿石的粗选选用SF－2.8浮选槽4台，扫选采用SF－1.2浮选槽8台，精选采用XJ－6浮选机6台。

精矿脱水过滤系统：金精矿采用浓缩后过滤的工艺流程。浓缩选用NZS－6浓密机，过滤选用TC－15陶瓷真空过滤机。根据××金矿的矿石性质和可选性试验结果，参照同类型金矿选矿厂的生产实践及生产工艺和指标，该矿区金矿选矿厂工艺流程为单一浮选工艺流程。

详细工艺流程见图1-2。

本工程为新建项目，占地类型为草地，区域内无公共设施，也没有人居住，故在本方案服务期内项目建设区不涉及搬迁移民安置问题。

1.1.2 主体工程水土保持分析与评价

1.1.2.1 主体工程选址水土保持制约性因素分析与评价

1. 对主体工程的约束性规定的分析与评价

本工程建设区域不在国家级水土流失重点预防保护区和重点治理区范围内，项目建设不影响饮水安全、防洪安全、水资源安全，建设区域不涉及重要基础设施建设、重要民生工程、国防工程等项目，不属于泥石流易发区、崩塌滑坡危险区以及易引起严重水土流失和生态恶化的地区，不存在全国水土保持监测网络中的水土保持监测站点、重点试验站以及国家确定的水土保持长期定位观测站，不涉及重要江河、湖泊的水功能一级区的保护区和保留区，以及水功能二级区的饮用水源区。综上所述，从水土保持角度分析，本项目选

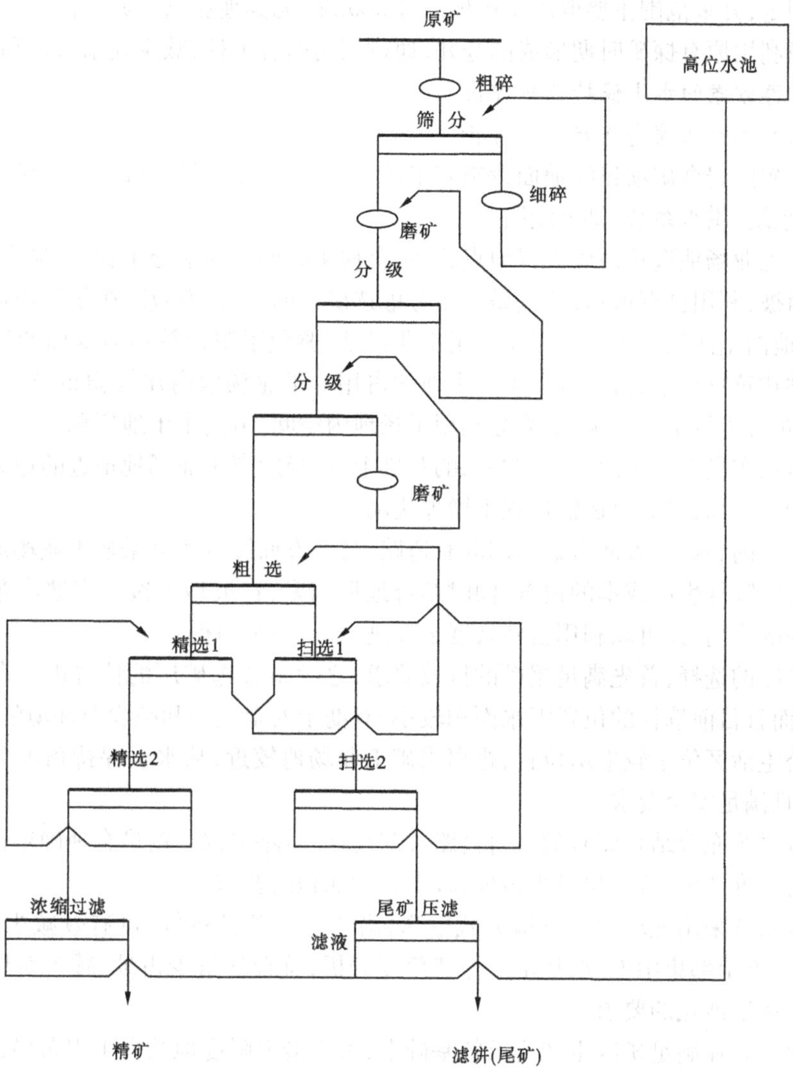

图 1-2　选矿工艺流程

址基本不存在限制性因素。

综合分析，本项目建设基本不存在水土保持制约性因素，项目实施是可行的。但是，本工程位于内蒙古巴彦淖尔市××镇境内，矿区地貌类型为低山丘陵区，土壤侵蚀类型以风蚀为主，兼有季节性水力侵蚀。根据全国生态脆弱区保护规划纲要，工程地处生态环境脆弱地区，应加强水土保持工作，认真落实各项水土保持措施，提高防治标准、严格控制扰动地表和植被损坏范围、减少工程占地、加强工程管理、优化施工工艺。通过施工过程中和施工结束后水土保持措施的实施，可以控制和及时修复建设造成的不良后果，恢复和提高周边植被覆盖度及水土保持效益，将生态环境影响降到最低程度。因此，项目施工对区域生态环境不会造成较大的影响。

2. 主体工程方案比选的水土保持分析与评价

本项目位于内蒙古巴彦淖尔市××镇境内，该区域内的主体工程范围及金矿资源配置已经划定，开采范围主要取决于矿体的分布状况，无其他比选方案。而且工程布局方案主要考虑利用原有探矿时期形成的竖井，通过利用旧有工程，减少新增占地和弃土量。

3. 推荐方案的水土保持分析评价

1）工程建设方案与布局分析评价

××矿区岩金矿项目的地面设施有采矿工业场地、废石场、选矿厂、尾矿库、办公生活区、运输系统、供水系统、供电线路等。

采矿工业场地选择最优设置地点，既结合探矿时形成的部分工程，又最小限度地破坏土地和植被，利用已有道路，特别是综合考虑选矿厂的位置，有效减少了场内道路、降低了投资；场地内生活用水采用人工拉运至工业场地，避免了敷设管道对地面的破坏；工业场地内各种建筑物集中布置，减少了对土地的占用。工业场地内建筑物布局总体上较为合理，平面布置进行了充分优化，充分利用了场地内空间，节约了土地资源。

废石场布设在考虑满足堆放要求的基础上，选择距离工业场地最近的地方，便于将废石运送到废石场，以避免运输过程中增加扰动。

选矿厂的布设一方面考虑利用既有道路，另一方面综合考虑采矿工业场地的位置，尽量选择可以降低生产成本的位置，同时结合地形因素，在坡地上按一定坡度布置，既起到节约用地的作用，又可以利用自然坡度去促进生产，一举两得。

尾矿库的选择，首先满足尾矿的排放要求，之后结合选矿厂的位置进行布设，力求距离最近，而且目前选择的位置汇水面积较小，有助于安全生产和减少对环境的破坏。

办公生活区位于较平坦位置，距离采矿工业场地较近，从水土保持角度分析，应尽量少占地，且满足安全要求。

运输系统充分结合原有的乡村公路，部分新建道路根据运输量合理确定占地宽度，从水土保持角度考虑，符合尽量少占地、减少扰动面积的要求。

供水系统采用地埋敷设管道方式输送，沿线施工条件较好，可有效减少管线开挖占地，开挖土方全部集中堆放，从水土保持角度分析，符合尽量少占地、减少对地面的扰动、降低土壤风蚀沙化的要求。

供电线路在满足矿区生产要求的基础上，考虑最大限度地结合工程布局，这样的选择加快了工程进度，减少了前期投入，减少了对地表的扰动和破坏，对项目区生态环境起到了保护作用。

综上所述，工程总体布局合理，在工程建设和运行期间对其采取合理、积极的预防保护和治理措施，可使新增的水土流失得到有效控制，原有的水土流失得到有效治理，不存在限制性因素。因此，主体工程的总体布置比较合理，满足水土保持的要求。

2）工程占地分析评价

本项目属建设生产类项目，建设期末（2016 年 4 月），工程总占用土地面积 6.33 hm^2，其中永久占地面积 5.41 hm^2，临时占地面积 0.92 hm^2，占地类型为草地。到水土保持方案服务期末（2022 年），工程累计占地面积 6.33 hm^2，其中永久占地面积 5.41 hm^2，临时占地面积 0.92 hm^2，占地类型为草地。

本项目占地性质属草地，未占用农田，符合国家相关的政策法规。工程利用探矿期形成的原有竖井工业场地、办公生活区及进场道路等，从水土保持角度分析，一是可减少新增占地，二是可减少对土地和植被的扰动及破坏，三是为新建工程节约投资。因此，符合水土保持的要求。另外，本工程施工道路利用原有进矿道路，最大程度地减少了临时施工占地，也体现了规范中尽量减少工程占地特别是永久占地的要求。

项目所产生的临时用地均属于各分区在建设过程中临时对周边产生的扰动区，其产生的临时用地范围都是根据类似工程长期经验的总结确定的，能够满足要求，同时临时用地范围主要活动为施工人员、机械的活动，在有效保护表土后，可在施工结束后实现植被恢复。

从水土保持角度分析，项目建设及生产运行过程中主要表现为对地表的破坏、碾压和踩踏，基建完工后应及时对已经完工的工程建设区采取土地整治措施，完成水土保持治理，恢复植被，这样不仅可以减轻对地表的扰动，而且可以减少人为扰动产生的水土流失量。

3）土石方平衡分析评价

本项目建设期工程动用土石总方量4.74万m^3，其中挖方量2.37万m^3，填方量2.37万m^3，无弃方。

从水土保持的角度分析，分区中将采矿工业场地的新建工程井巷开拓产生的废石全部用于尾矿库筑坝，选矿厂产生的挖方就近利用为进场道路的修筑，其余各分区都将挖方尽量移挖作填、纵向利用，挖方得到充分利用，同时考虑由于××矿区岩金矿原有探矿时期产生的废石较多，在高效利用各场地挖方的基础上使用原有探矿时期产生的废石修筑尾矿坝坝体，一是减少、清理了现状废石，二是便于尾矿坝坝体修筑，降低了施工难度，缩短了施工时间，有效控制了对地面的扰动及植被的破坏，减少了废石占地。

4）剥离表土分析评价

项目区以棕钙土为主，有一定的土壤养分，腐殖质和有机质厚度25～30 cm，在项目区自然条件较差的情况下，为了保障能够尽快恢复植被，按水土保持法规定生产建设活动所占用土地，可剥离表土的部分应当进行表土剥离、保存和利用，应尽可能地利用表土。主体工程未考虑表土剥离问题，在本方案中将进行补充设计。虽然本项目原探矿期造成大量扰动地面，其表土层已大量破坏，但在本方案设计中，将对工程范围内可剥离的表土尽量全部剥离，且集中堆放，为后期植被恢复创造条件。

5）废石场、尾矿库设置分析评价

本项目废石场的选择，属于平地型废石场，在可以满足排放要求的前提下，考虑距离工业场地最近的位置，便于利用对废石进行直接排弃，同时利用探矿时期形成的扰动区作为堆放场地，减少了新增占地。主体设计考虑到废石场内松散的废石存在潜在的滑坡和坍塌危险，易引发水土流失，给周边地区带来危害，造成对周边环境的不利影响，主体工程设计在废石场周边修建挡渣墙。废石场周边没有公共设施、工矿企业和村庄居民，不在重要基础设施、人民群众生命财产安全有重大影响的区域。

根据主体工程设计，尾矿库选址位置无地质环境问题，周边没有公共设施、工矿企业，没有村庄居民，安全不会受到影响，也不在重要基础设施、人民群众生命财产安全及行洪安全有重大影响的区域。通过合理设定排放方式，大大减少了对土地、植被和周边生态环境的破坏，尾矿库所在沟道汇水面积较小，有利于安全运行，尾矿库的建设不会对河道的行洪、泄洪能力造成太大影响，不会对防汛抢险及防汛设施的正常运行造成影响。

从水土保持角度分析,废石场及尾矿库的设置基本不存在限制性因素,是合理的。

6)施工方法、施工工艺分析评价

施工组织分析与评价:主体工程进行了施工组织设计,包括成立施工总指挥部,布置施工场地,制订施工方案、施工工期和施工时序,安排施工进度等。

施工场地的设置:施工指挥部的设立,保证了本项目施工的顺利实施。施工场地布置充分利用既有设施,不再新增占地。根据主体设计,施工场地布置合理且利用率高,占地面积满足施工活动的需要。

施工工艺:采矿工业场地和选矿厂的建设为本工程的重点,但施工过程对地面扰动较轻,造成水土流失量较少。工业场地先进行场地平整,采用机械结合人工的施工方法及时完成了各类建筑物的修建,场内竖向设计采用连续式整平方式,设计利用原地形的自然地势移挖作填,既可减少施工开挖和回填量,也能减少对地面的扰动,起到降低土壤风蚀沙化的作用,以减少施工过程中的水土流失。废石场先修建挡渣墙,再进行规模排弃,符合先挡后排的原则,同时规定了排弃方式,尽量分条块排弃,尽量减小排弃工作面,可减少施工中的水土流失。选矿厂的施工先行修建围墙,严格控制施工界限,场地平整时采用台阶式竖向布置,减少了土石方的挖填。尾矿库施工时先修建尾矿坝,同时按要求进行清基,并在尾矿坝修筑时采取必要防护措施,减少了对生态环境的破坏,符合水土保持的要求。

综上所述,主体工程通过合理安排施工时序,尽量纵向调运,挖方充分利用,并将弃土量控制在最小,在此基础上达到土石方平衡;并尽量安排交叉施工,以缩短施工工期。从水土保持的角度来评价,有利于减少施工过程中的水土流失;施工组织、施工方法及施工工艺等尽量从保持水土、减少水土流失及保护环境等方面考虑,基本满足水土保持要求。

1.1.2.2 主体设计中具有水土保持功能工程的分析评价

主体设计中具有水土保持功能的工程,不仅能维护主体工程安全,同时具有水土保持功能,对疏导地表径流,稳定边坡,减少坡面雨水冲刷而引发的水土流失等均起到重要的防护作用。具体评价结果见表1-5。

表1-5 主体工程设计的水土保持工程分析结果

防治分区	主体工程设计水保功能工程	问题及不足	方案需新增的措施
采矿工业场地	截水沟、边坡防护	①缺乏具体及施工区绿化措施; ②缺乏出口消能措施	工程措施:消力池、覆土整治; 植物措施:空地及施工区绿化
选矿厂	护坡	①缺乏具体绿化措施; ②未对表土剥离	工程措施:表土剥离; 植物措施:周边防护林、空地绿化美化; 临时措施:剥离表土临时防护
废石场	挡渣墙	缺乏终期及施工区绿化措施	工程措施:覆土整治; 植物措施:终期绿化及施工区绿化

续表 1-5

防治分区	主体工程设计水保功能工程	问题及不足	方案需新增的措施
尾矿库	周边排水沟、坝肩截水沟、坝面排水沟	①缺乏终期及施工区绿化措施； ②未对表土剥离	工程措施：表土剥离； 植物措施：终期绿化及施工区绿化； 临时措施：剥离表土临时防护
办公生活区	护坡	①缺乏具体绿化措施； ②缺乏边坡截排水措施	工程措施：覆土整治，截水沟； 植物措施：空地绿化及施工区绿化
运输系统	—	道路未采取具体绿化措施	工程措施：覆土整治； 植物措施：道路两侧设防护林，路边坡种草； 临时措施：剥离表土临时防护措施
供水系统	—	①管线施工区未采取绿化措施恢复地表植被； ②施工期回填土未采取临时防护措施	植物措施：管线开挖区和两侧施工扰动区人工种草恢复植被； 临时措施：施工期回填土临时防护措施
供电线路	—	缺乏对施工扰动区的植被恢复设计	施工区人工种草恢复植被

1.1.2.3 主体工程设计的水土保持分析与评价

1. 采矿工业场地防护措施

外围截水措施：为防止汇水对工业场地内部造成冲刷，主体工程设计在工业场地的西部坡面设置截水沟，拦截坡面汇水，采用浆砌石梯形结构，底宽 0.4 m，深 0.6 m，边坡比 1∶1，浆砌石厚 0.3 m，砂砾石垫层厚 0.15 m。采矿工业场地周边截水沟长 95 m，占地 0.02 hm^2，土石开挖、浆砌片石、砂粒垫层工程量分别为 196.1 m^3、89.8 m^3、44.9 m^3。根据主竖井工业场地、风井工业场地的自然地形坡度，场平需要挖填方，边坡采用 30 cm 厚浆砌片石砌护。

2. 废石场防护措施

废石场挡渣墙：主体设计考虑到废石场内松散的废石存在潜在的滑坡和坍塌危险，在废石场周边设计挡渣墙，拦挡废石，挡渣墙采用重力式，墙背采用垂直面，墙面坡比采用 1∶0.5，墙高采用 3.0 m，地面以上 2.0 m，地埋 1.0 m，墙顶宽为 0.5 m，墙底宽 2.0 m，基础埋深 1.0 m，基础宽为 2.6 m，基础深 0.6 m。挡渣墙采用浆砌石砌筑，基础底部铺设 15 cm 厚的砂砾垫层。废石场挡渣墙占地面积 0.07 hm^2，挡渣墙长 330 m，基础开挖、浆砌石、砂砾垫层的工程量分别为 1 112.1 m^3、1 752.3 m^3、128.7 m^3。

3.选矿厂防护措施

选矿厂边坡防护工程：根据选矿厂自然地形坡度，场平需要挖填方，边坡采用 30 cm 厚浆砌片石砌护。

4.办公生活区防护措施

边坡防护工程：办公生活区在建设过程中根据自然地形坡度，场平需要挖填方，边坡采用 30 cm 厚浆砌片石砌护。选矿厂挖方量 0.01 m^3，填方量 0.01 m^3，挖、填方高度 2 m，挖方段浆砌石量 59.4 m^3，填方段浆砌石量 84 m^3。

5.尾矿库防护措施

本项目尾矿库排水设施由周边排水沟、坝肩截水沟、坝面排水沟等组成，这些措施都具有水土保持的功能。

1）尾矿库周边排水沟

尾矿堆积阶段，为防止干排库的两侧山坡汇水冲刷堆积体，在尾矿库周围山体修建排水沟，使汛期汇水由排水沟排出。周边排水沟采用浆砌石梯形结构，长 410 m，底宽 0.4 m，深 0.6 m，边坡比 1∶1，浆砌石厚 0.3 m，砂砾石垫层厚 0.15 m。工程占地 0.07 hm^2，土方开挖、浆砌片石、砂粒垫层的工程量分别为 797.6 m^3、365.2 m^3、182.6 m^3。

2）尾矿库坝肩截水沟

为了防止雨水冲刷坝体并将上游洪水排出库外，在两侧坝肩与山坡结合处设置截水沟。尾矿坝左右肩长均为 35.35 m，坝肩截水沟采用浆砌石结构，截水沟的设计标准与坝体相同，采用 20 年一遇的防护标准，截水沟汇流面积很小，流量不大，理论计算的截洪沟断面尺寸很小，本次设计中主要考虑施工因素确定断面尺寸如下：采用浆砌石梯形结构，底宽 0.4 m，深 0.6 m，边坡比 1∶1，浆砌石厚 0.3 m，砂砾石垫层厚 0.1 m。工程占地 0.01 hm^2，尾矿库长度为 70.7 m，土方开挖、浆砌片石、砂粒垫层的工程量分别为 137.9 m^3、63.2 m^3、31.8 m^3。

3）尾矿库坝面排水沟

为了防止降雨时径流冲刷尾矿坝面，并进行有序导流，在尾矿坝第一级子坝坝顶平台上设置一道横向坝面排水沟。排水沟采用浆砌石结构，矩形断面，过水断面尺寸 0.6 m × 0.4 m，并与坝肩排水沟相连。尾矿库坝面排水沟沟深 0.6 m，底宽 0.4 m，浆砌石厚 0.30 m，砂砾垫层厚 0.15 m。尾矿坝坝面排水沟工程占地 0.01 hm^2，长度为 600 m，土石开挖、浆砌片石、砂砾垫层工程量分别为 63 m^3、39.7 m^3、9 m^3。

主体工程设计中，凡涉及主体工程运行安全的防护工程均按行业规范进行了设计，设计标准较高，能达到水土保持的要求。这些防治措施对主体工程安全、正常运行、防治水土流失起到了重要作用。根据上述分析与评价，主体工程中水土保持工程及具有水土保持功能的工程设计标准合格，能满足水土保持要求。但主体工程中的水土保持措施以工程措施为主，对植被恢复、防护林建设等植物措施没有详细考虑，临时防护措施没有设计，不能完全满足水土保持要求，不能形成系统有效的水土流失防护体系。

主体工程下一步工作要根据本方案中提出的绿化费用和相应的植物措施，结合工程设计加以落实，并在实施中加以细化，增强防治水土流失的效果，有效改善建设区生态环境，通过企业的投入，有效带动地方生态环境建设。

1.1.3 防治责任范围及防治分区

1.1.3.1 防治责任范围的确定

本工程建设期水土流失防治责任范围总面积6.84 hm^2，其中项目建设区面积为6.33 hm^2，直接影响区面积为0.51 hm^2；到方案服务期末水土流失防治责任范围总面积8.35 hm^2，其中项目建设区面积为6.33 hm^2，直接影响区面积为2.02 hm^2。

1. 项目建设区

本工程新建工程包括采矿工业场地、废石场、选矿厂、尾矿库、办公生活区、运输系统、供电线路、供水系统和探矿扰动区等，建设期项目建设区占地面积为6.33 hm^2，到方案服务期末建设区总面积6.33 hm^2。

2. 直接影响区

直接影响区指项目建设区以外，由于各类建设活动在建设期和运行期分别可能造成水土流失及其直接危害的区域。

本方案建设期水土流失防治责任范围见表1-6，运行期水土流失防治责任范围见表1-7。

表1-6 建设期水土流失防治责任范围 （单位：hm^2）

项目	项目建设区			直接影响区	合计
	永久占地	临时占地	小计		
采矿工业场地	0.26		0.26	0.07	0.33
废石场	0.59	0.16	0.75		0.75
选矿厂	0.27		0.27	0.06	0.33
尾矿库	1.70	0.26	1.96	0.14	2.10
办公生活区	0.17		0.17		0.17
运输系统	0.40		0.40	0.12	0.52
供电线路	0.05	0.34	0.39	0.04	0.43
供水系统	0.01	0.16	0.17	0.08	0.25
探矿扰动区	1.96		1.96		1.96
合计	5.41	0.92	6.33	0.51	6.84

表 1-7 运行期水土流失防治责任范围 （单位：hm^2）

项目	项目建设区			直接影响区	合计
	永久占地	临时占地	小计		
采矿工业场地	0.26		0.26		0.26
废石场	0.59	0.16	0.75		0.75
选矿厂	0.27		0.27		0.27
尾矿库	1.70	0.26	1.96		1.96
办公生活区	0.17		0.17		0.17
运输系统	0.40		0.40		0.40
供电线路	0.05	0.34	0.39		0.39
供水系统	0.01	0.16	0.17		0.17
探矿扰动区	1.96		1.96		1.96
采空塌陷区				2.02	2.02
合计	5.41	0.92	6.33	2.02	8.35

1.1.3.2 防治分区划分

根据主体工程总平面布置、施工工艺、各项工程建设生产特点和新增水土流失类型、侵蚀强度、危害程度、范围及治理的难易程度，并结合工程建设时序与实际情况，将本项目的水土流失防治区划分为以下水土流失防治分区，即：采矿工业场地、废石场、选矿厂、尾矿库、办公生活区、运输系统、供电线路、供水系统、探矿扰动区和采空塌陷区等防治区。水土流失防治分区详见表 1-8。

表 1-8 水土流失防治分区 （单位：hm^2）

项目	建设期防治责任范围	方案服务期末防治责任范围	水土流失特征	分区特征	重点防治区域
采矿工业场地	0.33	0.26	新建设施基础开挖、回填及建筑物修筑等施工活动，形成基坑、堆土及扰动区，产生水土流失	占地集中，施工区扰动较强	基础开挖土料，施工扰动区
废石场	0.75	0.75	施工期存放各区域的弃土和井巷工程产生的废弃岩土，运行期存放采矿产生的废石渣，对原地貌造成占压扰动，易产生水土流失	占地集中，施工区扰动较强	废石堆放区

续表 1-8

项目	建设期防治责任范围	方案服务期末防治责任范围	水土流失特征	分区特征	重点防治区域
选矿厂	0.33	0.27	新建设施基础开挖、回填及建筑物修筑等施工活动,形成基坑、堆土及扰动区,产生水土流失	占地集中,施工区扰动较强	基础开挖土料,施工扰动区
尾矿库	2.10	1.96	建设期建设尾矿坝,运行期存放选矿产生的废渣,对原地貌造成占压扰动,易产生水土流失	占地集中,施工区扰动较强	尾矿堆放区
办公生活区	0.17	0.17	部分土地裸露,在大风降雨天气下易产生水土流失	占地集中,施工区扰动较强	施工扰动区
运输系统	0.52	0.40	新建道路路基填筑扰动了原地貌,并形成路基边坡及扰动区,易产生水土流失	线型工程,施工发生水土流失	两侧施工扰动区
供电线路	0.43	0.39	新建供电线路杆基开挖土方,在临时堆放过程中易发生流失	线型工程,施工发生水土流失	基坑及堆土施工区
供水系统	0.25	0.17	新建供水系统管沟开挖、回填等施工活动,易产生水土流失	线型工程,施工期发生水土流失	管沟开挖土料堆放区,施工扰动区
探矿扰动区	1.96	1.96	探矿期间的活动对原地貌、地形及植被造成不同程度的影响,而产生水土流失	占地集中,施工区扰动较强	施工扰动区
采空塌陷区		2.02	随着开采,井田范围内出现一定程度地表变形和沉陷,对原地貌、地形及植被造成不同程度的影响,而产生水土流失	占地集中,扰动较轻	采空塌陷区
合计	6.84	8.35			

1.1.4 水土流失调查与预测

1.1.4.1 扰动地表、损坏水土保持设施预测

本项目是在考虑尽量维持原有生态环境，减少工程对环境影响的前提下进行开采。通过查阅有关技术资料和设计图纸，结合实地勘测，对工程扰动地表面积进行测算。经统计，本项目建设期各建设区域扰动地表面积共计6.33 hm^2，占地类型为草地。本项目占用的草地全部纳入损坏水土保持设施范畴，由此确定本工程损坏水土保持设施面积为6.33 hm^2。

1.1.4.2 弃渣量预测

本项目建设期工程动用土石总方量4.74万 m^3，其中挖方量2.37万 m^3，填方量2.37万 m^3，无弃方。运行期工程动用土石总方量15.33万 m^3，主要为运行期生产产生的废石及选矿产生的尾矿，弃方15.33万 m^3，分别弃于废石场和尾矿库。生活垃圾定点收集，由汽车统一运往当地政府规划的垃圾填埋场进行填埋。施工过程中由于工业场地建设产生建筑垃圾约0.65万 m^3，产生的建筑垃圾运往当地垃圾场处理。

1.1.4.3 水土流失量预测

1.不同时段水土流失预测

水土流失预测时段分为建设期和运行期。

1）建设期（包括施工期和自然恢复期）

施工期（含施工准备期）内工程建设施工活动集中，是造成水土流失最主要的时段，此阶段的水土流失类型复杂、分布面宽、水土流失严重，是水土流失预测的重点时段。施工期为2015年5月~2016年4月，共计1年；自然恢复期：从2016年起，项目地面设施都建好，施工活动全部停止，进入自然恢复期，这些区域在不采取防护措施的情况下，自然恢复到稳定的土壤和植被状态还需要一段时间。根据当地的自然条件，天然植被恢复或地表形成相对稳定的结构并发挥水土保持功效约需3年，确定建设区自然恢复期的水土流失预测时段为3年。

2）运行期

在运行期，地面设施均已建成并投入使用，此时期扰动主要集中在废石场、尾矿库，运行期不进行水土流失预测，仅对弃土弃渣量进行预测。

2.水土流失单元预测

根据本工程建设进度和特点及扰动地表程度，结合项目区环境和水土流失现状，对可能产生水土流失的影响因素进行预测分析，将水土流失预测单元分为采矿工业场地、废石场、选矿厂、尾矿库、办公生活区、运输系统、供电线路、供水系统和探矿扰动区等工程单元区域。

3.水土流失量预测

1）可能造成水土流失面积计算

通过对施工过程中普遍存在的水土流失影响因素的分析，确定施工期各施工区可能造成水土流失面积6.33 hm^2；自然恢复期各项工程全部完工，施工期的裸露地表被硬化、绿化或被建筑物覆盖，自然恢复期水土流失面积为1.92 hm^2。

2）水土流失强度预测

依据调查研究，确定本工程项目区范围内原地貌侵蚀强度为中度，平均风蚀模数为 2 500 t/(km^2·a)，平均水蚀模数为 1 000 t/(km^2·a)。按照水利部行业标准《土壤侵蚀分类分级标准》(SL 190—2007)，结合项目区实际情况，确定项目区容许土壤流失量为 1 000 t/(km^2·a)。

采用类比资料，类比资料为东五分子铁矿选矿工程，该工程已建设完成并验收合格。根据上述类比资料，资料引用区与本项目地形地貌、气候条件相同，土壤类型、植被盖度相近。因此，上述类比资料中类比区的土壤侵蚀模数可作为确定本工程水蚀强度值的基础。根据本工程的施工工艺特点，结合扰动强度、扰动时间，对工程施工后侵蚀力和抗侵蚀力的变化等进行综合分析，经修正后，确定施工期水蚀模数在 1 700～2 500 t/(km^2·a)（根据类比资料，监测期降水量较本项目区多年平均降水量大，修正系数取 0.9），确定施工期风蚀模数在 3 200～4 700 t/(km^2·a)（根据类比资料，监测期风速较本项目区多年平均风速高，修正系数取 0.95）。

在自然恢复期，随着施工的结束，对地表的扰动破坏和影响也随之消失，地表土壤结皮又逐渐形成，植被也逐渐自然恢复，在不采取措施情况下，经过 3 年恢复期，土壤侵蚀强度基本与土壤侵蚀背景值接近。因此，土壤侵蚀强度在自然恢复期呈逐步减少趋势。

3）可能造成的水土流失量预测

经计算，工程建设可能造成的土壤侵蚀总量为 453 t，原地貌土壤侵蚀量为 300 t，工程建设可能造成新增土壤侵蚀量为 153 t，其中施工期新增土壤侵蚀量 102 t，自然恢复期新增土壤侵蚀量 51 t，分别占新增土壤侵蚀总量的 66.8% 和 33.2%。

1.1.5 建设项目水土流失防治措施布设

1.1.5.1 水土流失防治体系

建设期水土流失防治体系见图 1-3，运行期水土流失防治体系见图 1-4。

1.1.5.2 水土流失防治措施典型设计

1. 采矿工业场地

本方案中，由于采矿工业场地所占用地表已全部在探矿期间扰动，施工前无水土保持措施；采矿工业场地施工过程中水土保持措施包括截水沟、消力池、边坡防护；采矿工业场地施工结束后水土保持措施包括绿化区覆土整治、工业场地周边防护林设计、扰动区植被恢复。

1）外围截水措施

为防止汇水对工业场地内部造成冲刷，主体工程设计在工业场地的西部坡面设置截水沟，拦截坡面汇水，采用浆砌石梯形结构，底宽 0.4 m，深 0.6 m，边坡比 1∶1，浆砌石厚 0.3 m，砂砾石垫层厚 0.15 m。根据原设计断面尺寸，通过验算，采矿工业场地原设计截水沟排水能力为 1.91 m^3/s，大于 20 年一遇洪峰流量 1.59 m^3/s，满足截排水要求。外围截水沟长 95 m，工程占地 0.02 hm^2，土石开挖、浆砌片石、砂砾垫石工程量分别为 196.1 m^3、89.8 m^3、44.9 m^3。

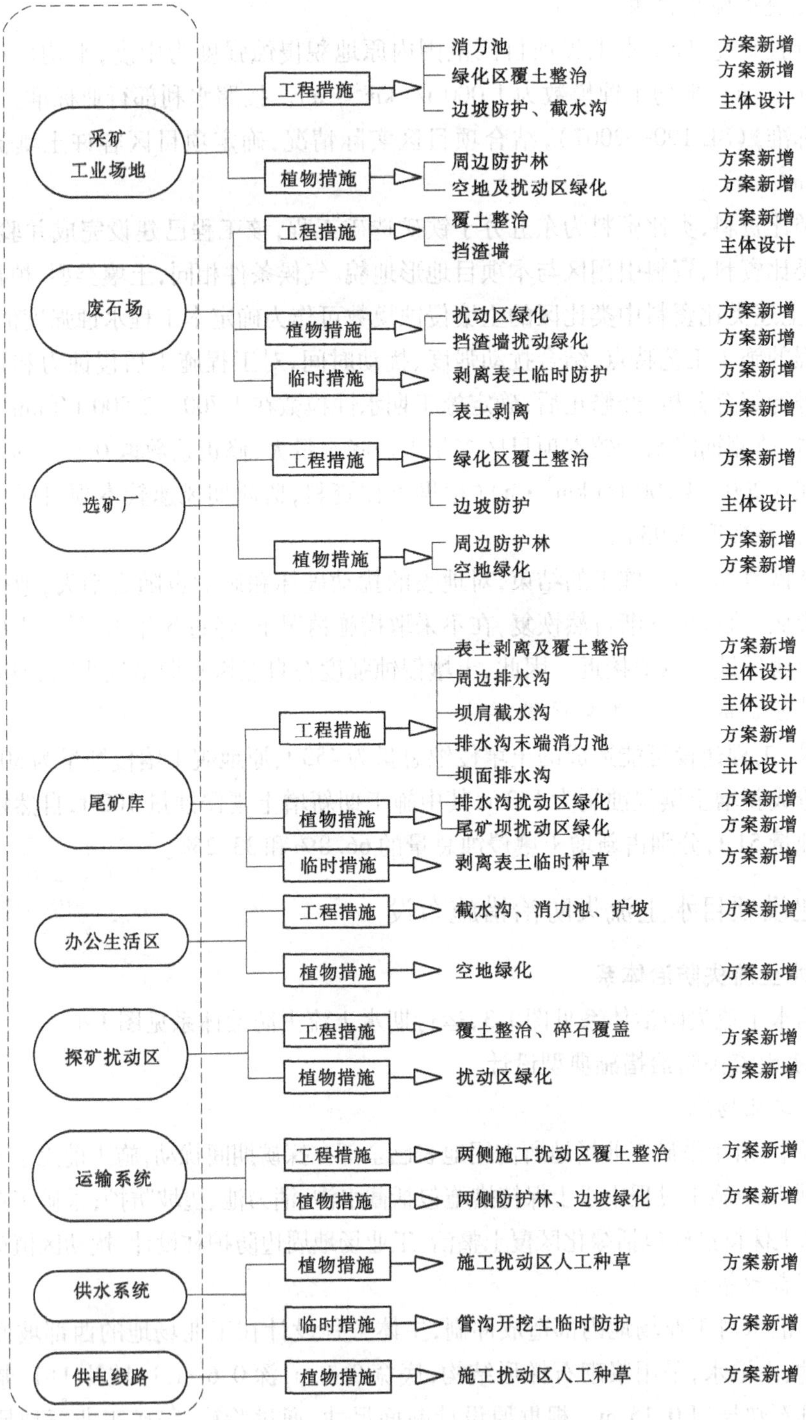

图 1-3　建设期水土流失防治体系

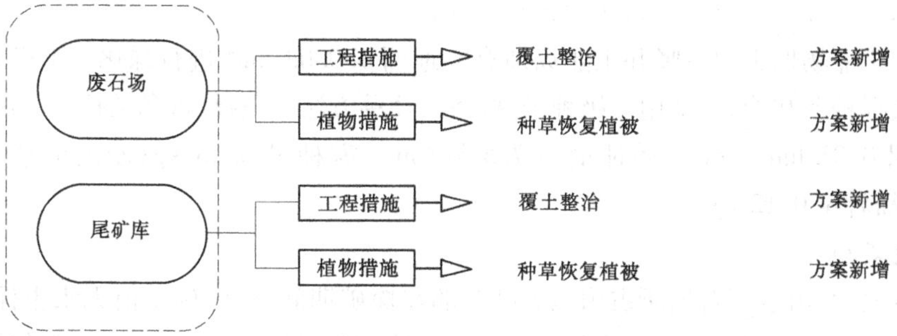

图 1-4 运行期水土流失防治体系

2)边坡防护工程

根据主竖井工业场地、风井工业场地的自然地形坡度,场平需要挖填方,边坡采用 30 cm 厚浆砌片石砌护,挖填方边坡高度均为 1 m。主竖井工业场地挖方段浆砌石量 33 m^3,填方段浆砌石量 60 m^3。风井工业场地填方段浆砌石量 27 m^3。

3)截水沟出口消力池

为防止汇水对工业场地造成影响,主体工程设计在工业场地周边设置截水沟。为防止水流冲刷出口处的地表,产生水土流失,需在截水沟出口设消能设施,通过消力池与原有地面自然排水系统顺接。消力池防御标准为 20 年一遇 24 小时设计暴雨量。经计算,消力池的最终断面采用矩形断面,池宽取 2.8 m,深 0.8 m,池长 5.4 m。采用浆砌石砌筑,侧墙宽 0.3 m,底板厚度 0.3 m,其下铺设 0.1 m 厚的砂砾石垫层。在工业场地截水沟末端设置 2 处消力池,经计算消力池的土方开挖量为 48.96 m^3,浆砌石量 20.12 m^3,砂砾石垫层 4.08 m^3。

4)绿化区覆土整治

采矿工业场地经平整后,表土肥力低,结构不良甚至没有结构,保水保墒能力差,不利于其上的植物生长。因此,为了尽快恢复植被,对绿化区采取覆土措施,覆土来源为选矿厂的剥离表土。主竖井工业场地覆土面积 0.04 hm^2,覆土厚度 0.2 m,覆土土方量 0.01 万 m^3;风井工业场地 0.01 hm^2,覆土厚度 0.2 m,覆土土方量 0.01 万 m^3。

5)采矿工业场地周边防护林设计

在各个工业场地周边设置防护林,主竖井工业场地和风井工业场地绿化总长度为 70 m,绿化面积 0.01 hm^2。该地土壤为棕钙土,有机质含量较低。采用种植周边防护林,防护林树种采用大白柠条,行数 1 行,株距 1 m,每穴 2 株,采用 1 年生实生苗,需苗量分别为 140 株。

造林技术措施及抚育管理:首先是整地,造林前穴状整地,穴坑规格 40 cm × 40 cm,清除石砾、杂物,回填表土;其次是栽植,春季人工植苗造林,苗木直立穴中,保持根系舒展,分层覆土、踏实,埋土至地径以上 2 cm,造林后及时浇水;然后是抚育管理,3 年 3 次,穴内松土、除草,深 5 ~ 10 cm,并对死亡的苗木及时补植,以免林带形成缺口。

6）采矿工业场地空地施工扰动区种草设计

采矿工业场地中的主竖井工业场地有空地面积0.03 hm^2 进行绿化。考虑到自然条件草种选择柠条和沙蒿，采用一级种子，柠条的播种方法为条播，沙蒿的播种方法为撒播，播种面积 0.03 hm^2。柠条播种量为 7.5 kg/hm^2，需种量 0.23 kg；沙蒿的播种量为 4 kg/hm^2，需种量0.12 kg。

2.废石场

本方案中，由于废石场所占用地表已全部在探矿期间扰动，施工前无水土保持措施；废石场施工过程中水土保持措施包括设置挡渣墙；废石场施工结束后水土保持措施包括绿化区覆土整治、扰动区植被恢复以及运行期逐年覆土绿化。

1）废石场挡渣墙

主体设计考虑到废石场内松散的废石存在潜在的滑坡和坍塌危险，在废石场周边设计挡渣墙，拦挡废石，挡渣墙采用重力式，墙背采用垂直面，墙面坡比采用1∶0.5，墙高采用3.0 m，地面以上2.0 m，地埋1.0 m，墙顶宽为0.5 m，墙底宽2.0 m，基础埋深1.0 m，基础宽为2.6 m，基础深0.6 m。挡渣墙采用浆砌石砌筑，基础底部铺设15 cm厚的砂砾垫层。废石场占地面积0.07 hm^2，挡渣墙长330 m，基础开挖、浆砌石、砂粒垫层的工程量分别为1 112.1 m^3、1 752.3 m^3、128.7 m^3。

2）绿化区覆土整治

主体设计在废石场周边修建挡渣墙，形成大量施工扰动区，为了尽快恢复植被，对绿化区采取覆土措施，覆土厚度为0.2 m，废石场覆土面积0.15 hm^2，覆土土方量0.03万 m^3，覆土来源为尾矿库的剥离表土。

3）废石场挡渣墙施工扰动区绿化

本方案设计对废石场挡渣墙施工扰动区进行植被恢复，以减少水土流失。在经覆土整治后的挡渣墙施工扰动区进行绿化。覆土厚度为0.3 m，废石场挡渣墙施工扰动区植被恢复面积0.15 hm^2。该地土壤为棕钙土，有机质含量较低。实施造林设计，废石场挡渣墙施工扰动区植被恢复造林所选草种为柠条和沙蒿一级种子。柠条为条播，播种量为7.5 kg/hm^2，需种量为1.13 kg；沙蒿采用撒播，播种量为4 kg/hm^2，需种量为0.6 kg。

4）废石场终期绿化

本方案设计在废石场服务期末，对废石场进行植被恢复，以减少水土流失。在经覆土整治后的废石场实施绿化。废石场覆土厚度为0.3 m，废石场植被恢复面积0.52 hm^2。该地土壤为棕钙土，有机质含量较差。废石场终期植被绿化所选草种为柠条和沙蒿，总播种面积0.52 hm^2。柠条为条播，播种量为7.5 kg/hm^2，需种量为3.9 kg；沙蒿采用撒播，播种量为4 kg/hm^2，需种量为2.1 kg。

3.选矿厂

本方案中，选矿厂施工前水土保持措施包括表土剥离、剥离表土临时防护；选矿厂施工过程中水土保持措施包括边坡防护；选矿厂施工结束后水土保持措施包括绿化区覆土整治、空地绿化、周边防护林设计。

1)选矿厂边坡防护工程

根据选矿厂自然地形坡度,场平需要挖填方,边坡采用30 cm厚浆砌片石砌护,工程挖方量0.38 m^3,填方量0.48 m^3。填方段长176 m,填方坡比1∶1.75,边坡高2 m,填方段浆砌石量212.8 m^3。

2)表土剥离

为给选矿厂施工后扰动区植被恢复创造条件,在场地平整前先对表层熟土进行剥离,剥离厚度为0.3 m,将剥离表土集中堆放在选矿厂内部,供绿化区植被恢复时覆土整治,选矿厂表土剥离面积为0.27 hm^2,表土剥离量为0.08万m^3。待主体工程施工结束后用于选矿厂绿化覆土。

3)绿化区覆土整治

选矿厂经平整后,表土肥力低,结构不良甚至没有结构,保水保墒能力差,不利于其上的植物生长。因此,为了尽快恢复植被,对绿化区采取覆土措施,绿化区需覆土面积为0.04 hm^2,覆土厚度为0.2 m,覆土量为0.01万m^3,覆土来源为选矿厂的剥离表土,剩余表土量用于尾矿库扰动区植被恢复。

4)选矿厂周边防护林设计

在选矿厂周边设置防护林,总长110 m,绿化面积0.02 hm^2。该地土壤为棕钙土,有机质含量较低。实施周边防护林绿化设计,所用树种为油松,种植1行,株距为2 m,所需苗木为实生苗,规格为1.2~1.5 m,所需苗量为55株。首先是整地,造林前人工穴状整地,穴径0.8 m,深0.8 m;二是栽植,油松春季解冻前人工植苗造林,然后进行后期的抚育管理。

5)选矿厂空地绿化美化设计

选矿厂有空地面积0.02 hm^2,布设缀花草坪,平均每30 m^2草坪点缀一株或一丛花灌木。花灌木选择丁香,草坪选择早熟禾。早熟禾采用撒播,单位面积需种量为120 kg/hm^2,需种量为2.4 kg;丁香采用株间混交,所用规格为5枝以上/株,单位面积需种量为1株/30 m^2,需种量为7丛。

草坪种植技术:一是平整土地,种植草坪前彻底清除土壤中的杂物,然后按7 500 kg/hm^2的数量施入农家肥和60 kg/hm^2的硫酸亚铁。把土地平整为中央高,四周低,不要形成集中凹地。二是种植草坪,根据立地条件,草坪草种选择耐寒耐旱草种,草坪建设采用直播方法进行。三是草坪养护,夏季应3~4天喷灌一次,冬季在冻前灌一次透水,以保障草坪常绿。草坪种植后还应经常清除杂草,进行修剪,使其整齐、平坦、美观。

花灌木种植技术:花灌木采用穴状整地,穴坑规格0.4 m×0.4 m,随整地随造林。苗木定植前,最好土坑内施厩肥或堆肥10~20 kg,上覆表土10 cm,然后再放置苗木定植,浇水。造林后及时灌水2~3次,一般为一周浇灌一次,成活后半月浇灌一次。

6)选矿厂临时措施

为给选矿厂植被恢复创造条件,在场地平整前先对表层熟土进行剥离,将剥离表土集中堆放在场地东侧,供绿化区植被恢复时覆土整治。选矿厂表土剥离量为0.08万m^3。

表土堆放区长 40 m,宽 15 m,占地面积为 0. 06 hm^2,堆高 4 m,边坡比 1∶1。

为防止土体滑塌流失,临时堆放的土堆均采用台体形,堆砌高为 4 m,边坡比 1∶1,剥离表土临时堆放期内,边坡及顶部采用人工拍实和防护网苫盖。临时堆土场挡护工程建设区为选矿厂,堆土量为 0. 08 万 m^3,堆放区占地为长 40 m,宽 15 m,堆高 4 m,堆放边坡比1∶1,人工拍实、防护网 667 m^2。

4. 尾矿库

本方案中,施工前尾矿库水土保持措施包括表土剥离、剥离表土临时防护;施工过程中尾矿库水土保持措施包括排水系统、消力池;施工结束后尾矿库水土保持措施包括绿化区覆土整治、排水沟与尾矿坝施工扰动区植被恢复及运行期逐年覆土绿化。

1)尾矿库周边排水沟

尾矿堆积阶段,为防止干排库的两侧山坡汇水冲刷堆积体,在尾矿库周围山体修建排水沟,使汛期汇水由排水沟排出。周边排水沟采用浆砌石梯形结构,长 410 m,底宽 0. 4 m,深 0. 6 m,边坡比 1∶1,浆砌石厚 0. 3 m,砂砾石垫层厚 0. 15 m,尾矿库排水沟长度为 410 m,土方开挖、浆砌片石、砂粒垫层的工程量分别为 797. 6 m^3、365. 2 m^3、182. 6 m^3。尾矿库排水沟可满足 20 年一遇洪峰流量的排水要求。

2)尾矿库坝肩截水沟

为了防止雨水冲刷坝体并将上游洪水排出库外,在两侧坝肩与山坡结合处设置截水沟。尾矿坝左右肩长均为 35. 35 m,坝肩截水沟采用浆砌石结构,截水沟的设计标准与坝体相同,采用 20 年一遇的防护标准,截水沟汇流面积很小,流量不大,理论计算的截洪沟断面尺寸很小,本次设计中主要考虑施工因素确定断面尺寸如下:采用浆砌石梯形结构,底宽 0. 4 m,深 0. 6 m,边坡比 1∶1,浆砌石厚 0. 3 m,砂砾石垫层厚 0. 1 m。尾矿库坝肩截水沟长度为 70. 7 m,土方开挖、浆砌片石、砂粒垫层的工程量分别为 137. 9 m^3、63. 2 m^3、31. 8 m^3。

3)尾矿库坝面排水沟

为了防止降雨时径流冲刷尾矿坝面,并进行有序导流,在尾矿坝第一级子坝坝顶平台上设置一道横向坝面排水沟。排水沟采用浆砌石结构,矩形断面,过水断面尺寸 0. 6 m × 0. 4 m,并与坝肩排水沟相连。尾矿坝坝面排水沟沟深 0. 6 m,底宽 0. 4 m,浆砌石厚度为 0. 3 m,砂砾垫层厚度为 0. 15 m。尾矿坝排水沟工程占地 0. 01 hm^2,排水沟长度为 60 m,土方开挖、浆砌片石、砂粒垫层的工程量分别为 63 m^3、39. 7 m^3、9 m^3。

4)周边排水沟及坝肩排水沟出口消力池

为防止汇水对尾矿库造成影响,主体工程设计在尾矿库周边设置排水,为防止水流冲刷出口处的地表,产生水土流失,需在排水沟出口设消能设施,通过消力池与原有地面自然排水系统顺接。消力池防御标准为 20 年一遇 24 小时设计暴雨量。经计算,消力池的最终断面采用矩形断面,池宽取 2. 8 m,深 0. 8 m,池长 5. 4 m。采用浆砌石砌筑,侧墙宽 0. 3 m,底板厚度 0. 3 m,其下铺设 0. 1 m 厚的砂砾石垫层。经计算,4 处消力池的土方开挖量为 97. 92 m^3,浆砌石量 40. 24 m^3,砂砾石垫层 8. 16 m^3。

5）表土剥离

为给尾矿库植被恢复创造条件，在场地平整前先对表层熟土进行剥离，剥离厚度为0.3 m，将剥离表土集中堆放在尾矿库内部空地，供运行期末绿化区植被恢复时覆土整治，尾矿库可剥离表土面积为1.72 hm^2，表土剥离量为0.52万m^3。待主体工程施工结束后用于绿化覆土。

6）绿化区覆土整治

建设期主体设计在尾矿库周边修建排水沟，在其下游修建尾矿坝，周边形成大量施工扰动区，为了尽快恢复植被，对绿化区采取覆土措施，绿化区需覆土面积为0.25 hm^2，覆土厚度为0.2 m，覆土量为0.05万m^3，覆土来源为尾矿库的剥离表土。

生产运行期尾矿库堆弃大量干尾矿，为了尽快恢复植被，对绿化区采取覆土措施，绿化区需覆土面积为1.42 hm^2，覆土厚度为0.20 m，覆土量为0.28万m^3，覆土来源为初期的剥离表土和选矿厂剩余表土量。

7）尾矿库施工扰动区绿化

本方案设计对尾矿库排水沟、尾矿坝及坝肩排水沟施工扰动区进行植被恢复，以减少水土流失。经覆土整治后的尾矿库排水沟、尾矿坝及坝肩排水沟施工扰动区，覆土厚度为0.3 m，尾矿库施工扰动区植被恢复面积0.25 hm^2。尾矿库施工扰动区所用草种为柠条和沙蒿。柠条为条播，播种量为7.5 kg/hm^2，需种量为1.88 kg；沙蒿采用撒播，播种量为4 kg/hm^2，需种量为1 kg。

8）尾矿库终期绿化

本方案设计在尾矿库服务期逐年对尾矿库进行植被恢复，以减少水土流失。经覆土整治后的尾矿库，覆土厚度为0.30 m，植被恢复面积1.42 hm^2，所选树种为柠条和沙蒿。柠条为条播，播种量为7.5 kg/hm^2，需种量为10.7 kg；沙蒿采用撒播，播种量为4 kg/hm^2，需种量为5.68 kg。

9）表土堆土场临时种草

为给尾矿库终期植被恢复创造条件，在场地平整前先对表层熟土进行剥离，集中堆放在尾矿库北侧空地，表土剥离量共为0.52万m^3。设计剥离表土堆放区长60 m，宽30 m，高度为4 m，边坡比1∶1，占地0.18 hm^2，待终期覆土、绿化。

由于表土堆放时间较长，剥离土结构松散，在水力、风力及重力的作用下，易发生滑落及塌陷等水土流失。为防止水土流失，设计在表土剥离堆放场撒播沙蒿防护，绿化面积0.18 hm^2，撒播量为4 kg/hm^2，需种量0.72 kg。

5. 办公生活区

本项目办公生活区已在探矿时期建成，施工前无水土保持措施；施工过程中，办公生活区水土保持措施包括截水沟、边坡防护；施工结束后，办公生活区水土保持措施包括覆土整治、空地绿化美化。

1）边坡防护工程

办公生活区在建设过程中根据自然地形坡度，场平需要挖填方，边坡采用30 cm厚浆砌片石砌护，办公生活区挖方量0.01 m^3，填方量0.01 m^3，挖方段浆砌石量59.4 m^3，填方段浆砌石量84 m^3。

2)外围截水措施

为防止汇水对办公生活区内部造成冲刷,设计在办公生活区的西部坡面设置截水沟,拦截坡面汇水,采用浆砌石梯形结构,底宽 0.4 m,深 0.6 m,边坡比 1∶1,浆砌石厚 0.3 m,砂砾石垫层厚 0.15 m,工程占地 0.01 hm^2,办公生活区截水沟长 70 m,土石开挖、浆砌片石、砂砾垫层的工程量分别为 144.5 m^3、66.2 m^3、33.1 m^3。

3)截水沟出口消力池

为防止汇水对办公生活区造成影响,在办公区周边设置截水沟,为防止水流冲刷出口处的地表,产生水土流失,需在截水沟出口设消能设施,通过消力池与原有地面自然排水系统顺接。消力池防御标准为 20 年一遇 24 小时设计暴雨量。经计算,消力池的最终断面采用矩形断面,池宽取 2.8 m,深 0.8 m,池长 5.4 m。采用浆砌石砌筑,侧墙宽 0.3 m,底板厚度 0.3 m,其下铺设 0.1 m 厚的砂砾石垫层。在办公区截水沟末端设置 2 处消力池,经计算,消力池的土方开挖量为 48.96 m^3,浆砌石量 20.12 m^3,砂砾石垫层 4.08 m^3。

4)办公生活区覆土整治

为了尽快恢复办公生活区植被,对绿化区采取覆土措施,绿化区需覆土面积为 0.02 hm^2,覆土厚度为 0.2 m,覆土量为 0.01 万 m^3,覆土来源为尾矿库的剥离表土。

5)办公生活区空地绿化美化设计

办公生活区有空地面积 0.02 hm^2,布设缀花草坪,平均每 30 m^2 草坪点缀一株或一丛花灌木。绿化美化面积为 0.02 hm^2,花灌木选择丁香,草坪选择早熟禾。早熟禾采用撒播方式,使用苗木为一级种子,单位面积需种量 120 kg/hm^2,需种量 2.4 kg;丁香采用株间混交的种植方式,种苗规格 5 枝以上/株,单位面积需种量 1 株/30 hm^2,需种量 7 丛。

6. 运输系统

本方案中,运输系统所在区域已基本扰动,施工前无水土保持措施;施工过程中运输系统施工过程无措施;运输系统施工结束后水土保持措施包括土地整治、路基边坡种草、两侧新增道路防护林。

在道路施工结束后,对裸露地面进行必要的土地整治,清理石块等杂物。采用人工整地方式,整地面积 0.16 hm^2。在道路两侧设置防护林,在路基边坡撒播草籽。施工结束后,路基边坡在覆土整治基础之上,人工种草;路基两侧人工造林。道路两侧防护林造林所选树种为大白柠条,绿化面积 0.11 hm^2,种植 1 行,株距 1 m,每穴 2 株,采用 1 年生实生苗,需苗量 1 100 株;路基边坡人工种草设计选用树种为沙蒿,选用一级种子,种植方式为撒播,绿化面积 0.05 hm^2,播种量为 4 kg/hm^2,需种量为 0.2 kg。造林技术措施及抚育管理与选矿厂造林技术措施相同。

7. 供电系统

本项目建设有 3 条供电线路。本方案中,对供电线路施工扰动区采取种草恢复植被。供电线路施工扰动区,总种草面积 0.33 hm^2。所选树种为柠条和沙蒿。柠条为条播,播种量为 7.5 kg/hm^2,需种量为 2.48 kg;沙蒿采用撒播,播种量为 4 kg/hm^2,需种量为 1.32 kg。

8. 供水系统

本方案中对新建供水系统管沟开挖回填土采取临时挡护措施,施工结束后在扰动区种草恢复植被。

1)供水系统开挖施工扰动区植被措施设计

在供水系统的施工扰动区种草,绿化面积为0.16 hm^2。所选树种为柠条和沙蒿。柠条为条播,播种量为7.5 kg/hm^2,需种量为1.2 kg;沙蒿采用撒播,播种量为4 kg/hm^2,需种量为0.64 kg。

2)管沟开挖回填土临时挡护设计

根据设计,供水系统管沟开挖土料暂时堆放在管沟一侧,便于回填利用。管沟采用分层开挖和堆放,表层熟土开挖后堆放在土料堆底部(供复垦用),平整后再依次堆放下层开挖土料,在土料堆两侧按1∶1边坡堆放。为防止土体滑塌流失,沿供水系统临时堆放的土堆均采用台体形,堆砌高为2 m,边坡比1∶1,剥离表土临时堆放期内,由于施工期较短,边坡及顶部采用人工拍实和防护网苫盖。

管沟回填压实:将管沟开挖料按照开挖堆放的顺序逆向分层回填,最后把原地表熟土回填到管沟表层,回填后管沟顶可高出原地面10~20 cm,利用回填土料的自然沉降恢复至原地面高程。

1.1.6 水土保持监测

1.1.6.1 监测时段

本工程属于建设生产类开发建设项目,按照《开发建设项目水土保持技术规程》(GB 50433—2008)和《水土保持监测技术规程》(SL 277—2002)的有关规定,结合该项目所在区域的气候、土壤、地形、地貌等自然条件,确定本项目水土保持监测时段主要为工程建设期,自施工期开始,至设计水平年结束,同时应在施工期前进行本底值监测。本方案只对生产运行期提出水土保持监测要求。

1.1.6.2 监测内容

根据水利部《水土保持监测技术规程》(SL 277—2002)和《关于规范水土保持监测工作的意见》(水保〔2009〕187号),监测内容主要包括水土保持生态环境变化监测、水土流失动态监测、水土保持措施防治效果监测、重大水土流失事件监测,以及水土保持工程设计、水土保持管理等。

监测的重点包括水土保持方案落实情况、扰动土地及植被占压情况、水土保持措施(含临时防护措施)实施状况、水土保持责任落实情况等。

水土流失状况监测主要包括施工过程中产生的水土流失重点部位、成因、水土流失形式及流失量及其流失变化情况等。

水土流失危害监测主要包括工程建设过程中产生的水土流失对下游河道的影响、工程建设区植被及生态环境变化等。

水土保持防治措施实施情况监测主要包括项目区各防治分区采取的各项防治措施,包括工程措施数量、质量、防护面积、植物措施类型、防护面积、林草成活情况以及临时防护措施、防护效果等。

水土流失防治效果监测主要包括本方案的工程措施、植物措施和临时防护措施对控制水土流失、改善生态环境的作用。

以上监测内容在不同的监测时段各有侧重，详见表1-9。

表1-9　水土保持监测内容

监测时段	监测内容	监测要素	监测指标	监测方法
施工前	水土流失背景值	地理位置	行政区划位置、地理坐标	调查监测
		地形地貌	地貌类型、微地貌组成、地面坡度组成	
		气象	气候类型区、多年平均降水量、降水变化极值、年均气温、平均风速、湿度	
		植被	植被类型区、植被类型、植物种类组成、林草覆盖率	
		土壤	土壤类型及面积、土层厚度、土壤含水率、土壤有机质含量、土壤抗蚀性	
		土地利用	草地、道路	
		水土流失状况	水土流失类型区、水土流失类型、水土流失面积、水土流失强度分级及面积、平均土壤侵蚀模数、容许土壤侵蚀模数	
		人为扰动	人为活动扰动地表方式及强度	
施工期	水土流失状况监测	防治责任范围变化	项目建设区面积变化、直接影响区面积变化	调查监测
		扰动地表情况	扰动地表总面积、损坏水土保持设施数量及面积	
		土石方量	土石方开挖量、回填量、弃方量	
		水土流失量	水土流失强度	定位监测
	水土流失危害监测	对主体工程的影响	对主体工程安全、稳定、运营产生的负面影响	调查监测
		对居民的影响	对附近居民生活、生产带来的负面影响	
自然恢复期	水土保持设施实施情况、实施效益监测	临时防护工程	临时拦挡、排水工程实施数量	调查监测
		工程措施	灌溉措施、排水工程	
		植物措施	植物措施类型、造林种草面积	
		水土流失量	水土流失强度	定位监测

1.1.6.3　监测方法

根据上述监测内容确定相应的监测方法。监测方法主要包括定位监测、调查监测和巡查监测。

1. 定位监测

对于水土流失动态和原地貌水土流失量监测主要采用地面定位监测的方法，水蚀监测主要采用侵蚀沟量测法和简易观测场法，风蚀监测主要采用插钎法和集沙仪法。对于各防治分区水土保持防治效果、防治责任范围动态变化及水土流失危害等主要采取调查监测的方法，实时跟踪监测，掌握其变化情况。

1）水蚀观测方法

（1）侵蚀沟量测法。

首先量测坡面形成初期的坡度、坡长、地面组成物质、容重等，以及每次降雨或多次降雨后侵蚀沟的体积。具体是在监测重点地段对一定面积内（实测样方面积根据具体情况确定，长度顺坡向与坡面长度一致，宽度不小于5 m）的侵蚀沟分类统计，每条沟测定沟长和上、中上、中、中下、下各部位的沟顶宽、底宽、沟深，最终推算其流失量。

（2）简易观测场法。

在汛期选择侵蚀特征明显、地表环境相对稳定的坡面布设测钎小区，然后将直径0.5～1.0 cm、长50～100 cm的钢钎（应通过油漆防腐处理），根据坡面面积分上中下、左中右纵横各4排16根布设。每次降雨后观测记录钢钎顶部露出坡面的高度，依据每次观测到的测钎高度变化情况，按以下公式计算侵蚀量：

$$W = \rho(zs/1\,000)$$

式中 W——土壤侵蚀量，t；

ρ——小区土样密度，t/m^3；

z——土壤侵蚀厚度，mm；

s——小区水平投影面积，m^2。

2）风蚀监测方法

测钎法：在选定的每个监测点，沿主风方向每隔1 m布置1个，每组布置10个测钎，共布设3组30个，相邻两组的测钎呈品字形布设，当风速大于等于起沙风速时，发生风蚀（积）现象，每15天量取测钎离地面的高度变化，大风后增测一次。

在每个监测点需配套设置风速风向自记仪，记录每天的地面风速资料，大风出现的时间、频次，整理统计监测年内各级起沙风的历时等。

2. 调查监测

调查监测主要是针对水土保持防治效果和防治责任范围监测而言的，包括资料调查、普查和抽样调查。

1）水土流失防治效果监测

工程措施：监测指标包括各项工程措施的工程量及施工质量等，监测方法主要依据监理资料和现场抽样测量。

植物措施：对于各防治责任分区内采取的水土保持植被措施的分布、面积采用普查的方法获取监测数据，填写调查成果表；对于植被种类、成活率、保存率、草的盖度等指标采用抽样调查法，在填写调查成果表的同时填写样地记录表。

灌木盖度调查：实地观测时，灌木盖度采用线段法测定。即用测绳或皮尺在选定的30 m×20 m样方上方水平拉过，垂直观察灌丛在测绳上的投影长度，并用卷尺测量。灌木投影长度与测绳长度之比，即为灌木盖度。用此法在样方不同位置取三条线段求平均值，即为样方的灌木平均盖度。

草地盖度调查选定1 m×1 m样方，用方格法测定。测定前准备一个方格网，规格为1 m×1 m，方格内纵横各拉10根线，间距10 cm，形成100个交点，将方格网置于样方上，用粗约2 mm的细针顺序沿交点垂直插下，针与草相接触即算“有”，如不接触算“无”，做好记录。用下式计算出草地盖度(%)：

$$R_2 = n/N \times 100\%$$

式中 R_2——草地盖度(%)；

n——针与草接触的次数；

N——测针的总次数。

成活率、保存率调查：在选定的样方或样行内，逐株调查，统计出样方或样行内成活的株数和总栽植株数，计算出样方或样行的成活率，再计算平均成活率。依据调查时间的不同，统计各阶段的保存率。

种草有苗面积率测定：根据种草地面积情况抽取一定数量的样方，样方大小为2 m×2 m，测定出苗情况，统计出苗数量，草密度达到30株/m^2以上的为合格。已达到草密度规定标准的面积与播种面积的百分比即为有苗面积率，有苗面积率大于75%为合格。

2)水土流失防治责任范围监测

水土流失防治责任范围监测是项目水土流失动态监测的基础，通过监测防治责任范围面积，分析区域水土流失的成因，方可准确计算区域水土流失情况。监测过程以普查为主，结合收集相关资料的方法获取工程施工过程中防治责任范围的面积变化情况。

3.巡查监测

水土流失危害监测方法以巡查为主，通过及时巡查发现区域水土流失危害或潜在危害，向相关施工单位做出必要的整改要求或者向建设单位提出建议性意见，充分体现监测的时效性。

1.1.6.4 监测频次

各不同监测项目监测频次如下：

(1)临时堆土占地及堆土量监测：按照水利部水保〔2009〕187号文规定要求，在堆土期间每隔10天现场调查一次，记录堆土场占地面积及堆土量等详细信息；

(2)水土保持防治措施实施情况监测：在治理措施实施过程中每隔10天现场调查一次，记录治理措施面积、质量等详细信息；

(3)扰动地表面积监测：在主体工程施工过程中，地表扰动面积在不断变化，要准确监测动态变化情况，每隔1个月开展一次全面调查，详细记录各防治区扰动地表面积动态变化情况；

(4)临时堆土场拦挡效果监测：临时堆土场拦挡工程完工后，每隔1个月开展一次实地监测，对比分析拦挡效果，记录相关数据；

(5)主体工程进度监测：每1个月现场调查一次主体工程施工进度情况，主要包括各防治区内主体工程施工进展情况，占地情况、临时防护情况等，详细记录相关数据信息；

(6)水土流失动态监测：水土流失动态(包括影响因子)监测根据监测期内气象、气候条件合理确定，具体要满足以下要求：

风蚀监测：风蚀监测安排在2015年3月～2016年5月进行，用插钎法（风蚀强度监测）每半月观测记录一次插钎高度变化情况。遇到大风天气（风速>17 m/s）加测1次。

水蚀监测：水蚀监测安排在每年汛期6～8月进行，侵蚀沟量测法在每次降雨结束后进行观测和取样。

简易观测场根据降雨情况确定监测频次，每次降雨结束后测量插钎高度，根据高度变化情况计算侵蚀强度，年内各次观测结果累计即为年侵蚀强度。

1.1.6.5 监测点位布设

依据主体工程建设特点、施工中易产生新增水土流失的区域及项目区原有水土流失类型、强度等，确定水土保持重点监测地段和部位。

在废石场和尾矿库等区域布设了6个监测点位，其中风蚀2处，水蚀2处，原地貌风蚀1处，原地貌水蚀1处。水土流失地面定位监测点布设情况见表1-10。

表1-10 定位监测点布设情况

监测点类型	所代表监测分区	位置	监测点形式	主要监测内容
风蚀	废石场	场地内空地1处	插钎法	风蚀厚度、土壤干容重、风沙流强度
		外围原地貌1处		
	尾矿库	库内扰动边坡1处		
水蚀	废石场	场地边坡1处	侵蚀沟量测法	侵蚀沟体积、土壤干容重
		外围原地貌1处	简易观测场法	侵蚀厚度、土壤干容重
	尾矿库	库内扰动边坡1处		

由以上监测，得到最终监测报告、监测图件和监测表格等监测成果。

1.2 露天开采项目

1.2.1 建设规模与项目组成

1.2.1.1 项目基本情况

项目名称为乌拉特中旗××矿业有限公司乌拉特中旗××矿区超贫磁铁矿年采选90万t铁矿石建设项目；建设地点位于内蒙古巴彦淖尔市乌拉特中旗××镇；矿区西距S212省道约22 km，矿区经××镇距巴彦淖尔市政府驻地临河区161 km，距巴彦淖尔市219 km，距××口岸130 km，矿区交通运输条件较为方便。项目建设内容包括采矿区、工业场地、废石场、选矿场、尾矿库、办公生活区、道路、供水回水及输砂工程、供电工程。

该项目属于已建建设生产类项目；矿山建设规模为年采选矿石量90万t，产品方案为铁精矿。1号矿体总体呈西北—东南向带状展布，略向北倾近于直立，矿体控制长度1 619 m，控制深部厚度为24.75～73.89 m，平均厚度48.40 m，属近于直立的厚矿体。鉴于矿体厚度较大、矿体地表有出露、埋藏浅，经方案比较论证，方案推荐1 300 m水平以上矿体采用露天开采。

本项目属已建建设生产类项目，建设期末（2015 年 10 月），工程总占用土地面积 14.63 hm^2，其中永久占地面积 11.96 hm^2，临时占地面积 2.67 hm^2，占地类型为草地。到水土保持方案服务期末（2020 年 6 月），工程总占用土地面积 19.56 hm^2，其中永久占地面积 16.85 hm^2，临时占地面积 2.71 hm^2，占地类型为草地。工程已经于 2007 年 4 月开工，2007 年 10 月完成基建移交生产；2008 年 11 月起停产补办手续，主体计划于 2015 年 4 月增建部分内容，2015 年 10 月完工。

本工程总投资 6 131.89 万元，其中土建投资 1 164.5 万元。本工程水土保持工程概算总投资 159.71 万元，其中建设期投资 118.56 万元，运行期投资 41.15 万元。

建设期水土保持工程总投资 118.56 万元。其中，主体设计投资 1.37 万元，方案新增投资 117.19 万元。在方案新增投资中，工程措施投资 20.77 万元，植物措施投资 1.60 万元，临时工程投资 2.59 万元，独立费用 81.71 万元（其中水土保持监理费 18 万元，水土保持监测费 21.21 万元），基本预备费 3.20 万元，水土保持补偿费 7.32 万元。

运行期水土保持工程总投资 41.15 万元。其中，主体设计投资 0.13 万元，方案新增投资 41.02 万元。在方案新增投资中，工程措施投资 19.10 万元，植物措施投资 16.89 万元，临时措施投资 0.72 万元，独立费用 0.73 万元，基本预备费 1.12 万元，水土保持补偿费 2.46 万元。

1.2.1.2 项目总体布置及占地情况

项目包括采矿区、工业场地、废石场、选矿场、尾矿库、办公生活区、道路、供水回水及输砂工程、供电工程，均利用已建成的工程，只是在部分工程区中增加了相应的供排水和拦挡措施。各分区总体布局情况如下。

1. 采矿区

1）平面布置

本项目采矿区已经开采了 13 个月（2007 年 11 月 ~2008 年 11 月），现有两个采坑。采坑 1 位于矿区中部，面积 0.54 hm^2；采坑 2 位于矿区东部，面积 0.54 hm^2。采区总面积 1.08 hm^2。根据开发利用方案，开采过程将由现有采坑 1 向东侧开采，现有采坑 2 向西侧开采，采坑 2 与采坑 1 同时开采。到设计水平年（2015 年底），采坑 1 面积和采坑 2 面积不变。到方案服务期末（2020 年 6 月），采坑 1 面积 2.97 hm^2，采坑 2 面积 2.97 hm^2。

2）竖向布置、边坡与防洪

现有采矿区无排水设施。

主体设计（可行性研究报告）在采矿区的南侧地势较高处增加截水沟，长 110 m，梯形断面，开口宽 1.6 m，下底宽 0.4 m，深 0.6 m，占地面积 176 m^2，土质结构，防御标准 20 年一遇。截水沟一侧 2 m 的范围为施工扰动区，占地面积 220 m^2。

3）场内排水

根据露天开采工艺、开采程序及矿床水文地质条件，综合考虑采场排水系统构成，在采场最低处设集水坑。坑下采用移动泵站的排水方式，设排水管线排到地表，处理后可供露天矿防尘洒水、厂区植被浇灌，有条件时可在低洼处储存，一并利用。

4）占地情况

采矿区设计水平年占地面积为 11 196 m^2，运行期占地面积逐年增加，预计到 2020 年，采矿区占地面积为 49 284 m^2，方案服务期末采矿区占地面积为 60 480 m^2。

2. 工业场地

采矿工业场地位于采区的北侧中部，总占地面积 2 248 m^2。建筑物主要包括配电室 20 m^2、机修车间 40 m^2、破碎车间 500 m^2、原矿堆场 700 m^2、精料中转场地 300 m^2、仓库 40 m^2、值班室 40 m^2、周边截水沟 128 m^2、截水沟扰动区 160 m^2 和周边空地 320 m^2。

1）平面布置

（1）配电室、机修车间、值班室和仓库位于工业场地北侧，呈"一"字形排列。

（2）原矿堆场主要用于矿石的堆放，位于工业场地的西侧。根据开发利用方案，年开采 90 万 t 原矿，按照年生产 300 天计算，每天可开采 3 000 t 原矿。本项目原矿堆场按照堆放 3 天原矿的数量进行布设，共 9 000 t，按照原矿的密度 3 m^3/t，原矿堆场可堆放 3 000 m^3 原矿，平均堆高 6 m，考虑空地，长 35 m，宽 20 m，占地面积 0. 07 hm^2。

（3）破碎车间主要用于原矿的破碎，位于工业场地中部，紧邻原矿堆场，露天布置。破碎车间已经建成，长 30 m，宽 16. 67 m，占地面积 500 m^2。

（4）精料中转场地位于厂区的东侧，紧邻破碎车间，主要用于破碎后精料的临时堆放，露天布置。精料中转场地已经建成，长 30 m，宽 10 m，占地 300 m^2。

2）竖向布置及排水

本项目工业场地由两个平台组成，即原矿堆场平台和工业场地平台。为了方便原矿倒入破碎车间，主体将原矿堆场平均垫高了 5 m，形成原矿堆场平台，标高约为 1 346 m。工业场地西南高东北低，地面自然标高为 1 342 ~ 1 340 m，工业场地由西向东按 3‰坡度设计，最终形成工业场地平台，标高约 1 341 m。工业场地平台与原矿堆场高差 5 m。

现有工业场地无排水设施。

主体设计（可行性研究报告）在工业场地北侧和西侧较高处增加截水沟，长 80 m，梯形断面，开口宽 1. 6 m，下底宽 0. 4 m，深 0. 6 m，占地面积 128 m^2，土质结构，防御标准 20 年一遇。截水沟一侧 2 m 的范围为施工扰动区，占地面积 160 m^2。

3）场内排水

由于工业场地采用平坡布置，由西向东按 3‰坡度设计，场地平整后设计标高约为 1 341 m。结合当地气象条件和工业场地竖向布置设计，确定工业场地内部地表雨水的排放方式采用顺自然地势径流方向排至东侧的天然沟道内，实现自然外排。

3. 废石场

1）废石场基本情况

项目区废石场位于矿区北侧，工业场地东南侧的天然沟道内，西南高东北低，场地地面自然标高为 1 339 ~1 331 m，最大高差 8 m。根据开发利用方案，本项目年开采原矿 90 万 t（按照原矿密度 3 m^3/t 计算，年开采原矿 3 000 万 m^3），平均剥采比 0. 19 m^3/m^3，年产生废土石量 5. 7 万 m^3。根据本项目现有废石场废石堆放地占地面积 2. 79 hm^2，将废石场沟道堆满形成平地，约可堆放 5. 95 万 m^3。现本项目已经排弃废石 13 个月，除工业场地原矿堆场垫高及场地平整利用废石约 0. 15 万 m^3 和选矿场料台垫高及场地平整利用废石

0.75 万 m^3 外，全部排放于废石场，所以目前废石场排入废石 5.15 万 m^3，已经基本堆为平地。

根据本项目可行性研究报告，本项目补办相关手续后，计划于 2016 年 1 月再次投产，2017 年 1 月实现内排，即废石场将容纳 2015 年建设期间产生的废土石、2016 年本项目运行过程中产生的废土石和干尾废料。其中 2015 年建设期间产生废土石 0.12 万 m^3，选矿厂料台周边挡墙利用废石 0.03 万 m^3，废石场周边挡土埂利用废石 0.35 万 m^3。2016 年运行期间产生废土石量 5.7 万 m^3，干尾废料 20.19 万 m^3。

2）排弃计划

根据本项目开发利用方案，本项目运行期年平均开采面积 1.077 hm^2，年产生废土石量 5.7 万 m^3。根据本项目资源储量，矿区服务年限为 22.4 年，目前已经开采了 1 年，还可开采 21.4 年。计划从 2016 年 1 月再次投入使用。根据本项目开发利用方案和可行性研究报告，2017 年可以转为内排，在本废石场现已堆为平地的基础上，将排弃 2015 年建设期产生的废土石、2016 年运行期产生的废土石和干尾废料，排弃总量为 30.78 万 m^3。

3）防护措施

由于本项目已经开工，目前废石场沟道内已经排满，基本形成平地，不存在汇水危险。

4）废石场占地面积

根据本项目可行性研究报告及排弃计划，废石场需要堆放 30.78 万 m^3 的废土石，现已经堆放 5.15 万 m^3，基本形成平地，还需要堆放 25.63 万 m^3。按照现有废石场占地面积 2.79 hm^2，最大堆高 8 m，边坡 1∶1来计算，不能满足废石堆放要求。据此，废石场废石堆放地需要增加占地 1.01 hm^2，即总占地 3.8 hm^2，才能满足排放要求。

废石场总占地面积 47 950 m^2，包括废土石堆放地 38 000 m^2，表土堆放地 4 000 m^2，周边空地 5 950 m^2。为避免废石场废石散落，扩大扰动范围，本方案设计新增废石场周边挡土埂，挡土埂长 850 m，占地宽 5 m，需要本项目新增占地面积约 0.43 hm^2。挡土埂施工扰动区宽 2 m，新增占地面积 0.17 hm^2。

同时，由于本项目施工前期未剥离表土，需要在本项目增建内容建设过程中和采矿过程中剥离表土，用于尾矿库等的植被恢复。结合项目区属丘陵区的地貌类型，表土剥离平均厚度 0.2 m，于 2015 年实施。由于采区 2017 年实现内排，可以逐年开采逐年恢复，所以表土堆放地需要堆放废石场剥离表土和采区剥离表土，最大堆放量 0.58 万 m^3。表土堆放地堆高 6 m，边坡比 1∶1，考虑松散系数 1.2，表土堆放地占地面积 0.4 hm^2 可满足本项目需求。

由于本项目将在 2015 年剥离废石场新增占地 1.84 hm^2 的表土，同时建设废石场周边挡土埂，所以运行期废石场面积不再增加，方案服务期末废石场占地面积与建设期一致。

4. 选矿场

选矿场位于采区的南侧，总占地面积 3 533 m^2，建筑物主要包括配电室、料台、选矿车间和精粉池等，全部露天布置。选矿场南侧、东侧和西侧有空地 320 m^2，选矿场内部有空地 100 m^2。主体设计在料台周边布设挡墙，将现有露天的生产车间拆除，新建室内生产车间。

1）平面布置

（1）配电室位于选矿场东南侧。

（2）料台主要用于堆放破碎后筛选出的精料，位于选矿场的西侧。由于本项目运行了1年，所以精料台已经整平。根据开发利用方案，年开采90万t原矿，产生29.43万t精料。按照年生产300天计算，每天可产生981 t精料，按照精料的密度进行换算，每天产生精料393 m^3。本项目料台按照堆放8天精料的数量进行布设，可堆放3 144 m^3精料，平均堆高6 m，考虑空地，占地面积0.06 hm^2。

本项目主体设计新增周边挡墙。挡墙长100 m，宽5 m，位于废石场的北侧、西侧和南侧，东侧留有出口，高1 m，顶宽1 m，梯形断面，边坡比1∶2，采用废石堆砌，占地面积500 m^2。

（3）选矿车间位于料台的东侧，紧邻料台，位于选矿场的中部，露天布置，长30 m，宽16.6 m，占地面积500 m^2。

现有选矿车间将要拆除。新建选矿车间位于原有选矿车间的位置上，并向南侧扩大，利用彩钢板搭建，面积为1 000 m^2。

（4）精粉池主要用于精铁粉的堆放，位于选矿场的东侧，紧邻选矿车间，包括精粉堆放地和周边围墙。由于本项目运行了1年，所以精粉堆放地已经整平并且进行了水泥硬化。精粉堆放地长30 m，宽6.6 m，占地面积200 m^2。北侧、东侧和南侧均有红砖砌成的围墙，只在西侧紧邻选矿车间处留有出口，围墙长64 m，高3 m，宽0.5 m，占地面积32 m^2。

2）竖向布置及排水

本项目选矿场由两个平台组成，即料台和选矿场平台。为了方便精料倒入选矿车间，主体将料台平均垫高了5 m，形成精矿料台，标高约为1 340 m。选矿场西北高东南低，地面自然标高为1 352～1 358 m，选矿场由西北向东南按3‰坡度设计，最终形成选矿场平台，标高约1 355 m。精料平台与选矿场高差5 m。

现有选矿场无排水设施。

根据地势，主体设计（可行性研究报告）在选矿场西侧和北侧建截水沟，截水沟长100 m，梯形断面，上底宽1.6 m，下底宽0.4 m，深0.6 m，占地面积160 m^2，土质结构，防御标准20年一遇。截水沟一侧2 m的范围为施工扰动区，占地面积200 m^2。

3）场内排水

由于选矿场采用平坡布置，由西北向东南按3‰坡度设计，场地平整设计后标高约为1 357 m。结合当地气象条件和选矿场竖向布置设计，确定选矿场内地表雨水的排放方式采用顺自然地势径流方向排至东侧的天然沟道内，实现自然外排。

5.尾矿库

1）尾矿库基本情况

本项目尾矿库属于沟道尾矿库，西高东低，场地地面自然标高为1 355～1 385 m，最大高差30 m。根据开发利用方案和可行性研究报告，本项目年选矿90万t，根据矿石的品位，产生铁精粉10.53万t，在破碎过程中产生干尾废料60.57万t，按照干尾废料密度3 t/m^3计算，年产生干尾废料20.19万m^3，排弃至废石场；在选矿过程中产生湿尾矿18.9万

t,利用地上管线排入尾矿库,按照湿尾矿密度2.5 t/m^3 计算,年产生湿尾矿7.56万m^3。

根据本项目尾矿库现状(乌拉特中旗××矿业有限公司选矿场(尾矿库)安全现状评价报告),现有尾矿库占地面积4.33 hm^2,尾矿库平整后,库底全部做了防渗漏处理。本项目已经建成了尾矿坝,长320 m,初期坝高10 m,坝顶宽4 m,内边坡比1:1,外边坡比1:1,利用库区开挖的4.48万m^3 废土石堆积而成;尾矿库初步设计终期坝高20 m,坝顶宽4 m,内边坡比1:1,外边坡比1:1。后期堆积坝利用尾砂堆积而成,已经于2008年开始建设,边排弃边堆积。坝顶采用碎石压盖,库容65万m^3,目前已经排放尾矿31万m^3,剩余库容34万m^3,还可排放4.5年。根据主体工程计划2016年1月再次投入使用,即到2020年6月尾矿库闭库,并进行终期治理。

2)排弃计划

根据本项目开发利用方案,运行期年产生干尾废料20.19万m^3,湿尾矿7.56万m^3。本项目资源储量,矿区服务年限为22.4年,目前已经开采了1年,排入尾矿31万m^3。计划从2016年1月再次投入使用,在本方案服务期(生产期0.5年,运行期4.5年)内共产生尾矿34万m^3。

3)防护措施

主体设计考虑到尾矿库西北侧较高,可能产生汇水冲击尾矿库,所以在此方向布设截水沟。截水沟长540 m,梯形断面,上底宽1.6 m,下底宽0.4 m,深0.6 m,占地面积864 m^2,土质结构,防御标准20年一遇。截水沟一侧2 m的范围为施工扰动区,占地面积1 080 m^2。尾矿堆放地占地35 000 m^2,尾矿坝占地7 680 m^2,尾矿库总占地面积为44 624 m^2。

6.办公生活区

1)平面布置

现有办公生活区位于矿区的南侧较高处,沟道的西南侧,已经进行平整,占地面积0.07 hm^2,其中办公室和宿舍等建筑物位于北侧,呈"U"字形,均为平房,占地300 m^2,建筑物南侧有空地200 m^2,周边有空地200 m^2。

主体计划(可行性研究报告)2015年将现有平房拆除,在原址上建2层砖混结构的办公楼和宿舍楼,占地面积300 m^2。

2)竖向布置及排水

办公生活区位于矿区较高的坡地上,西北高,东南低,场地地面自然标高1 354 ~ 1 356 m。设计竖向布置选用平台式布置,设计标高约1 355 m,由西北向东南按3‰坡度设计,最终形成办公生活区平台。

办公生活区位于矿区较高的坡地上,已经形成办公生活区平台。由于其位置较高,无需边坡防护和防洪。根据地势,办公生活区雨水自然排放。

7.道路

本项目已经于2007年10月建成矿内联络道路1 200 m,其中200 m横穿采区。矿内联络道路路基宽7.0 m,平均填高0.39 m,调入土方来源于生活水井开挖土方。永久征地宽7 m,占地面积8 400 m^2;两侧各2 m为施工扰动区,占地面积4 800 m^2。

主体设计新增在道路单侧布设排水沟,排水沟长1 200 m,梯形断面,上底宽1.6 m,

下底宽 0. 4 m，深 0. 6 m，占地面积 1 920 m^2，土质结构，防御标准 20 年一遇。排水沟沿道路一侧无施工扰动区，另一侧 2 m 的范围为施工扰动区，占地面积 2 400 m^2。

8. 供电工程

1）电源

本项目已建 1 条供电工程，引自项目区外的 × × 变电站，沿进场道路（原有乡村道路）布设，接至项目区，距离 7 km。

2）供电工程

厂外供电：厂外供电采用架杆布设的方式，每 50 m 一个电杆，根据供电工程长 7 km，共 140 个电杆，每个电杆占地 1 m^2，所以电杆永久占地 140 m^2。供电工程临时占地包括施工区和施工扰动区。施工区按照每个电杆 4 m^2 计算，共 560 m^2；由于厂外供电工程沿原有乡村道路布设，供电工程紧邻道路一侧无施工扰动区，而另一侧施工扰动区按 2 m 计算，所以施工扰动区面积为 14 000 m^2。

厂内供电：采用架杆布设的方式，沿矿内道路布设，每 50 m 一个电杆。根据矿内道路长 1 200 m，每 50 m 一个电杆，共 24 个电杆，每个电杆占地 1 m^2，所以电杆永久占地 24 m^2，施工区按照每个电杆 4 m^2 计算，共 96 m^2。由于厂内供电电路沿路布设，紧邻道路一侧无施工扰动区，而另一侧施工扰动区与道路施工扰动区重合，不重复计算。

9. 供水回水及输砂工程

1）供水工程

生活用水：水源，本项目矿区生活用水已经在排土场东侧新打生活水井，满足生活用水标准；现有供水管线，由生活水井铺设地上管线至办公生活区，距离长 700 m，宽 0. 3 m，占地面积约 0. 02 hm^2。施工过程中地面铺设覆土，扰动较小，施工扰动区植被已经自然恢复。新建供水情况，主体设计将地上生活用水供水管线拆除，改为水车拉水至办公生活区。

生产用水：水源，供水水源来自于排土场东侧的大口井，直径 10 m，井深 20 m，大口井涌水量可以满足要求。选矿场用水循环利用，循环率 90%，需要补充新水 57 330 m^3/a。不论是现状年还是规划年，可利用水量均大于本采矿工程取水量，可以满足用水需求；现有供水管线，由大口井铺设地上管线至选矿场，距离长 460 m，宽 0. 3 m，占地面积 138 m^2。施工过程中地面铺设覆土，扰动较小，施工扰动区植被已经自然恢复；新建供水管线，主体设计将地上生产用水供水管线拆除，新建地下供水管线。供水管线由大口井至选矿场，沿路铺设，长 700 m，采用管径 DN30 的 PPR 管地埋铺设，埋深 2. 5 m，施工区占地宽 6 m，施工扰动区宽 2 m，总占地 5 600 m^2。

2）回水系统

为了节约用水，循环利用，本项目将尾矿库中澄清的水采用地上管线输至选矿场重复利用，循环率达到 90%。现有回水系统包括回水池和地上回水管线。回水池，本项目在选矿场与尾矿库之间已建回水池一座，回水池呈正方形，边长 10 m，占地 100 m^2，用于储存尾矿库回水并澄清；回水管线，尾矿库到回水池地上输水管线长 40 m，回水池到选矿场地上输水管线长 300 m，宽 0. 5 m，总占地面积 170 m^2。施工过程中地面铺设覆土，扰动较小，施工扰动区植被已经自然恢复；新建回水系统，主体计划将现有地上回水管线拆除，新建地下回水管线。

尾矿库—回水池：管线长 40 m，采用地埋方式，深 2.5 m，施工区占地宽 6 m，沿道路一侧无施工扰动区，另一侧施工扰动区占地宽 2 m，总占地 320 m^2。

回水池—选矿车间：管线长 300 m，采用地埋方式，深 2.5 m，施工区占地宽 6 m，沿道路一侧无施工扰动区，另一侧施工扰动区占地宽 2 m，总占地 2 400 m^2。

3）输砂系统

本项目在 2007 年 11 月～2008 年 11 月生产期间，采用湿排尾矿的方式排放尾砂，即将选矿场产生的尾砂浆利用地上管线排放至尾矿库。地上管线长 100 m，沿地面铺设，宽 0.5 m，占地面积 50 m^2。施工过程中未开挖动土，扰动较小，施工扰动区植被已经自然恢复。

本项目属已建建设生产类项目，建设期末（2015 年 10 月），工程总占用土地面积 14.63 hm^2，其中永久占地面积 11.96 hm^2，临时占地面积 2.67 hm^2，占地类型为草地。方案服务期末（2020 年 6 月）工程总占用土地面积 19.56 hm^2，其中永久占地面积 16.85 hm^2，临时占地面积 2.71 hm^2，为新增采区和采区截水沟占地，占地类型为草地。

1.2.1.3　土石方工程量

本工程建设期动用土石方挖填总量为 15.62 万 m^3，其中开挖总量为 7.92 万 m^3，回填总量为 7.70 万 m^3，借方 1.27 万 m^3，弃方 1.49 万 m^3，其中表土 0.37 万 m^3 堆放于表土堆放地，废土石 0.12 万 m^3 弃于废石场，建筑垃圾 1 万 m^3 弃于××镇建筑垃圾场。本项目建设期土石方工程量及主要流向见图 1-5。

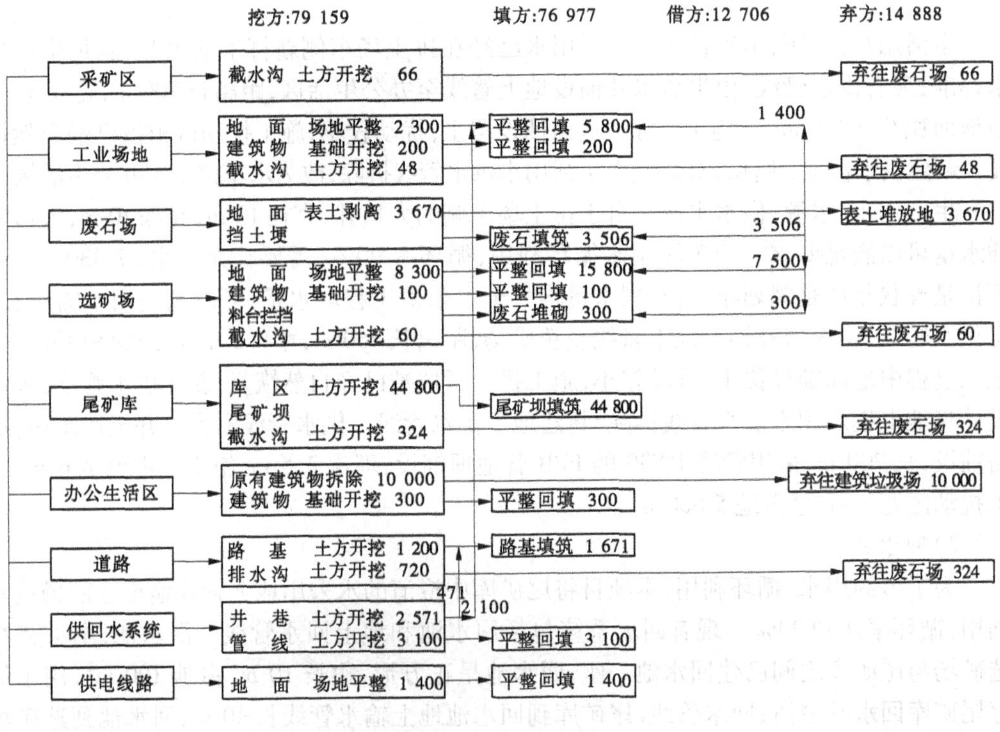

图 1-5　建设工程土石方流向图（单位：m^3）

运行期工程每年产生废土石总方量 5.7 万 m^3，干尾废料 20.19 万 m^3，湿尾砂 7.56 万

m^3,共计 33.45 万 m^3。本方案运行 2016 年前产生的废石和干尾废料弃于废石场,然后实现内排。

1.2.2 主体工程水土保持分析与评价

1.2.2.1 水土保持制约性因素分析与评价

本项目位于内蒙古巴彦淖尔市乌拉特中旗××镇境内,该区域内的主体工程范围及铁矿资源配置已经划定,开采范围主要取决于矿体的分布状况,且本项目主体工程已经于 2007 年完工并投产,故无其他比选方案。

项目在《内蒙古自治区人民政府关于划分水土流失重点治理区的通告》中属水土流失重点预防保护区,生态环境脆弱,施工时施工单位在界定的征地范围内进行施工,减少了扰动地表和破坏植被的面积,将水土流失降低到最小。本工程施工期较短,土建结束后,如不采取有效的水土保持措施,不仅加速土壤侵蚀,而且使脆弱的生态环境更加恶化。

本项目场址属于阴山北麓国家级水土流失重点预防区和省级重点预防保护区,地貌类型为阴山北麓丘陵地貌,场区地势较为平坦开阔,拟选场址及附近无活动断裂,无滑坡、泥石流等影响建筑物安全的不良地质作用。项目区不涉及全国水土保持监测网络中的水土保持监测站点、重点试验站以及国家确定的水土保持长期定位观测站;项目区距离重要江河、湖泊以及其他江河等较远,不涉及巴彦淖尔市环保局确定的水源地保护区。主要占地类型为草地,没有占用耕地。鉴于该项目建设区无法避让国家级水土流失重点预防区和生态脆弱区,且已经基本完工,尚未采取切实有效的水土保持措施,因此需进一步提高防治标准,采取合理有效的水土保持措施,以达到防治水土流失和恢复生态环境的目的。

1.2.2.2 工程选址的合理性分析

1. 废石场选址的合理性分析

本项目废石场位于工业场地的东侧,属于沟谷型废石场。在满足本项目 2007 年 11 月~2008 年 11 月 5.15 万 m^3 废土石排放要求的前提下,考虑距离工业场地较近的位置,从而减少运输距离,便于利用汽车将废土废石由工业场地和采区运送至废石场;同时也降低了对周边环境的影响。本方案考虑到 2016 年继续生产需要排放废土石量较大,所以将废石场废石堆放地面积由 2.79 hm^2 扩大为 3.8 hm^2,考虑安全性,增加周边挡土埂;同时增加表土堆放地 0.4 hm^2。经在地形图标注并实地查看,废石场周边无居民点、工厂及重要公共设施。废土石按坡度排弃不会产生滑坡及崩塌事故,也不会产生较大水土流失危害。废石场选址周边不在崩塌、滑坡危险区。虽然利用沟道,但在合理设计、合理堆放、增加拦挡的前提下,能够保障废石场边坡的稳定。废石场无水土保持制约性因素。

2. 尾矿库选址的合理性分析

本项目尾矿库位于选矿场的南侧,属于沟道型尾矿库。在最大库容 65 万 m^3 的排放前提下,考虑距离选矿场较近的位置,从而减少运输距离,便于利用地上软管将尾砂由选矿场排弃至尾矿库,也降低了对周边环境的影响。主体设计考虑到尾矿库内松散的尾矿存在潜在的滑坡危险,易引发水土流失,给周边地区带来危害,造成对周边环境的不利影响,所以主体工程在尾矿库下游修建尾矿坝,符合先拦后弃的原则。经在地形图标注并实地查看,尾矿库周边无居民点、工厂及重要公共设施。尾矿库上游汇水面积较小,但是由于当地多暴雨,主体设计在尾矿库上游布设截水沟,能够将上游汇水疏导出去。尾矿采取挡护措施并按坡度排弃不会产生滑坡及崩塌事故,也不会产生较大水土流失危害。尾矿库选址周边不在崩塌、滑坡危险区。虽然利用沟道,但在合理设计、实施挡护措施后,能够保障尾矿库边坡的稳定,无水土保持制约性因素。

1.2.2.3 工程总体布局的分析与评价

本项目的地面设施有采矿区、工业场地、废石场、选矿场、尾矿库、办公生活区、道路、供水回水及输砂工程和供电工程。工程总体布局以采矿区为中心,充分依托矿区周边的水、电、路等基础条件,进场道路利用原有乡村道路,不再新建;本工程施工用水水源为矿区东侧的海流图支流,同时在其附近布设大口井和生活水井,作为施工用水、生活用水;施工用电采用永临结合的方式,减少了施工供水供电的临时占地。工程总体布局紧凑。

工业场地选择最优设置地点,既考虑距离矿区地质移动带20 m以外相对较高的安全地带,最小限度地破坏土地和植被。工业场地内各种建筑物集中布置,减少了对土地的占用。工业场地内破碎车间、原矿堆场、精料中转场地的布设考虑了破碎工序的连贯性,呈条带状布设。场地内各项工程布局总体上较为合理,对平面布置进行了优化,充分利用了场地内空间,节约了土地资源。

废石场的布设在考虑能够满足废土石和表土临时堆放要求的基础上,选择距离采矿区和工业场地较近的地方,便于利用矿内道路将废土石由采矿区运送到废石场,便于将工业场地破碎后产生的干尾废料运送至废石场。废石场选择在天然沟道内,可利用沟谷的"V"字形断面增加堆放量,减少废石场的占地。废石场距离采矿区和工业场地较近,便于利用汽车运输,减少了占地。

办公生活区布设在工业场地南侧的高地上,距离工业场地较远,有利于职工身体健康。

选矿场布设在采矿区南侧的坡地上,既考虑距离矿区地质移动带20 m以外相对较高的安全地带,又最小限度地破坏土地和植被。选矿场内各种建筑物集中布置,减少了对土地的占用。选矿场内料台、选矿车间和精粉池的布设考虑了选矿工序的连贯性,呈条带状布设。场地内各项工程布局总体上较为合理,对平面布置进行了优化,充分利用了场地内空间,节约了土地资源。

尾矿库布设在选矿场南侧的天然沟道内,在考虑能够满足尾矿65万m^3堆放要求的基础上,选择距离选矿场较近的地方,便于利用地上管线将尾矿由选矿场输送至尾矿库。尾矿库选择在天然沟道内,可利用沟谷的"V"字形断面增加堆放量,减少尾矿库的占地。尾矿库下游布设尾矿坝,有利于尾矿库的安全运行。

进矿道路利用原有的乡村公路,矿区内新建道路根据运输量合理确定占地宽度,从水土保持角度考虑,符合"尽量少占地、减少扰动面积"的要求。

供水水源井包括生产生活用水,均布设在矿区东南侧地势较低处,能满足项目区水量和水质的用水需求。场地内生活用水水源为生活水井,采用水车拉水的方式运送至办公生活区,节约了占地。生产用水水源为大口井,采用地埋管线的方式至选矿场,减少了地面永久占地。同时,选矿场用水量较大,需要循环利用,在选矿场的西侧布设回水池,将尾矿库的澄清循环水利用地下回水管线输送至回水池,然后再输送至选矿车间,实现循环利用。

供电工程在满足矿区生产要求的基础上，考虑最大限度地结合工程布局，永临结合，这样的选择加快了工程进度，减少了前期投入，减少了对地表的扰动和破坏，对项目区生态环境起到了保护作用。

综上所述，工程总体布局合理，在工程建设和运行期间对其采取合理、积极的预防保护和治理措施，可使新增的水土流失得到有效控制，原有的水土流失得到有效治理，不存在限制性因素。因此，主体工程的总体布置比较合理，满足水土保持的要求。

1.2.2.4 主体工程占地分析与评价

本项目为已建工程，各项目组成占地均为调查的实际占地和新增占地，本工程总占地面积为14.63 hm^2，其中永久占地11.96 hm^2，占总面积的82%；临时占地2.67 hm^2，占总面积的18%。主体设计工程占地遵循了节约用地的原则，永久占地面积基本合理，临时占地项目考虑基本周全。但是对于废石堆放地占地考虑不够，一方面没有考虑到现有废石堆放地面积不满足堆放要求，更没有考虑剥离表土及表土的临时堆放地；另一方面，没有考虑废石场周边的拦挡措施占地。需要本方案新增占地2.01 hm^2。

从占地类型分析，本工程占地类型全部为天然草地，林草覆盖率较低，生产力不高；未占用生产力较高的农耕地，符合“多占劣地、少占好地，多占荒地、少占耕地”的国家和当地土地利用的相关政策法规，施工结束后通过人工种草恢复植被，符合水土保持的要求。

从占地性质分析，永久占地占总占地面积的82%，施工结束后永久占地大部分为永久建筑物或固硬化场地，不再产生水土流失，其余18%的施工临时占地，对土地利用仅为短期影响，不会从根本上改变土地利用类型，施工结束后可通过水土流失治理措施恢复其原有功能，符合水土保持的要求。

1.2.2.5 主体工程施工分析与评价

1. 土石方平衡分析与评价

本工程建设期动用土石方挖填总量为15.62万 m^3，其中开挖总量为7.92万 m^3，回填总量为7.70万 m^3，借方1.27万 m^3，弃方1.49万 m^3，其中表土0.37万 m^3 堆放于表土堆放地，废土石0.12万 m^3 弃于废石场，建筑垃圾1万 m^3 弃于××镇建筑垃圾场。

产生多余土石方量的位置主要为主体新增设计的截排水沟。借方主要为2007年建设期间原矿堆场平台垫高及场地平整、选矿场料台垫高及场地平整借用的0.89万 m^3 废石。尾矿坝的填筑调用库区开挖的4.48万 m^3 土石。主体新增设计的选矿场料台周边挡墙借用废石0.03万 m^3，本方案新增的废石场周边挡土埂借用废石0.35万 m^3。本工程在满足主体工程总体布局的前提下，合理、有序地利用和调配土石方资源，减少弃土弃渣量，并尽量利用废石修筑挡墙和挡土埂，运行期利用尾砂填筑尾矿坝，符合水土保持要求。

项目区土壤以棕钙土为主，腐殖层较薄。按水保法规定，生产建设活动所占用土地的地表土应当进行分层剥离、保存和利用。本项目主体工程在施工期间，未进行表土剥离。因此，本方案对于已经建成的部分不再考虑表土剥离。但对于将要露天开采的采矿区，应剥离表土，根据项目区土层厚度，平均剥离厚度20 cm，待2017年实现内排后逐年回填，逐年恢复植被；也可用于尾矿库终期植被恢复。同时，对于废石场新增占地进行表土剥离，以便废石场等终期植被恢复。所以，对本方案新增废石场占地、采区表土进行剥离，将表土单独存放于废石场表土堆放地并采取临时防护措施。

从水土保持的角度分析，挖方得到充分利用，借方利用废石，实现了废渣的综合利用，不需另设取土场，从而减少了占地和对地面的扰动及植被的破坏，有利于防治水土流失，符合水土保持的要求。

2. 施工方法(工艺)分析与评价

工业场地、选矿场、办公生活区、尾矿库等先进行场地平整，采用机械结合人工的施工方法进行各类建筑物的修建；场内竖向设计采用平坡方式，除对工业场地原矿堆场和选矿场料台平台进行垫高外，其他区域设计利用原地形的自然地势移挖作填，既可减少施工开挖和回填量，也能减少对地面的扰动，起到降低土壤风蚀沙化的作用，以减少施工过程中的水土流失。为减少工业场地、选矿场和尾矿库上游汇水的危险，主体在工业场地、选矿场和尾矿库上游均设计截水沟。截水沟计划于2015年建设，施工以机械施工为主，人工施工为辅，采用分段法施工。该施工工艺可缩短开挖土料的堆放时间，减少土料的风水蚀，符合水土保持的要求。

根据本项目生产工艺，原矿石在破碎过程中是将原矿石的粒径破碎至12 mm左右，利用磁选原理，将其中含铁量较小的干尾废料与精料区别开来。整个破碎过程属物理现象，所以产生的干尾废料可以堆放于废石场，不会对周边环境产生不利影响。

综上所述，主体工程已经建设了采矿区、工业场地、选矿场、办公生活区、废石场、尾矿库、道路、供水回水及输砂工程、供电工程等，于2007年完工；后续建设内容应通过合理安排施工时序，尽量纵向调运，挖方充分利用，并将弃土量控制在最小，在此基础上尽量达到土石方平衡，并尽量安排交叉施工，以缩短施工工期。从水土保持的角度来评价，有利于减少施工过程中的水土流失；施工组织、施工方法及施工工艺等尽量从保持水土、减少水土流失及保护环境等方面考虑。

1.2.2.6 主体工程设计的水土保持分析与评价

1. 采矿区

本工程采矿区面积24.12 hm^2，矿山服务年限为22.4年，在采矿区中部和东部各有一个采坑，两个采坑同时开采。采坑1地势西高东低，南高北低，采坑2地势西高东低，因此为防止汇水进入采坑，影响采坑安全，方案新增设计在采矿区南侧设置截水沟，拦截坡面汇水。截水沟为土质梯形结构，开口宽1.6 m，底宽0.4 m，深0.6 m，边坡比1∶1。采矿区截水沟总工程量180 m^3。

2. 工业场地

工业场地位于采矿区北侧，为防止汇水对工业场地的冲刷，进入工业场地内部，主体工程设计在工业场地西、北两侧设置截水沟，拦截坡面汇水。截水沟采用土质梯形结构，开口宽1.6 m，底宽0.4 m，深0.6 m，边坡比1∶1。工业场地截水沟长80 m，工程占地0.01 hm^2，工程量48 m^3。

3. 选矿场

选矿场位于采矿区南侧，两个采坑位于矿场中间位置，地势西高东低，北高南低，为防止汇水对选矿场内部造成冲刷，主体工程设计在选矿场的西、北两侧设置截水沟，拦截坡面汇水。截水沟采用土质梯形结构，开口宽1.6 m，底宽0.4 m，深0.6 m，边坡比1∶1。选矿场截水沟长 100 m，工程占地 0.02 hm^2，工程量 60 m^3。

4. 尾矿库

1）尾矿库截水沟

尾矿库位于采矿区南侧，地势西高东低，北高南低，为防止汇水对尾矿库内部造成冲刷，主体工程设计在尾矿库的西、北两侧设置截水沟，拦截坡面汇水。截水沟采用土质梯形结构，开口宽 1.6 m，底宽 0.4 m，深 0.6 m，边坡比 1∶1。截水沟长 540 m，工程占地 0.09 hm^2，工程量 324 m^3。

2）道路排水沟

主体设计在道路一侧布设排水沟。排水沟断面设计采用土质梯形断面。沿道路单侧修建，长 1 200 m。道路排水沟深 0.6 m，底宽 0.4 m，边坡比 1∶1，开口宽 1.6 m。道路排水沟分为采区内截水沟和采区外截水沟，采区内截水沟长 200 m，工程占地 0.03 hm^2，工程量 120 m^3；采区外截水沟长 1 000 m，工程占地 0.16 hm^2，工程量为 600 m^3。

1.2.2.7 主体工程设计的水土保持工程分析与评价

1. 采矿区

工程措施分析评价：主体工程对采矿区布设截水沟，长 110 m，设计防御标准为 20 年一遇最大 24 小时暴雨量。经地形图量测及实地调查，采矿区西南侧上游汇水面积为 1.32 hm^2，根据项目区 20 年一遇最大 24 小时暴雨量，可以计算出项目区洪峰流量 Q_B = 0.000 543 m^3/s，结合明渠均匀流计算，现有截水沟技术指标，能够满足当地 20 年一遇最大洪水排水要求。

本项目主体设计未对采区提出剥离表土的要求，需要在本方案中补充设计。

植物措施分析评价：本方案补充设计截水沟施工扰动区植被恢复措施。

临时防护措施分析评价：主体设计未对采矿区施工期提出剥离表土的要求，也未提出剥离表土的相应防护措施，因此需在本方案中补充设计。

2. 工业场地

工程措施分析评价：主体工程设计了工业场地周边截水沟 80 m，设计防御标准为 20 年一遇 24 小时暴雨量。经地形图量测及实地调查，工业场地上游汇水面积为 3.79 hm^2，根据项目区 20 年一遇最大 24 小时暴雨量，可以计算出项目区洪峰流量 Q_B = 0.015 6 m^3/s，结合明渠均匀流计算，现有截水沟技术指标，能够满足当地 20 年一遇最大洪水排水要求。

植物措施分析评价：主体工程设计对于截水沟施工扰动区没有提出植被恢复要求，不符合水土保持的相关规定，需在本方案补充设计。

3. 废石场

工程措施分析评价：本项目废石场废土石堆放量总计 30.78 万 m^3，考虑现有废石堆放地面积 2.79 hm^2，不能满足堆放要求，所以新增废石堆放地面积 1.01 hm^2，扩大后的废石堆放地面积达到 3.8 hm^2，考虑最大堆高 8 m，可以满足本项目废土石堆放要求。同时，为避免废石的散落，保证废石场周边环境的安全性，本方案新增废石场周边挡土埂，挡土埂占地面积 0.43 hm^2，挡土埂施工扰动区 0.17 hm^2。

本项目在施工工艺中未提出施工前的剥离表土及运行期终期覆土，不符合水土保持要求。但由于本项目废石场废石堆放地已经运行1年,现无法剥离表土。本方案增加表土堆放地,并对新增废石场面积提出剥离表土的要求,用于废石场等终期植被恢复。

由于本项目已经运行1年,现有废石堆放地已经堆为平地,不会产生汇水危险,本方案不考虑截水措施。

植物措施分析评价:主体工程设计未考虑废石场周边空地种草,本方案补充设计。同时本工程设计中考虑了运行期终期植被恢复,但是对于草树种的选择及配置方式未作设计,不符合水土保持的相关规定,需在本方案中补充废石场终期植被恢复具体设计。

4. 选矿场

工程措施分析评价:主体工程设计在选矿场的西、北两侧设置截水沟,拦截坡面汇水。设计防御标准为20年一遇24小时暴雨量。经地形图量测及实地调查,选矿场上游汇水面积为1.06 hm^2,根据项目区20年一遇最大24小时暴雨量,可以计算出项目区洪峰流量Q_B = 0.004 4 m^3/s,结合明渠均匀流计算,现有截水沟技术指标,能够满足当地20年一遇最大洪水排水要求。

植物措施分析评价:主体工程设计对于截水沟施工扰动区没有提出植被恢复要求,不符合水土保持的相关规定,需在本方案补充设计。同时,主体工程设计对选矿场周边空地未提出植物措施要求,需本方案补充。

5. 办公生活区

工程措施分析评价:本项目主体未对办公生活区进行工程措施设计。同时,由于主体未设计办公生活区的空地绿化美化,所以也就没有设计相应的土地整治,本方案在补充办公生活区植物措施的同时,也补充了相应的工程措施。

植物措施分析评价:本项目主体工程未对办公生活区进行植物措施设计。由于办公生活区处于较高位置,所以本方案补充在其来风向进行防护林布设和在办公生活区内部空地进行绿化美化设计。

6. 尾矿库

工程措施分析评价:主体工程设计了的尾矿坝。

尾矿坝委托巴彦淖尔××有限公司做了安全评价,符合相关规范。

主体工程在施工工艺中未提出施工前的剥离表土及运行期终期覆土,但由于本尾矿库已经运行1年,无法剥离表土,只能利用其他区域表土进行终期植被覆土。

主体设计在尾矿库周边修建截水沟。截水沟长540 m,设计防御标准为20年一遇24小时暴雨量。经地形图量测及实地调查,其上游汇水面积为7.67 hm^2,根据项目区20年一遇最大24小时暴雨量,可以计算出项目区洪峰流量Q_B=0.031 6 m^3/s。结合明渠均匀流计算,现有截水沟技术指标,能够满足当地20年一遇最大洪水排水要求。

植物措施分析评价:主体工程设计对于尾矿坝施工扰动区没有提出植被恢复要求,不符合水土保持的相关规定。但是尾矿坝已经在2007年建成,施工扰动区已经自然恢复,所以本方案未补充尾矿坝施工扰动区植被恢复。主体工程设计对于尾矿库截水沟施工扰动区没有提出植被恢复要求,需要本方案补充设计。主体工程设计未对尾矿坝提出坝坡种草要求,需要本方案补充设计。本尾矿库还可以排放34万 m^3 尾矿,即2020年6月闭库,需要本方案补充设计终期植被恢复。

7. 道路

工程措施分析评价：主体设计了道路排水沟，其断面尺寸按照尾矿库汇水面积考虑，取最大汇水面积20年一遇洪水排水要求，有利于雨水的排放，符合水土保持要求。主体工程在施工工艺中未提出施工前道路路面剥离表土，不符合水土保持要求，但由于本项目道路已经运行1年，表土受到碾压已经破坏，无法剥离表土，本方案不进行补充设计。

植物措施分析评价：主体工程设计对于道路排水沟施工扰动区没有提出植被恢复要求，不符合水土保持的相关规定，需本方案补充设计。

8. 供水回水及输砂工程

植物措施分析评价：主体设计将现有供水管线由地表铺设改为地埋管线，同时增加回水管线，但是对于施工区及施工扰动区植被恢复措施进行设计，需要本方案补充设计。

9. 供电工程

植物措施分析评价：主体工程设计中没有对线路施工结束后的植被恢复措施进行设计，由于本项目供电工程已经经过多年自行恢复，但未达到防治目标，所以本方案进行补充设计。

主体工程设计中，凡涉及主体工程运行安全的防护工程（截排水沟等）均按行业规范进行了设计，其技术标准按照本项目各区域最大汇水面积（尾矿库汇水面积7.67 hm^2）进行设计，能满足当地20年一遇最大洪水排水要求，同时能达到水土保持的要求。这些防治措施对主体工程安全、正常运行、防治水土流失起到了重要作用。但就整个工程而言，主体工程缺少工程建设过程中引起的水土流失及对周边环境的影响因素分析，不能形成有效的防护体系。因此，本方案在分析评价主体工程水土保持功能措施的基础上，进一步补充水土保持防护措施设计，使方案水土保持措施形成一个完整、严密、科学的防护体系。

总之，主体工程中的各项具有水土保持功能的设施符合行业的设计标准和规范；从地质、水文资料的运用、设计标准的选用，建（构）筑物结构、形式、材料的选定等方面，既满足主体工程的需要，又能满足水土保持的要求，各项措施实施后对防治建设区造成的水土流失发挥明显的作用。

1.2.3 防治责任范围及防治分区

1.2.3.1 防治责任范围

1. 项目建设区

本工程新建工程包括采矿区、工业场地、废石场、选矿场、尾矿库、办公生活区、道路、供水回水及输砂工程、供电工程等，建设期末（2015年10月），工程总占用土地面积14.63 hm^2，其中永久占地面积11.96 hm^2，临时占地面积2.67 hm^2，占地类型为草地。水土保持方案服务期末（2020年6月）工程总占用土地面积19.56 hm^2，其中永久占地面积16.85 hm^2，临时占地面积2.71 hm^2，占地类型为草地。

2. 直接影响区

直接影响区指项目建设区以外，由于各类建设活动在建设期和运行期分别可能造成水土流失及其直接危害的区域。

本工程建设期水土流失防治责任范围总面积15.82 hm^2，其中项目建设区14.63

hm^2,直接影响区 1.19 hm^2,具体见表 1-11。

表 1-11 建设期水土流失防治责任范围 (单位:hm^2)

项目	项目建设区			直接影响区	合计
	永久占地	临时占地	小计		
采矿区	1.10	0.02	1.12	0.03	1.15
工业场地	0.22	0.00	0.22	0.02	0.24
废石场	4.80	0	4.80	0.26	5.06
选矿场	0.35	0	0.35	0.03	0.38
尾矿库	4.35	0.11	4.46	0.16	4.62
办公生活区	0.07	0	0.07	0.02	0.09
道路	1.03	0.24	1.27	0.36	1.63
供电工程	0.02	1.47	1.49		1.49
供水回水及输砂工程	0.02	0.83	0.85	0.31	1.16
合计	11.96	2.67	14.63	1.19	15.82

到方案服务期末水土流失防治责任范围总面积 20.60 hm^2,其中项目建设区面积为 19.56 hm^2,直接影响区面积为 1.04 hm^2,具体见表 1-12。

表 1-12 方案服务期末水土流失防治责任范围 (单位:hm^2)

项目	项目建设区			直接影响区	合计
	永久占地	临时占地	小计		
采矿区	5.99	0.06	6.05	0.66	6.71
工业场地	0.22		0.22		0.22
废石场	4.80		4.80	0.38	5.18
选矿场	0.35		0.35		0.35
尾矿库	4.35	0.11	4.46		4.46
办公生活区	0.07		0.07		0.07
道路	1.03	0.24	1.27		1.27
供电工程	0.02	1.47	1.49		1.49
供水回水及输砂工程	0.02	0.83	0.85		0.85
合计	16.85	2.71	19.56	1.04	20.60

1.2.3.2 水土流失防治分区

为了更好、更具针对性地对工程建设过程中所造成的水土流失进行防治,根据主体工程总平面布置、施工工艺、各项工程建设生产特点和新增水土流失类型、侵蚀强度、危害程度、范围及治理的难易程度,结合工程建设时序,将本项工程的水土流失防治区划分为采矿区、工业场地、废石场、选矿场、尾矿库、办公生活区、道路、供水回水及输砂工程和供电工程9个防治区,详见表1-13。

表1-13 水土流失防治分区 (单位:hm^2)

防治分区	建设期末防治责任范围(hm^2)			主要范围	备注
	项目建设区	直接影响区	合计		
采矿区	1.12	0.03	1.15	包括建筑物、截水沟	重点防治
工业场地	0.22	0.02	0.24	包括建筑物、截水沟	重点防治
废石场	4.80	0.26	5.06	包括表土堆放地和废石堆放地,周边挡土埂	重点防治
选矿场	0.35	0.03	0.38	包括建筑物、周围挡墙、截水沟	
尾矿库	4.46	0.16	4.62	包括尾矿坝和截水沟	重点防治
办公生活区	0.07	0.02	0.09	包括建筑物及空地	重点防治
道路	1.27	0.36	1.63	包括道路路面和排水沟	重点防治
供电工程	1.49		1.49	包括基坑、供电工程	重点防治
供水回水及输砂工程	0.85	0.31	1.16	包括水源井、回水池、供水管线、回水管线、输砂管线	
合计	14.63	1.19	15.82		

1.2.4 水土流失调查与预测

1.2.4.1 调查预测范围及调查预测单元

本工程是已建建设生产类项目,本方案水土流失调查范围为已建工程的施工扰动区,预测范围为新建工程的施工扰动区。

根据本工程建设进度和特点及扰动地表程度,结合项目区环境和水土流失现状,对可能产生水土流失的影响因素进行预测分析,将水土流失预测单元分为采矿区、工业场地、废石场、选矿场、尾矿库、办公生活区、道路、供水回水及输砂工程和供电工程等工程单元。

1.2.4.2 调查预测时段

本工程属已建建设生产类项目,根据主体工程施工进度、方案服务年限及其扰动地面的自然恢复期限,将水土流失调查预测时段划分为建设期(包括施工期和自然恢复期)和生产运行期。

1. 建设期(包括施工期和自然恢复期)

1)施工期

工程于2007年4月开始施工准备,进行三通一平,2007年10月底竣工并投产。因此,根据工程实际施工进度,2007年4月施工临建建设完成,其他工程于2007年5月建设。根据本项目区风季主要为3~5月,雨季主要为7~9月,整个施工调查期包括1个雨季和0.75个风季。根据本项目补做的可行性研究报告,设计的截排水沟等工程措施计划于2015年4月开工,2015年10月完工。整个施工预测期包括1个雨季和0.75个风季,但各分部工程施工时段长短不一,预测时段因各分部工程施工进度不同而不同。

2)自然恢复期

随着项目各类工程的建成,采矿区、工业场地、废石场、办公生活区、选矿场、尾矿库、道路、供水回水及输砂工程和供电工程均一次建成,由施工活动产生的影响也基本结束。由于工程建设区地处半干旱区域,自然植被恢复或表土形成相对稳定结构并发挥水土保持功能需要2~3年,因此自然恢复期确定为3年。

2. 生产运行期

此时期水土流失主要集中在采矿区、废石场和尾矿库。

1.2.4.3 调查预测内容与预测方法

1. 调查预测内容

根据《开发建设项目水土保持技术规范》(GB 50433—2008)的要求,结合本项工程的具体建设内容,水土流失预测内容包括:扰动原地貌、破坏土地和植被情况;弃土、弃渣量;损坏水土保持设施的面积和数量;可能造成的水土流失面积、强度及流失量;可能造成的水土流失危害。具体内容见表1-14。

表1-14 水土流失调查预测内容

项 目	预 测 内 容	预测方法
扰动原地貌、破坏土地和植被情况预测	包括永久征地和临时占地。根据主体工程设计及外业调查,分别对厂区及周边、厂外道路、供电工程、供水管线等工程建设扰动原地貌面积进行预测	实地调查与引用设计资料相结合的方法
弃土、弃渣量预测	按主体工程设计对项目建设期产生的弃土及堆置半年以上的临时弃土量进行预测	
损坏水土保持设施的面积和数量预测	水土保持设施中包括原地貌植被、已实施的水土保持植物和工程措施等	
可能造成的水土流失面积、强度及流失量预测	根据工程建设中水土流失影响因子、水土流失类型和分布情况及水土流失背景资料,主要采用类比实测与引用监测资料的方法,确定不同工程建设可能造成的水土流失强度指标。按水土流失面积及预测时段预测水土流失量	引用监测资料法、理论计算
可能造成的水土流失危害预测	工程建设可能造成的水土流失危害	实地调查、参考相似地区和相似工程扰动后造成危害实例

2. 调查预测方法

1）实地调查与引用设计资料相结合的方法

对于工程建设扰动原地貌及破坏土地面积、损坏水土保持设施面积、弃土弃渣量预测，采用实地调查与设计资料统计相结合的方法。

2）引用监测资料法

水蚀强度预测：引用建设区附近宁夏××矿业有限公司内蒙古乌拉特中旗××金矿项目水土保持水蚀监测资料；风蚀强度预测：引用建设区附近宁夏××有限公司内蒙古乌拉特中旗××金矿项目水土保持风蚀监测资料。

3）实地调查法

采取实地跟踪调查、参考相似工程施工扰动后造成危害实例进行水土流失危害预测。

1.2.4.4 调查预测结果

1. 扰动原地貌、破坏土地和植被情况预测

根据主体工程可行性研究报告，结合实地调查，本工程建设期扰动、破坏土地面积 14.63 hm^2；运行期新增扰动、破坏土地面积为采矿区，方案服务期末占地面积 19.56 hm^2。

2. 损坏水土保持设施的面积和数量预测

根据对建设区占地类型的统计，占压和破坏的土地类型为草地，全部属于水土保持设施。因此，本工程建设期损坏土地面积 14.63 hm^2，运行期新增损坏土地面积为采矿区，至 2020 年水土保持方案服务期末共损坏土地面积 19.56 hm^2。

3. 弃土、弃渣量预测

本工程建设期动用土石方挖填总量为 15.62 万 m^3，其中开挖总量为 7.92 万 m^3，回填总量为 7.70 万 m^3，借方 1.27 万 m^3，弃方 1.49 万 m^3，其中表土 0.37 万 m^3 堆放于表土堆放地，废土石 0.12 万 m^3 弃于废石场，建筑垃圾 1 万 m^3 弃于海流图镇建筑垃圾场。

运行期工程每年产生废土石总方量 5.7 万 m^3，干尾废料 20.19 万 m^3，湿尾矿 7.56 万 m^3，总排放废弃土渣 33.45 万 m^3。本方案运行 2016 年前产生的废石和干尾废料弃于废石场，然后实现内排；湿尾矿排入尾矿库，2020 年 6 月闭库。

4. 可能造成水土流失面积、强度及流失量预测

调查预测工程建设期扰动原地貌、破坏土地和植被总面积为 14.63 hm^2；运行期新增扰动、破坏土地面积 4.93 hm^2。

依据材料确定项目区水土流失背景值水蚀模数为 1 000 t/(km^2·a)，风蚀模数 3 100 t/(km^2·a)。按照水利部行业标准《土壤侵蚀分类分级标准》(SL 190—2007)，结合项目区实际情况，确定项目区容许土壤流失量为 1 000 t/(km^2·a)。

工程建设区水土流失成因复杂，除受水文、气象、土壤和原有地形地貌、植被等因素影响外，还受各项施工场地、施工工艺和施工进度等因素的影响。本工程属建设生产类项目，根据《开发建设项目水土保持技术规范》(GB 50433—2008)要求，结合工程建设的特点，对工程建设过程中产生的水土流失强度采用监测资料类比法进行预测。

项目区位于乌拉特中旗××，类比项目位于××，与建设项目均属于采矿项目，二者

的地貌类型、土壤类型、建设过程中植被类型、水土流失特点相似，类比区观测资料具有可参考性，通过调整可进行本建设项目的水土流失估算。

结合项目区类比条件及监测数据当年的降水和风速情况，进行施工期风蚀模数和水蚀模数的修正。类比区监测当年(2006 年和 2007 年)的气象资料与项目区相比，降水量小于项目区多年平均降水量，施工过程中水蚀模数应大于水蚀监测数据；蒸发量大于项目区多年平均蒸发量，平均风速接近项目区多年平均风速，大风日数大于项目区多年平均大风日数，施工过程中风蚀模数应大于风蚀监测数据。

依据乌拉特中旗浩尧尔忽洞金矿建设时不同点位的侵蚀强度监测数据，通过修正后预测本项目区建设土壤水力侵蚀模数、风力侵蚀模数。

在各项工程施工结束后，除被建(构)筑物占压和硬化的区域外，其他区域在不采取措施的情况下，自然恢复或表土形成相对稳定的结构仍需要一定时期。工程建设区地处干旱区域，根据当地已有经验和有关资料，植被达到稳定生长或表土形成相对稳定并发挥水土保持功能需要 3 年。

工程建设可能造成的土壤侵蚀总量为 1 679 t，原地貌土壤侵蚀量为 1 110 t，工程建设可能造成新增土壤侵蚀量为 569 t。其中施工期新增土壤侵蚀量 386 t，自然恢复期新增土壤侵蚀量 183 t，分别占新增土壤侵蚀总量的 68% 和 32%。

1.2.5　建设项目水土流失防治措施布设

1.2.5.1　水土流失防治措施总体布局

1. 建设期水土流失防治措施总体布局

1)采矿区防治区

采矿区地势南高北低，为防治汇水进入采坑，主体设计在采坑南侧布设截水沟以拦截坡面汇水，截水沟施工结束后对施工扰动区进行种草防护。

2)工业场地

主体工程设计在工业场地西、北侧布设截水沟，施工结束后在工业场地周边布设防护林。

3)废石场防治区

方案新增设计对废石场新增部分进行表土剥离，剥离表土堆放于废石场表土堆放地内，并采取苫盖措施。同时，在废石场周边布设挡土埂，挡土埂施工结束后对施工扰动区种草防护。

4)选矿场防治区

主体工程设计在选矿场周边布设截水沟，施工结束后在选矿场周边布设防护林。

5)尾矿库防治区

主体工程设计在尾矿库周边布设截水沟，施工结束后在截水沟施工扰动区进行种草防护。同时，对尾矿坝坝坡进行覆土整治，覆土整治后进行坝坡种草防护。

6)办公生活区

方案新增设计在办公生活区内部空地进行土地整治，并绿化美化，同时在办公生活区周边布设防护林。

7)道路

主体工程设计在道路一侧布设排水沟,施工结束后在道路排水沟施工扰动区进行种草防护。

8)供电工程

本工程供电线路已接入多年,供电工程施工区及施工扰动区植被虽已自然恢复,但恢复效果不好,因此本方案补充设计对供电工程施工区及施工扰动区进行种草,恢复植被。

9)供水回水及输砂工程

方案新增设计在供水管线、回水管线施工区及施工扰动区进行植被恢复。

2. 运行期水土流失防治措施总体布局

1)采矿区防治区

主体设计随采坑面积的扩大,逐年修建采坑截水沟,截水沟施工结束后对施工扰动区逐年进行种草防护。

方案新增设计采坑开采前,对开采面进行表土剥离,剥离表土堆放于废石场表土堆放地内,并采取苫盖措施。采坑开采后,对内排土场进行覆土整治,以便植被恢复。

2)废石场防治区

方案新增设计对废石场进行覆土整治,恢复植被。

3)尾矿库防治区

方案新增设计对尾矿库库区及边坡进行覆土整治,以便植被恢复。

1.2.5.2 水土流失防治措施体系

根据本项目的水土流失预测结果和确定的防治责任范围,以及水土流失防治分区、防治目标、防治内容,在分析评价主体工程水土保持功能措施的基础上,针对工程建设活动引发水土流失的特点和造成危害程度,通过工程措施与植物措施的合理布局,力求使本项目造成的水土流失得以集中和全面的治理。在发挥工程措施控制性和速效性特点的同时,充分发挥植物措施的长效性和美化效果,形成工程措施和植物措施结合互补的防治形式。将主体工程中界定为水土保持措施的工程,纳入到本方案的水土保持措施体系当中,使之与本方案新增水土保持措施一起,形成一个完整、严密、科学的水土流失防治措施体系。水土保持防治措施体系详见图1-6、图1-7。

1.2.5.3 水土流失防治措施典型设计

1. 建设期水土流失防治措施设计

1)采矿区水土保持措施设计

本方案中,采矿区建设期新增的水土保持措施为截水沟施工扰动区种草防护。在采矿区截水沟施工扰动区撒播草籽,草种选择为沙蒿。2015年截水沟施工扰动区占地长110 m,宽2 m,占地面积约0.02 hm^2。在采矿区截水沟施工扰动区种草,所选草种为沙蒿,播种量为30 kg/hm^2,苗木规格为一级种子,总需种量为0.6 kg,种草前进行场地平整,合理种植,并在后期进行抚育管理。

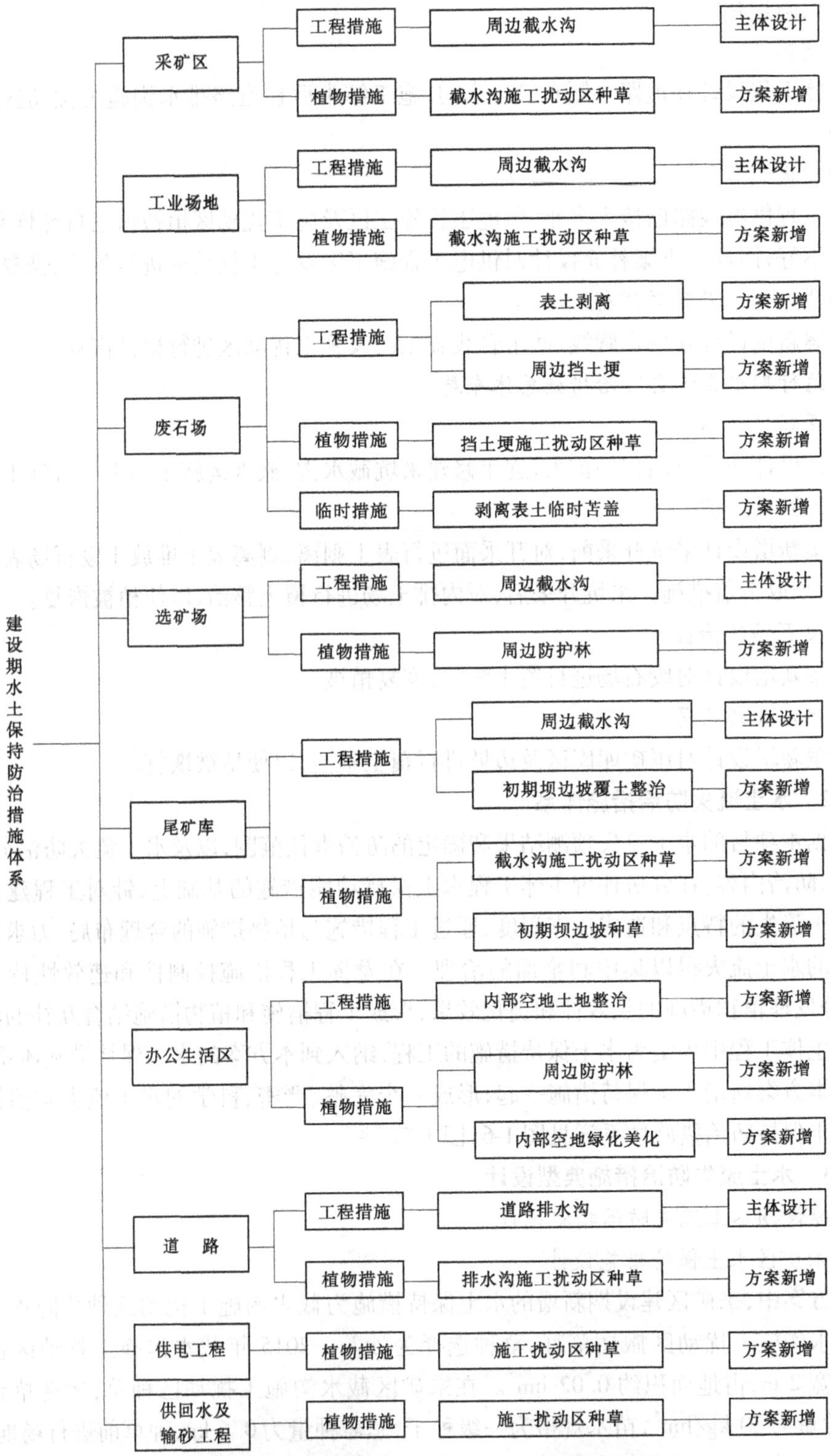

图 1-6　建设期水土保持防治措施体系

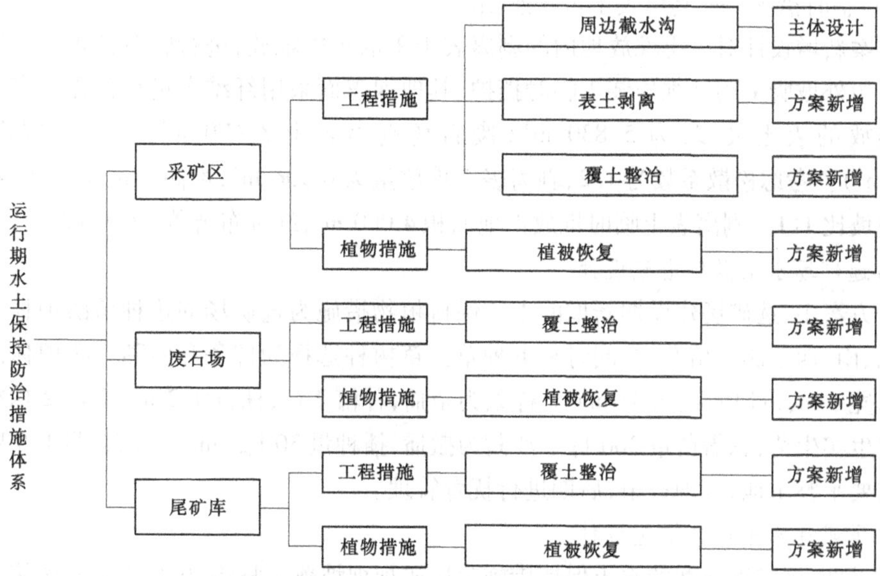

图 1-7 运行期水土保持防治措施体系

2)工业场地水土保持措施设计

本方案中,工业场地建设期新增的水土保持植物措施为工业场地周边种植防护林。防护林占地长 120 m,宽 4 m,占地面积 0.05 hm^2。在工业场地东、北、西三侧种植灌木,同时林下种草。草树种选择为柠条和沙蒿。柠条为条播,种植 2 行,2 株/穴,株行距为 2 m ×2 m,苗木为 2 年生实生苗,总需苗量 240 株;沙蒿为撒播,播种量 30 kg/hm^2,总需苗量 1.5 kg。种植前对场地进行土地平整,同时种草后进行抚育管理。

3)废石场水土保持措施设计

建设期,废石场新增的水土保持工程措施为废石场周边设挡土埂,植物措施为挡土埂施工扰动区种草,另外还有临时措施。

(1)工程措施。

废石场表土剥离:原有废石堆放地面积为 2.79 hm^2,扩建后废石堆放地为 3.8 hm^2,并新增表土堆放地 0.4 hm^2、废石场周边挡土埂 0.43 hm^2。在堆放废石和表土前,对废石场新增加部分占地进行表土剥离,剥离面积为 1.84 hm^2,剥离厚度 0.2 m,表土剥离量 3 670 m^3。

废石场周边挡土埂:为防止废石乱堆乱放,方案新增在废石场周边设置挡土埂进行拦挡。挡土埂采用废土石进行砌筑,梯形结构,上底宽 0.5 m,高 1.5 m,边坡比为 1∶1.5,下底宽 5 m。废石场周边挡土埂长 850 m,废石土方工程量 3 506 m^3,工程占地 0.43 hm^2。

(2)植物措施——挡土埂施工扰动区种草防护。

方案新增设计在废石场挡土埂施工扰动区种草。挡土埂施工扰动区占地长 850 m,宽 2 m,面积 0.17 hm^2。所选草树种为沙蒿,播种量 30 kg/hm^2,苗木规格为一级种子,总需种量 5.1 kg。种植前进行场地平整,种植后进行抚育管理。

(3)临时措施——剥离表土苫盖遮挡。

方案新增设计对表土堆放地内的剥离表土采取集中堆放，进行临时苫盖。设计在堆土场周边外坡脚采用纤维袋装土临时挡护，其他裸露面采用纤维布进行苫盖。表土堆放地内堆放的表土最多，为 5 830 m^3（废石场剥离表土 3 670 m^3，采矿区剥离表土 2 160 m^3）。考虑松散系数为 1.2，剥离表土堆放量为 6 996 m^3，堆高 6 m，占地 0.4 hm^2，堆土边坡比 1:1。剥离表土临时堆放占地面积 4 000 m^2，纤维布苫盖 1 000 m^2。

4)选矿场水土保持措施设计

本方案中，选矿场建设期新增的水土保持植物措施为选矿场周边种植防护林。在选矿场东、南、西三侧种植灌木，同时林下种草。草树种选择为柠条和沙蒿。防护林占地长 130 m，宽 4 m，占地面积 0.05 hm^2。柠条为条播，种植 2 行，株行距 2 m×2 m，2 株/穴，采用 2 年生实生苗，总需苗量 260 kg。沙蒿为撒播，播种量 30 kg/hm^2，总需苗量 1.5 kg。造林前需要平整土地，合理种植，后期进行抚育管理。

5)尾矿库水土保持措施设计

建设期，尾矿库新增的水土保持措施为尾矿坝坝坡覆土整治、尾矿库截水沟施工扰动区种草及尾矿坝边坡种草。

(1)工程措施——尾矿坝边坡覆土整治。

尾矿坝是由尾砂堆砌而成的，因此在对尾矿坝边坡种草前，需对其进行覆土整治，覆表土厚 9.6 cm，覆土面积 0.45 hm^2，需表土 432 m^3，表土来源为堆放于废石场表土堆放地内的剥离表土。

(2)植物措施。

截水沟施工扰动区种草防护：方案新增设计在尾矿库截水沟施工扰动区种草。截水沟施工扰动区占地长 540 m，宽 2 m，面积 0.11 hm^2，所选草种为沙蒿，播种量 30 kg/hm^2，苗木规格为一级种子，总需种量为 3.3 kg。

初期坝坝坡种草：初期坝坝高 10 m，顶宽 4 m，边坡比为 1:1，尾矿坝坡面宽 14 m，尾矿坝长 320 m，尾矿坝坡面面积 0.45 hm^2。在尾矿坝边坡种草。草种选择沙蒿，单位面积播种量为 30 kg/hm^2，苗木规格为一级种子，总需种量为 13.5 kg。

6)办公生活区水土保持措施设计

本方案中，办公生活区建设期新增的水土保持工程措施为办公生活区内部空地土地整治，植物措施为内部空地绿化美化及办公生活区周边布设防护林。

(1)工程措施——土地整治。

方案新增设计对办公生活区内部空地进行土地整治，翻松表层土，以便绿化美化。土地整治主要是指用铁锹、锄头清除施工场地杂物并翻松，使土地恢复至可利用的状态，便于植树种草。办公生活区内部空地土地整治面积 0.01 hm^2，清理深度 0.4 m，清理表层土 40 m^3。

(2)植物措施。

办公生活区空地绿化美化：本方案新增设计在办公生活区空地种植草坪，在草坪点缀灌木，既减轻水土流失，又达到美化环境的要求。办公生活区内部空地占地0.01 hm^2，树种选择花灌木及草坪，绿化面积0.01 hm^2。草树种选择为龙爪槐、黄刺玫、玫瑰和披碱草。龙爪槐采用单植，种植点配置1丛/20 m^2，苗木规格为胸径6～8 cm，单位需苗量1丛/穴，总需苗量5丛；黄刺玫为丛植，2穴/20 m^2，苗木规格5～10枝/丛，单位需苗量2丛/穴，总需苗量20丛；玫瑰为丛植，2穴/20 m^2，苗木规格5～10枝/丛，单位需苗量2丛/穴，总需苗量20丛；披碱草为撒播，苗木规格为一级种子，单位需苗量30 kg/hm^2，总需苗量0.3 kg。种植前实施穴状整地，科学合理种植，种植后继续进行抚育管理。

办公生活区周边防护林：在办公生活区东、南、西三侧种植灌木，同时林下种草。周边防护林占地长50 m，宽4 m，占地面积0.02 hm^2。草树种选择为柠条和沙蒿。柠条为条播，种植2行，株行距2 m×2 m，2株/穴，采用2年生实生苗，总需苗量100 kg。沙蒿为撒播，单位面积播种量30 kg/hm^2，总需苗量0.6 kg。造林前需要平整土地，合理种植，后期进行抚育管理。

7）道路

建设期，道路新增的水土保持植物措施为排水沟施工扰动区种草防护。在排水沟施工扰动区种草。排水沟施工扰动区占地长1 200 m，宽2 m，占地面积0.24 hm^2。草种选择沙蒿。单位面积播种量为30 kg/hm^2，苗木规格为一级种子，总需种量为7.2 kg。

8）供水回水及输砂工程

方案新增在供水管线、回水管线施工区及施工扰动区进行植被恢复。在供水管线、回水管线施工区及施工扰动区种草。草种选择沙蒿。供水管线、回水管线施工区及施工扰动区占地面积0.83 hm^2。沙蒿为撒播，单位面积播种量为30 kg/hm^2，苗木规格为一级种子，总需种量为44.1 kg。

9）供电工程

项目区供电工程已修建完成，截止目前供电工程施工扰动区植被已自然恢复，但未达到防治目标，因此本方案补充设计对供电工程施工扰动区进行种草，以提高恢复效果。在供电工程施工扰动区种草。供电工程施工扰动区占地面积1.47 hm^2。草种选择沙蒿。沙蒿为撒播，单位面积播种量为30 kg/hm^2，苗木规格为一级种子，总需种量为44.1 kg。

2.运行期水土流失防治措施典型设计

运行期水土流失防治措施布设于采矿区、废石场及尾矿库，主要措施为表土剥离、覆土整治和植被恢复。

1）采矿区

（1）表土剥离。

在采坑开采前需先对表层熟土进行剥离，平均剥离厚度为0.2 m，将剥离的表土堆放于表土堆放地内，并进行临时苫盖。采矿区运行期为2016年1月～2020年6月，剥离面积4.86 hm^2。剥离表土工程量见表1-15。

表 1-15　采矿区剥离表土工程量

防治区域	实施年限	剥离面积(hm^2)	剥离土方(m^3)
采矿区	2016	1.08	2 160
	2017	1.08	2 160
	2018	1.08	2 160
	2019	1.08	2 160
	2020	0.54	1 080
合计		4.86	9 720

(2)覆土整治。

将采矿过程中产生的废土石分开堆放于废石堆放地内,内排土场回填时,首先回填废石,然后回填废土,最后覆盖表土,以便内排土场植被恢复。

本方案设计分块覆土,分块进行植被恢复。2020 年 1 ~ 6 月,开采面为 0.54 hm^2,还在继续开采过程中,无法对其进行覆土整治和植被恢复,因此本方案不对其进行水土保持措施设计。内排土场覆表土厚度 9.6 cm,覆土面积 5.4 hm^2,覆土来源为采区及废石场剥采的土方和表土。采矿区覆土工程量见表 1-16。

表 1-16　内排土场覆土工程量

防治区域	实施年限	覆土面积(hm^2)	覆表土量(m^3)
内排土场	2018	2.16	2 074
	2019	1.08	1 037
	2020	2.16	2 074
合计		5.4	5 185

(3)植物恢复。

截水沟施工扰动区种草防护:在采矿区截水沟施工扰动区撒播草籽。所选草种为沙蒿,绿化技术指标见表 1-17。

表 1-17　采矿区截水沟施工扰动区种草防护指标

建设地点	建设年度	扰动长度(m)	扰动宽度(m)	面积(hm^2)	草种	播种量(kg/hm^2)	苗木规格	总需种量(kg)
采矿区南侧	2017	55	2	0.01	沙蒿	30	一级种子	0.3
	2018	55	2	0.01	沙蒿	30	一级种子	0.3
	2019	55	2	0.01	沙蒿	30	一级种子	0.3
	2020	25	2	0.01	沙蒿	30	一级种子	0.3
合计		190		0.04				1.2

内排土场终期造林种草:内排土场覆土完毕后,在内排土场造林种草,恢复植被。采

矿区绿化设计指标见表1-18。

表1-18　内排土场终期造林种草技术指标

建设地点	恢复年限	面积(hm²)	树(草)种	数量(株/hm²或kg/hm²)	苗木		总需苗(种)量(株或kg)
					规格	种类	
内排土场	2018	2.16	柠条	2 500	2年生	实生苗	5 400
			沙蒿	30	一级种子		64.8
	2019	1.08	柠条	2 500	2年生	实生苗	2 700
			沙蒿	30	一级种子		32.4
	2020	2.16	柠条	2 500	2年生	实生苗	5 400
			沙蒿	30	一级种子		64.8
合计		5.4	柠条				13 500
			沙蒿				162

2)*废石场*

(1)工程措施——覆土整治。

废石堆放地使用年限为1年,于2017年停止使用。废石场堆弃大量废石废土,保水能力差,不利于其上的植物生长。因此,为了尽快恢复植被,在废石堆放地堆弃终期,对废石堆放地进行覆土整治,覆土时首先覆盖废土,然后覆盖表土。覆土来源为采区及废石场剥采的土方和表土。

到方案服务期末,表土堆放地内的表土全部回填,因此对表土堆放地进行覆土整治,以恢复植被。废石堆放地覆表土厚度9.6 cm,覆土面积3.8 hm²,表土堆放地覆表土厚度9.6 cm,覆土面积0.4 hm²,覆土来源为采区及废石场剥采的土方和表土。

(2)废石场植物措施——终期造林种草。

在经覆土整治后的废石堆放地及表土堆放地实施造林种草。废石场植被恢复造林指标如表1-19所示。

表1-19　废石场终期造林种草技术指标

建设地点	恢复年限	面积(hm²)	树(草)种	数量(株/hm²或kg/hm²)	苗木		总需苗(种)量(株或kg)
					规格	种类	
废石堆放地	2017	3.8	柠条	2 500	2年生	实生苗	9 500
			沙蒿	30	一级种子		114
表土堆放地	2020	0.4	柠条	2 500	2年生	实生苗	1 000
			沙蒿	30	一级种子		12
合计		4.2	柠条				10 500
			沙蒿				126

3)尾矿库

(1)工程措施——覆土整治。

尾矿库堆弃大量尾矿,不利于其上的植物生长。因此,为了尽快恢复植被,在尾矿库使用终期,对尾矿堆放地及终期坝边坡进行覆土整治,覆土时首先覆盖废土,然后覆盖表土。覆土来源为采区及废石场剥采的土方和表土。尾矿堆放地覆土整治面积 3.5 hm^2,覆表土厚度 9.45 cm,覆表土量约 3 306 m^3,终期坝边坡覆土面积 0.46 hm^2,覆表土厚度 9.45 cm,覆表土量 435 m^3。

(2)植物措施。

尾矿库终期造林种草:经覆土整治后的尾矿库,进行造林种草,绿化面积 3.5 hm^2,恢复年限为 2020 年。所选草种为柠条和沙蒿。柠条为 2 500 株/hm^2,苗木规格为 2 年生实生苗,总需苗量 8 750 株。沙蒿为撒播,单位面积播种量 30 kg/hm^2,苗木规格为一级种子,总需苗量 105 kg。造林前需要平整土地。

终期坝坝坡种草:终期坝坝高 20 m,顶宽 4 m,边坡比为 1∶1,尾矿坝坡面宽 28.14 m,尾矿坝长 320 m,尾矿坝坡面面积 0.91 hm^2,其中,初期坝坡面面积 0.45 hm^2,终期坝坡面面积 0.46 hm^2。在终期坝边坡,进行种草绿化。草种选择披碱草,单位面积播种量 30 kg/hm^2,苗木规格为一级种子,总需苗量 13.8 kg。

3. 灌水方式及绿化

由于本项目布局相对零散,每部分绿化区域较小,不适宜布置固定灌溉管道,本方案设计绿化灌溉采用园林洒水车浇灌的方式解决。根据植物生长的需要进行浇灌,采用园林洒水车拉水配合软管浇灌。

4. 施工过程中的其他临时防护措施

建设项目施工过程中扰动原地貌,产生大量的松散堆积物,大量的开挖、回填使开挖面、填筑区必将形成边坡,如不采取有效的防护,在大风和暴雨条件下,松散堆积物和开挖面极易产生水土流失,其土壤侵蚀模数成倍增加。因此,施工过程中必须加强防护。

(1)大风天气要对易起尘场所采取遮盖措施,要加大对活动工作区的洒水频次。

(2)各施工场地平整时,要结合地形条件采用削坡或分级开挖形式进行,要求在各开挖面采取临时的拦挡和截水措施。

(3)所有建筑工地排水、设备清洗水要集中处理,尽量重复利用,对施工场所进行喷洒,减少地面起尘。

(4)各区域施工期产生的建筑垃圾,要及时清运,堆放至指定的场所,并进行平整、碾压。

(5)各施工场所尽量减小施工占地,减小地表植被破坏面积。

(6)各施工区域临时占地区域挖方首先用于回填,对于挖方不能立即回填的,其堆放场所要做好临时拦挡、苫盖等防护。

(7)施工时要合理安排施工顺序,遵循由深而浅、统筹安排的原则,确定临近地下设施尽量同槽一次开挖,同时应保持基坑土方边坡的稳定,基面不受扰动。

(8)工业场地及选矿场建筑工程建设所需要的砖、石、水泥、砂等建筑材料购买时均要选择具有合法经营手续的材料供应单位,采购时要在采购合同中明确各自的水土流失防治责任,各材料供应单位负责其自身生产造成的水土流失。工程建设过程中业主要对施工单位建材采购实施监督和管理。

1.2.5.4 防治措施及工程量

建设期水土保持工程措施量详见表1-20,建设期水土保持植物措施量见表1-21。运行期水土保持工程措施量详见表1-22,运行期方案新增水土保持植物措施量详见1-23。

表1-20 建设期水土保持工程措施量汇总表

建设时段	防治分区	工程项目	单位	数量	占地面积(hm^2)	工程量					备注
						土方开挖(m^3)	清理表层土(m^3)	表土剥离(m^3)	废土石(m^3)	覆表土(m^3)	
建设期	采矿区	周边截水沟	m	110	0.02	66					主体设计
	工业场地	周边截水沟	m	80	0.01	48					主体设计
	废石场	表土剥离	hm^2	1.84				3 670			方案新增
		周边挡土埂	m	850	0.43				3 506		方案新增
	选矿场	周边截水沟	m	100	0.02	60					主体设计
	尾矿库	截水沟	m	540	0.09	324					主体设计
		覆土整治	hm^2	0.45						432	方案新增
	办公生活区	土地整治	hm^2	0.01			40				方案新增
	道路	排水沟	m	1 200	0.19	720					主体设计
合计					0.76	1 218	40	3 670	3 506	432	

表1-21 建设期水土保持植物措施量汇总表

防治分区		措施名称	面积(hm^2)	总需苗(种)量				
				龙爪槐(株)	柠条(株)	花灌木(丛)	沙蒿(kg)	披碱草(kg)
采矿区	施工扰动区	种草	0.02				0.6	
工业场地	周边空地	灌草防护	0.05		240		1.5	
废石场	施工扰动区	种草防护	0.17				5.1	
选矿场	周边空地	灌草防护	0.05		260		1.5	
尾矿库	施工扰动区	种草防护	0.11				3.3	
	初期坝边坡	种草防护	0.45				13.5	
办公生活区	空地绿化美化	绿化美化	0.01	5		40		0.3
	周边空地	灌草防护	0.02		100		0.6	
道路	施工扰动区	种草防护	0.24				7.2	
供电工程	施工扰动区	植被恢复	1.47				44.1	
供水回水及输砂工程	施工扰动区	植被恢复	0.83				24.9	
合计			3.42	5	600	40	102.3	0.3

表 1-22　运行期水土保持工程措施量汇总表

防治分区	工程项目	单位	数量	工程量			备注
				土方（m^3）	表土剥离（m^3）	覆表土（m^3）	
采矿区	截水沟	m	190	114			主体设计
	表土剥离	hm^2	4.86		9 720		方案新增
	覆土整治	hm^2	5.4			5 185	方案新增
废石场	覆土整治	hm^2	3.8			3 648	方案新增
	覆土整治	hm^2	0.4			384	方案新增
尾矿库	覆土整治	hm^2	3.96			3 741	方案新增
合计				114	9 720	12 958	

表 1-23　运行期方案新增水土保持植物措施量汇总表

防治分区		措施名称	防护面积（hm^2）	总需苗（种）量	
				柠条（株）	沙蒿（kg）
采矿区	截水沟施工扰动区	种草防护	0.04		1.2
	内排土场	终期植被恢复	5.4	13 500	162
废石场	废石堆放地	终期植被恢复	3.8	9 500	114
	表土堆放地	终期植被恢复	0.4	1 000	12
尾矿库	尾矿堆放地	终期植被恢复	3.5	8 750	105
	终期坝边坡	种草防护	0.46		13.8
合计			13.6	32 750	408

1.2.6　水土保持监测

1.2.6.1　监测范围

本项工程水土保持监测范围是以该工程的水土流失防治责任范围为准。根据工程建设的实际情况，本项工程水土保持监测范围包括工程建设区和直接影响区。至设计水平年本工程的水土流失防治责任范围面积为 15.82 hm^2。

1.2.6.2　监测分区

本工程不同施工单元的水土流失类型、强度、危害、防治措施各不相同，按照《开发建设项目水土保持技术规范》的要求，将本工程分为采矿区、工业场地、废石场、选矿场、尾矿库、办公生活区、道路、供水回水及输砂工程和供电工程9个监测区。由于本项目主体工程已经基本完工，只在部分区域进行施工，所以将采矿区、废石场、尾矿库、道路作为施工期的重点监测区域。在重点监测区内分别选取具有代表性地段布置监测点进行定点观测。对采矿区、道路两侧排水沟、废石场和尾矿库主要采取定位监测的方法。

1.2.6.3 监测时段

本项工程属于已建建设生产类项目，监测时段从水土保持措施施工准备期至设计水平年结束。由于本项目主体工程已经完工，根据主体设计的水土保持实施计划，确定本工程监测时段为2015年3月至设计水平年结束。运行期建设单位自行或委托监测。

1.2.6.4 监测内容

1. 水土保持监测的主要内容

水土保持监测的主要内容包括主体工程建设进度、工程建设扰动土地面积、水土流失灾害隐患、水土流失及造成的危害、水土保持工程建设情况、水土流失防治效果以及水土保持工程设计和水土保持管理等方面的情况，同时监测影响水土流失因子。

2. 水土保持监测的重点

水土保持监测的重点包括水土保持方案落实情况、施工场地使用情况及安全要求落实情况、扰动土地及植被占压情况、水土保持措施(含临时防护措施)实施情况、水土保持责任制度落实情况等。

以上监测内容在不同的监测时段各有侧重，具体监测内容与方法详见表1-24。

表1-24 水土保持监测内容

监测内容	监测要素	监测指标
水土流失背景值	地理位置	行政区划、位置、地理坐标、交通条件
	地形地貌	大地貌类型、微地貌组成、地面坡度、地面高程
	气候因子	气候类型、降水量及变化极值、气温、风速、日照、沙尘、主导风向等
	水文	主要河流、沟壑及其水量、最高洪水位
	植被	植被类型区、植被类型、植物种类组成、林草覆盖率、适生草树种
	土壤	土壤类型及分布、土层厚度、土壤含水率、土壤有机质含量、土壤抗蚀性
	土地利用	草地面积
	水土流失状况	水土流失类型与分布、水土流失类型区、水土流失强度分级及面积、平均土壤侵蚀模数、土壤容许流失量、水土流失重点防治区划分、水土流失灾害隐患
	人为扰动	人为活动扰动地表方式及强度

续表 1-24

监测内容	监测要素	监测指标
水土流失状况监测	主体工程建设进度与方案落实	主体工程建设进度、建设区面积与直接影响区变化情况、施工造成水土流失可能发生的灾害隐患及造成的危害、水土保持设施(含临时防护措施)实施、水土保持设计与管理等
	扰动地表情况	扰动地表总面积、损坏水土保持设施数量及面积
	土石方量	土石方开挖量、回填量、弃土(渣)量,以及施工场地使用情况及安全要求落实情况
	水土流失量	水土流失地段、面积、强度、水土流失量
水土流失危害监测	对主体工程的影响	对主体工程安全、稳定、运营产生的影响
	对工程下游及周边的影响	对项目区下游和周边的环境、居民生活和生产、草地带来的影响
水土保持措施实施	临时防护工程	临时苫盖、临时种草的工程量
	工程措施	截(排)水沟、挡土埂、表土剥离、土地整治等工程措施实施数量
	植物措施	完成植物措施的各种灌木的株数、人工种草面积、成活率

1.2.6.5 监测方法

监测方法采用定位监测、调查监测和巡查监测。

根据水利部水保〔2009〕187 号《关于规范生产建设项目水土保持监测工作的意见》的监测内容和重点的要求,其监测方法为:以调查监测为主,结合项目和项目区情况布设监测小区、测钎监测点等开展水土流失量的监测;同时,可结合卫星遥感和航空遥感手段调查扰动地表面积和水土保持实施情况。

1.2.6.6 监测点位布设

依据工程建设特点,结合项目区原有水土流失类型、强度,并根据水土流失预测结果,确定本方案水土保持重点监测地段和部位。水土流失主要发生在采矿防治区、废石场、尾矿库和道路,故可在以上水土流失严重区域选择有代表性的地段布设监测点位,进行定点、定位监测。其他区域使用临时监测法及调查、巡查法监测。

施工期监测点位选择:

(1)采矿区:在采矿区内运输道路边坡设 1 处水蚀监测点和 1 处风蚀监测点。

(2)废石场:废石堆放地坡面上设 1 处水蚀监测点和 1 处风蚀监测点。

(3)尾矿库:尾矿库尾矿坝边坡上设 1 处水蚀监测点和 1 处风蚀监测点。

(4)道路:在道路排水沟施工区设 1 处水蚀监测点和 1 处风蚀监测点。

本工程共布设监测点 8 处,其中简易水蚀小区 4 处,风蚀小区 4 处。

1.2.6.7 监测频次

根据水利部水保〔2009〕187 号《关于规范生产建设项目水土保持监测工作的意见》对监测频率的要求,本项目属建设生产类项目,为此,本项目在整个建设期(含施工准备期)内必须全程开展监测。具体要求有:

1. 调查监测频次

(1)正在实施的水土保持措施情况至少每 10 天监测记录 1 次;

(2)扰动地表面积、水土保持工程措施的拦挡效果等至少每 1 个月监测记录 1 次;

(3)主体工程建设进度、水土保持植物措施情况等至少每 3 个月监测记录 1 次;

(4)水土流失灾害事件发生后在 1 周内完成监测。

调查监测时段、内容、方法及频次详见表 1-25。

表 1-25　调查监测时段、内容、方法及频次

监测时段	调查监测区域	方法	监测频次
2015 年 3 月至设计水平年结束	采矿区	①实地量测 ②场地巡查 ③调查施工记录及监理资料 ④水土流失危害采取典型调查	①防治责任范围、扰动地表面积、破坏植被面积及程度,施工期每月监测 1 次; ②弃土数量及占地土建施工期每 10 天监测 1 次; ③正在实施的水土保持措施情况每 10 天监测 1 次; ④主体工程建设进度、水土保持植物措施情况等至少每 3 个月监测记录 1 次; ⑤水土流失危害不定期监测,在灾害事件发生后 1 周内完成
	工业场地		
	废石场		
	办公生活区		
	选矿场		
	尾矿库		
	道路		
	供水回水及输砂工程		
	供电工程		

2. 定位监测频次

风蚀监测主要安排在多风季节的春季(3 ~ 5 月),每 15 天监测 1 次,其他月份至少每 3 个月记录 1 次,当遇大风时加测 1 次;水蚀监测主要安排在多雨季节(7 ~ 9 月),每逢降雨,即时监测记录。暴雨(降雨强度 $\geqslant$5 mm/10 min、$\geqslant$10 mm/30 min、$\geqslant$25 mm/24 h)加测。其他月份发生降水,至少每 1 个月监测 1 次。

定位监测时段、内容、方法及频次详见表 1-26。

表 1-26　定位监测时段、内容、方法及频次

监测时段	监测区域	定位监测点位	监测内容	监测方法	监测频次
2015 年 3 月至设计水平年	采矿区	运输道路边坡	水蚀强度	侵蚀沟法	①风蚀监测主要安排在春季 3 ~ 5 月,风季每 15 天监测 1 次,其他月份至少每 3 个月监测 1 次,遇大风时加测 1 次;②水蚀监测在雨季 7 ~ 9 月,每逢降雨及时观测,注意暴雨(降雨强度 $\geqslant$5 mm/10 min、$\geqslant$10 mm/30 min、$\geqslant$25 mm/24 h)时加测,其他月份发生降水,至少每个月监测 1 次
		运输道路边坡	风蚀强度	测钎法结合集沙仪法	
	废石场	废石堆放地	水蚀强度	侵蚀沟法	
		废石堆放地	风蚀强度	测钎法结合集沙仪法	
	尾矿库	尾矿坝	风蚀强度	测钎法结合集沙仪法	
		尾矿坝	水蚀强度	侵蚀沟法	
	道路	排水沟施工区	风蚀强度	测钎法结合集沙仪法	
		排水沟施工区	水蚀强度	侵蚀沟法	

第2章 风景旅游区开发建设项目水土保持实例

2.1 建设规模及工程特性

2.1.1 项目基本情况

该项目为内蒙古××旅游开发有限公司××风景旅游区文物保护与展示项目;项目属于在建建设类项目;项目建设地点位于内蒙古包头市××区××镇。该地属于文物保护镇,总占地面积22 km^2。

项目区总体地势北高南低,最高点位于根皮沟发源地,海拔高程2 066.7 m,最低标高位于庚毗沟和五当召沟的交汇处,海拔为1 450 m,相对高差616.7 m。项目区属于中温带半干旱大陆性季风气候区,春季干旱多风,夏季雨量集中,秋季天高气爽,冬季严寒少雪。

本项目的建设内容为××旅游区的服务设施建设、旅游景点建设和旅游基础设施建设;项目具体建设内容为游客服务中心、经幡广场、庙前祈福广场、巴达嘎尔莲池、吉忽伦图敖包、道路系统、供排水系统和供电系统。

景区范围为22 km^2,工程建设占地面积为24.42 hm^2,工程建设时间为2012年4月~2014年9月,共30个月,工程概算总投资为75 010万元,其中土建投资67 722万元。根据工程规模和投资概算编制依据,本方案水土保持工程总投资302.30万元,其中,主体工程投资22.93万元,方案新增投资279.37万元。在方案新增投资中,工程措施投资10.42万元,植物措施投资190.34万元,临时措施投资10.97万元,独立费用47.65万元(其中水土保持监测费12.41万元,监理费10万元),基本预备费7.78万元,水土保持设施补偿费12.21万元。

2.1.2 项目组成及布局

根据项目建设情况,本工程分为游客服务中心、经幡广场、庙前祈福广场、巴达嘎尔莲池、吉忽伦图敖包、道路系统、供排水系统和供电系统。项目占地面积共计24.42 hm^2。

受景区地形及原有历史文物所在位置的限定,本项目区布局较为分散,主要沿五当召沟、庚毗沟河道两侧布设。其中,游客服务中心位于五当召沟东南侧,是景区的入口。五当召沟与庚毗沟有道路连接。沿庚毗沟往北,依次布设有经幡广场、巴达嘎尔莲池、庙前祈福广场和吉忽伦图敖包。根据景点的位置,道路系统沿五当召沟和庚毗沟布置,目的是将各个景点连接起来。为了便于施工,景区内供电线路也沿路布设。

2.1.3 工程占地及土石方平衡

2.1.3.1 工程占地情况

内蒙古××旅游开发有限公司××风景旅游区文物保护与展示项目位于包头市，根据项目建设情况，确定本工程占用土地面积为24.42 hm^2，全部为永久占地，占地类型为草地。

2.1.3.2 土石方平衡

本项目已经在2012年4月开工，于2014年9月完工。本项目总土石方为72 900 m^3，其中挖方36 450 m^3，填方36 450 m^3，无弃方。土石方平衡及流向具体情况见图2-1。

2.1.4 施工组织和施工工艺

2.1.4.1 施工组织

1. 施工场地布置

本工程施工过程中涉及的施工场地包括施工营地、材料堆放场、施工机械停放场、施工道路等。

施工营地：施工时需要人员较少，所需施工营地面积不大，施工初期本工程在游客服务中心的空地上搭建临时板房作为施工营地；待后期游客服务中心的宾馆等建成后可作为施工营地。

材料堆放场：主要用于建筑施工所需的建筑材料的暂时堆放，数量不大，占地面积很小，本工程施工过程中把各景点空地作为材料堆放场。

施工机械停放场：主要为修建建筑、护坡、道路及供电工程需要的推土机、反铲挖掘机、汽车、装载机等机械施工期间的停放场地，本工程把各景点的空地作为施工机械停放场地。

施工道路：本工程施工中利用周边原有道路作为施工道路。

2. 建筑材料

根据实地调查，本工程建设过程中所需要的砖、水泥、砂石、浆砌石等材料均为外购，施工单位购买时选择具有合法经营手续的材料供应单位，采购时在采购合同中明确各自的水土流失防治责任，各材料供应单位负责其自身生产和运输造成的水土流失。

3. 施工条件

本景区各景点均有水源井，能够满足施工用水需要。施工用电从景区西南侧7 km处的五当召变电站引接至景区各景点。景区利用游客服务中心西南侧的环山路与外界相连接。景区施工条件较为便利。

2.4.1.2 施工工艺

1. 建筑物基础开挖及回填

景区内建筑基础开挖采用人工挖土，自卸汽车运土。挖出的土方暂存放在一侧，作为基槽回填和各区域平整使用。

回填土采用人工回填，土方由自卸汽车运土，人工铺平、摊平，用振动碾压机碾压，边缘压实不到之处，辅以人工和电动冲击夯实。

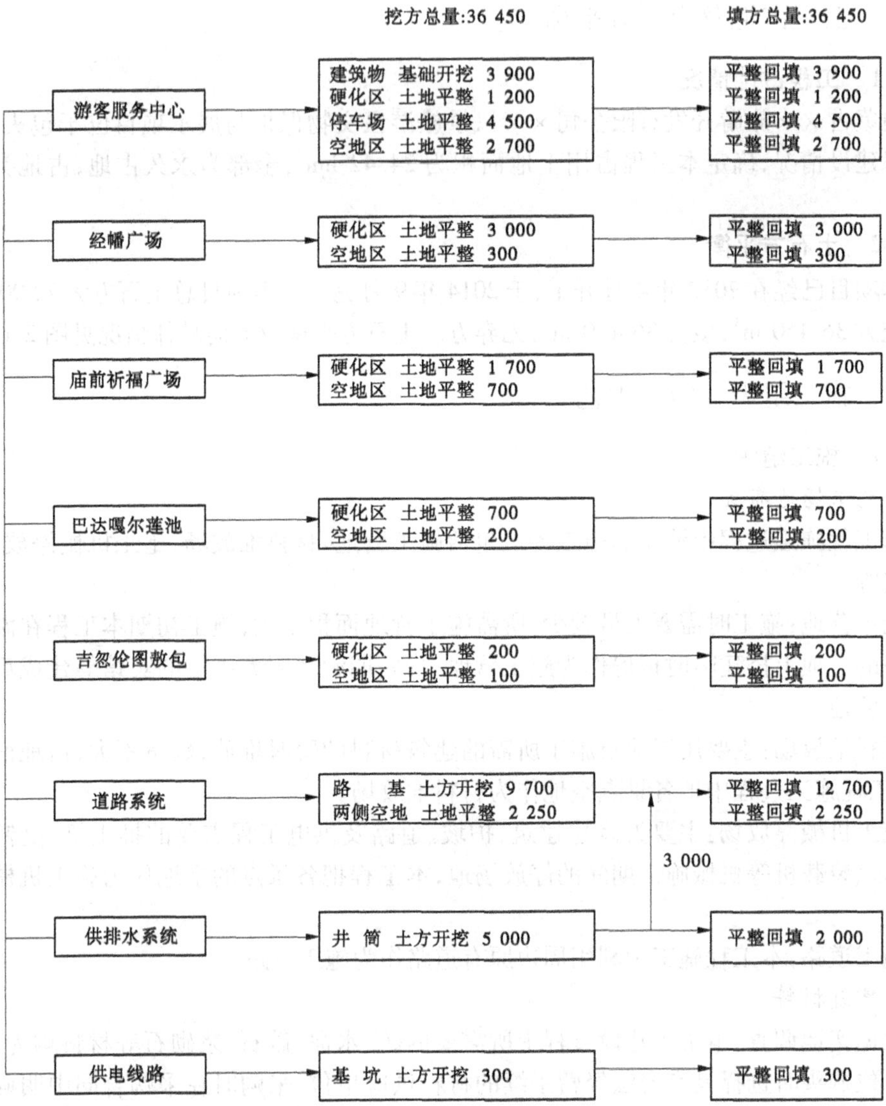

图 2-1 工程土石方平衡及流向图 （单位:m^3）

2. 护坡施工工艺

护坡基础开挖—放线—砌石—浆砌石抹面。

3. 道路施工

路基在填方前采用推土机清除地面上的杂草及石块,然后机械碾压,进行压实。

4. 供水管线施工

供水管线开挖采用人工挖土,自卸汽车运土。挖出的土方暂存放在一侧,作为回填使用。本工程各类管线均为地下铺设,汽车拉运管道和配件到施工区附近后,利用人抬方式到达施工现场,人工安装。

5. 供电线路

供电线路电杆基础采用人工开挖，回填土就近堆放，人工栽杆和回填土方，基部用蛙式打夯机夯实，回填余土在电杆基部拍实，架线采用人工方式进行施工。

2.2　主体工程水土保持分析与评价

2.2.1　主体工程的水土保持分析与评价

2.2.1.1　工程总体布局的分析与评价

本工程布设在××区××镇的土石山区，位于××区的五当召沟、庚毗沟河道两侧。

游客服务中心位于景区南部庚毗沟与五当召沟汇合段的河槽东岸相对开阔地带，地形较为平坦，适合于新建的游客服务中心的集中布置。

吉忽伦图敖包为原有古建筑，在五当召沟的发源地山顶上，是景区文物保护对象。主体工程只是在其周边进行硬化，以形成祭祀场所。同时，在经幡广场形成硬化区，悬挂经幡，作为祭祀场所。

五当召各召庙建筑为原有古建筑，分布于根皮沟和庙西沟交汇的三角形山坡地带和庙西沟两侧的山坡上，是景区文物保护对象。主体设计在召庙周边修建庙前祈福广场，建成观光旅游景点。

巴达嘎尔莲池位于景区沟道中央，利用原有地形建成池塘，作为景区的一个景点。主体设计在池塘周边进行硬化，布设简单的服务设施，便于游客休憩和游玩。

整个景区布设虽然分散，但是沿路修建。景区内道路将各个景点串连起来，使得各个景点成为连贯的一体。每个景点的建设相对集中，扰动面积较小，并基本硬化，所以建成后水土流失很小，满足水土保持的要求。

2.2.1.2　工程占地面积、类型和占地性质的分析与评价

根据主体工程设计文件和实地查勘，工程占地类型为草地，总占地面积 24.42 hm^2，均为永久占地，无临时占地。虽然景区面积较大，但是本项目占地面积相对较小，控制较好，对周边影响较小，造成的水土流失相对较小，符合水土保持要求。永久占地改变了项目区原地貌，使其由草地变化为建设用地。

从水土保持角度分析，项目区土地利用为草地，符合不宜占用农耕地，特别是水浇地等生产力较高的土地有关政策规定。同时，项目植被覆盖率较低，仅为15%左右，项目建设过程中对当地生态环境影响较小，符合水土保持要求。项目占地面积较小，布局紧凑，符合节约用地的原则。

从占地性质分析，永久占地为 24.42 hm^2，无临时占地。永久占地施工结束后一部分变为建筑、设施或场地，其他硬化或者绿化，使得项目建设区域全部覆盖，没有裸露地表，基本不产生水土流失。但是在建设过程中，有一段时间的裸露，所以应及时对本工程空闲区域进行绿化，力争将新增水土流失控制到最小。

2.2.1.3　土石方平衡的分析与评价

本项目区为草地，施工过程中大量的土方开挖来自于景区平整、硬化、护坡工程和道

路的填筑，工程总共动用土石方 68 900 m^3。其中挖方 34 450 m^3，填方 34 450 m^3，无弃方。

建设过程中主要是挖高填低，尤其是在道路填筑、硬化和游客服务中心建设的过程中，进行土方开挖和调配。主体工程挖方基本就近回填，只有水源井开挖土方用于道路填筑，距离较近。所以，主体工程挖填方施工时段、回填利用等基本都是就近安排有序，土石方调配基本合理，施工过程中总体土石方达到平衡且调配合理，符合水土保持要求。从水土保持角度看，减少了不必要的水土流失，最大限度地控制了人为水土流失，满足水土保持基本要求。

2.2.1.4 施工组织设计的分析与评价

1. 施工场地布设的分析与评价

本工程施工过程中涉及的施工场地主要包括施工营地、材料堆放场、施工机械停放场、施工道路等，其中施工营地施工初期在景区内的游客服务中心空地搭建临时板房，待游客服务中心的宾馆等建筑竣工后将其作为了施工营地；材料堆放场布设在各景点内的空地上；施工机械停放场布设在各景点的空地上；施工道路主要利用周边原有道路和本工程新修的景区内道路。综上所述，施工场地全部布置在征地范围内，建设单位充分利用了当地的地形，对施工场地进行了合理的安排布设，既满足了施工要求，又减少了施工过程中产生的水土流失，符合水土保持要求。

2. 施工时序和施工进度的分析与评价

本工程土建施工活动主要在 4 ~ 9 月，各景区可以同时施工。各区域施工进度安排合理，施工紧凑，施工时序相互衔接，施工动土扰土时间较短，施工过程中考虑了土方相互调配利用，保证了土方开挖后及时调配利用，减少了临时堆土占地面积和时间，符合水土保持要求。

3. 施工能力的分析与评价

本工程施工用水较少，主要来源于当地水源井；施工用电利用先期架设完成的本工程供电线路提供；施工道路利用原有的环山路和本工程新修的道路。综上所述，本工程的施工条件较好，各项设施完全能够满足本工程的施工要求，不需新建保证本工程顺利施工所需的临时设施，减小了施工临时占地面积，使本工程施工过程中破坏原地貌和植被面积控制在最小，符合水土保持要求。

4. 施工方法和施工工艺的分析与评价

本工程涉及动土、扰土的设施和建筑的施工方法主要为机械或人工进行的开挖、回填、碾压和平整等活动，施工方法和施工工艺相对简单，从水土保持角度分析，主体工程采取的施工方法和施工工艺基本满足水土保持要求，但在工程施工过程中也有一些新增水土流失没有采取措施进行控制，造成了一定的水土流失。

主要产生水土流失的环节是边坡防护、道路填筑、硬化等。目前边坡防护已经完工，由于施工过程分段进行，且边坡防护采用浆砌石结构，所以新增水土流失较少。本项目现已经打井 5 眼，每个景点 1 眼，建设过程中产生少量水土流失。供电线路现已完成，沿路布设，在景区外和景区内大部分采用架杆铺设，分段进行，仅在施工过程中产生少量水土流失。

2.2.2 主体工程水土保持制约因素分析与评价

2.2.2.1 对主体工程的约束性规定的分析与评价

按照《开发建设项目水土保持技术规范》(GB 50433—2008)要求,本工程将从工程选址及总体布局、施工组织、工程施工和工程管理等方面对涉及本工程的约束性规定进行逐项分析和评价。

1. 工程选址及总体布局分析与评价

本工程布设在××区××镇××村以北××一带的五当召沟、庚毗沟河道两侧,属于土石山区,占地类型为草地,植被覆盖度在15%左右。地形复杂,水土流失为中度。区域内无农耕地,也无水土保持监测站点、重点试验区等重要的水保设施,同时避开了泥石流易发区、崩塌滑坡危险区以及易引起严重水土流失和生态恶化的地区。因此,选址及总体布局基本合理,符合规范要求。

2. 施工组织分析与评价

本工程施工组织场地占地均在征地范围内的草地上,不需新增施工场地,较好地控制了施工占地。施工时间为2012年4月~2014年9月,施工进度和时序较为紧凑,有效减小了裸露土地面积和缩短了裸露时间,施工土方总量较少,且基本就近拉运和利用,施工开挖和回填以及土石调运均控制得较好,建设期未产生废弃方,避免了造成较大的新增水土流失。因此,主体工程施工组织基本合理,符合规范要求。

3. 工程施工分析与评价

施工道路全部利用原有道路和新修的景区内道路,且根据当地地形,新建道路都是沿沟道布设的,扰动范围很小;施工过程中,首先进行线型工程和游客服务中心的施工,以保证主体工程施工的水、电、路和人员生活,随后护坡和建(构)筑物等主体工程全面施工。各项工程的施工均控制在规定的范围内,各景点同时施工,尽量缩短施工时间;同时,施工单位对扰动地表区域采取了必要的临时防护措施。因此,工程施工基本合理,符合规范要求。

4. 工程管理分析与评价

本工程为在建项目,主体工程前期工作未进行水土保持方案设计,因此工程管理中的水土保持工作也未具体落实到位,其成为本工程主要制约性因素。下一步建设单位应按照《开发建设项目水土保持技术规范》(GB 50433—2008)具体规定及时将水土保持工程纳入到工程管理中,具体落实业主、施工、监理、监测等各方的责任、义务和工作内容,同时制定防治水土流失的具体措施,确保能够符合规范要求。

综上所述,本工程在工程选址及总体布局、施工组织和工程施工方面基本符合规范规定,满足工程施工的水土保持要求。因此,本工程基本不存在水土保持制约性因素,工程建设生产满足水土保持要求。

2.2.2.2 对不同水土流失类型区和建设项目特殊规定的分析与评价

本工程为典型建设类工程,建设地点属北方土石山区水土流失类型区。施工时间紧凑,安排有序,因此主体工程能够满足北方土石山区水土流失类型区和典型建设类工程的水土保持特殊要求。

2.2.2.3 方案比选的水土保持分析与评价

由于本工程项目组成简单，占地面积较小，受当地地形条件影响，主体工程布局和选址只进行了一个方案的设计，而且本工程为在建工程，已经在2012年4月开工。考虑到本工程主体工程设计未进行方案比选且主体工程已经开工等因素，由此确定本方案不存在方案比选的水土保持分析与评价。

2.2.3 主体工程设计的水土保持分析与评价

主体工程中具有水土保持功能的工程是为了保证主体工程自身运行安全及生产需要，对影响主体工程的生产安全进行系统的防治设计，如在游客服务中心、经幡广场、道路系统等紧邻沟道的景点和道路修建了护坡工程，这些措施均为主体工程中具有水土保持功能的设施，一方面有效地保护了主体工程的运行安全，另一方面防止了建设区的水土流失。

2.2.4 工程建设对水土流失的影响因素分析

经过本项目实地调查和勘测，工程在建设过程中水土流失主要是水力侵蚀，间有风力侵蚀。侵蚀主要发生在游客服务中心、经幡广场、庙前祈福广场、巴达嘎尔莲池、吉忽伦图敖包景点的建设过程中和道路系统、供排水系统、供电系统的建设过程中。具体可能造成的水土流失因素见表2-1。

表2-1 本项目可能造成的水土流失因素分析表

分区	水土流失因素分析	水土流失类型
游客服务中心及各景点等	场地平整的过程中，动用土石方较多，人为破坏了当地植被，形成疏松土层，容易形成水土流失	水力侵蚀，间有风力侵蚀
道路系统	道路填筑过程中，动用土石方较多，人为破坏了当地植被；同时由于车辆来往，破坏、占压地表植被，损害植物并降低了区域内的水土保持功能	水力侵蚀，间有风力侵蚀
供排水系统	供水水源井的开挖过程破坏植被，压占地表植被，损害植物并降低了区域内的水土保持功能	水力侵蚀，间有风力侵蚀
供电系统	供电线路的铺设过程中动用土石方，产生水土流失	水力侵蚀，间有风力侵蚀

该项目建设按照建筑行业规范和标准对影响主体工程的安全进行了系统设计，在景区选址、边坡防护等方面均能满足水土保持的要求，但就整个项目区的水土流失而言，主体工程设计中主要注重主体安全的问题，而对于项目区生态环境及植被恢复考虑还有欠

缺，如对于空地植被恢复措施没有设计，道路两侧行道树没有设计。建议主体注重景区生态环境建设，在保护好原有文物的基础上，重点开发该旅游景区。

所以，本方案对此进行了相应的补充完善设计，将其与主体工程中具有水保功能的工程一起纳入本方案水土保持防治体系中，形成完整、科学的水土流失防治措施体系。

2.3 防治责任范围及防治分区

2.3.1 水土流失防治责任范围

根据工程建设实际情况和外业调查的结果，确定本项目建设的水土流失防治责任范围，详见表2-2。

表2-2 水土流失防治责任范围 （单位：hm^2）

项目区		占地面积	直接影响区面积	防治责任范围
游客服务中心	建筑物	0.78	1.08	10.08
	硬化区	1.09		
	停车场	0.48		
	空地	2.64		
	小计	4.99		
经幡广场	硬化区	3.00	0.21	3.51
	空地	0.30		
	小计	3.30		
庙前祈福广场	硬化区	1.70	0.20	2.60
	空地	0.70		
	小计	2.40		
巴达嘎尔莲池	硬化区	0.68	0.17	1.66
	水面	0.61		
	空地	0.20		
	小计	1.49		
吉忽伦图敖包	硬化区	0.20	0.09	0.39
	空地	0.10		
	小计	0.30		

续表 2-2

项目区			占地面积	直接影响区面积	防治责任范围
道路系统	三级公路	路面	0.98	2.56	10.45
		两侧空地	0.56		
		小计	1.54		
	电瓶车道	路面	4.20		
		两侧空地	1.40		
		小计	5.60		
	游步道	路面	0.45		
		两侧空地	0.30		
		小计	0.75		
	合计		7.89		
供排水系统	水源井		0.01	0.01	0.02
供电系统	厂外供电线路	基坑	0.02	0	0.03
	厂内供电线路	基坑	0.01		
	小计		0.03		
总计			20.41	4.32	28.74

2.3.2 水土流失防治分区

由于该项目既有点型工程，又有线型工程，各区域水土流失类型、特点各有差异，防治的重点和所应采取的防护措施也不相同，因此根据工程建设情况及水土流失特点等因素，确定本期工程水土流失防治分区为：游客服务中心、经幡广场、庙前广场、巴达嘎尔莲池、吉忽伦图敖包、道路系统、供排水系统、供电系统。具体见表 2-3。

表 2-3 水土流失防治分区

项目区	分区特点	水土流失特点
游客服务中心	位于沟道东南侧的空地上，施工主要为场平、护坡、基础开挖和回填	破坏地表植被严重，风力、水力侵蚀均有发生，水土流失较严重，具有面状扰动的特点
经幡广场	位于缓坡上，场地平整、护坡、硬化、绿化等施工活动	施工活动破坏地表植被严重，风力、水力侵蚀均有发生，水土流失较严重，具有面状扰动的特点

续表 2-3

项目区	分区特点	水土流失特点
庙前祈福广场	位于缓坡上，场地平整、硬化、绿化等施工活动	施工活动破坏地表植被严重，风力、水力侵蚀均有发生，水土流失较严重，具有面状扰动的特点
巴达嘎尔莲池	位于缓坡上，场地平整、硬化、绿化等施工活动	施工过程中破坏地表植被，产生堆垫土情况，风力和水力侵蚀均有发生，具有线状侵蚀的特点
吉忽伦图敖包	位于缓坡上，场地平整、硬化、绿化等施工活动	施工活动破坏地表植被严重，风力、水力侵蚀均有发生，水土流失较严重，具有线状扰动的特点
道路系统	位于沟道内，路基填筑，两侧绿化	施工过程中破坏了地表植被，风力、水力侵蚀均有发生，水土流失较为严重，具有面状扰动的特点
供排水系统	水源井开挖	场地平整和硬化的过程中破坏了地表植被，风力、水力侵蚀均有发生，水土流失较为严重，具有面状扰动的特点
供电系统	沿道路架杆布设	场地平整的过程中破坏了地表植被，风力、水力侵蚀均有发生，水土流失较为严重，具有面状扰动的特点

2.4 水土流失调查与预测

2.4.1 水土流失成因、类型及分布

2.4.1.1 水土流失影响因素分析

项目区水土流失主要影响因素包括自然因素和人为因素。

根据景区建设工程的建设特点，施工建设活动主要从以下几方面促使形成新增水土流失。

1. 天然植被受到扰动和破坏

(1)景点场地平整、修筑道路和护坡过程中的取土和挖方、建筑物地基及水源井开挖等破坏了地表原有的植被，形成了特有的条带状和面状裸露面；

(2)施工活动、施工机械的碾压和人员往来等破坏了植被。

2. 土壤表层松散性加大

土壤是侵蚀过程中被侵蚀的对象。区域内植被较少，土表的抗风蚀能力差。由于本

项目的建设,大量的松散表土发生运移和重新堆积,植被被破坏,土壤水分大量散失,受到外界气候条件的影响,丧失了原地表土壤的抗蚀力。

2.4.1.2 水土流失的类型及分布

景区新增水土流失以水力侵蚀为主,间有风力侵蚀,属风力、水力复合侵蚀区。根据对项目区的现场调查,水土流失主要发生在游客服务中心、经幡广场、庙前祈福广场、巴达嘎尔莲池、吉忽伦图敖包、道路系统、供排水系统和供电系统等的施工过程中。

(1)游客服务中心:游客服务中心位于景区的南侧入口处,五当召沟的东侧相对平坦处,原地貌以水力侵蚀为主。建设期由于平整场地、建筑挖方填方、临时堆土、硬化等,会造成新的水土流失。

(2)经幡广场:经幡广场位于景区中部偏南,所处地段地形基本平坦,原地貌以水力侵蚀为主。建设期由于平整场地、临时堆土、硬化等,会造成新的水土流失。

(3)庙前祈福广场:庙前祈福广场位于原有召庙所在地,地形基本平坦,原地貌以水力侵蚀为主。建设期由于平整场地、临时堆土、硬化等,会造成新的水土流失。

(4)巴达嘎尔莲池:巴达嘎尔莲池位于景区中部庚毗沟的西侧,是在原有水域上扩建的。水域周边较为平坦,原地貌以水力侵蚀为主。建设期由于平整场地、临时堆土、硬化等,会造成新的水土流失。

(5)吉忽伦图敖包:吉忽伦图敖包景点是在原有敖包基础上建设的,所处地段基本平坦,原地貌以水力侵蚀为主。建设期由于平整场地、临时堆土、硬化等,会造成新的水土流失。

(6)道路系统:道路主要是沿沟道建设,所处地段地形复杂,原地貌以水力侵蚀为主。建设期由于道路平整、路基填筑和临时堆土等,会造成新的水土流失。

(7)供排水系统:本项目中供排水系统主要为水源井。各景点水源井均位于相对平坦处,原地貌以水力侵蚀为主。建设期由于土方开挖、临时堆土等,会造成新的水土流失。

(8)供电系统:供电系统由景区外 7 km 处的五当召变电站接入,地形复杂;在景区内沿路布设,原地貌以水力侵蚀为主。建设期由于基坑开挖、临时堆土等,会造成新的水土流失。

2.4.2 水土流失调查与预测内容、方法

2.4.2.1 调查与预测时段

本项目属于在建建设类项目,水土流失主要产生在施工期和自然恢复期。根据工程建设造成水土流失的特点及项目区的自然条件,综合分析本工程建设特点及施工进度安排,结合水土保持方案服务期,本项工程水土流失调查时段为施工期(2012 年 4 月 ~2013 年 4 月),预测时段为施工期(2013 年 5 月 ~2014 年 9 月)和自然恢复期(2014 ~2016 年)。

根据现场调查,工程建设过程中,产生新增土壤侵蚀的区域是游客服务中心、经幡广场、巴达嘎尔莲池、庙前祈福广场、吉忽伦图敖包、道路系统、供排水系统和供电系统。自然恢复期主要在游客服务中心、经幡广场、巴达嘎尔莲池、庙前祈福广场、吉忽伦图敖包、道路系统产生水土流失。

根据当地气象资料可知，项目建设区水力侵蚀主要发生在7~9月，风力侵蚀主要发生在每年的2~5月和10~12月，根据项目施工时间确定水土流失类型。

(1)施工期：工程建设相对比较集中，新增水土流失严重。依据工程施工组织和时序安排，确定本工程建设期水土流失调查时段为2012年4月~2013年4月，水土流失预测时段为2013年5月~2014年9月，每项工程按工程施工过程中可能发生的最大施工时期考虑。

(2)自然恢复期：在各项工程施工结束后，除被建(构)筑物占压和硬化的区域外，其他区域在不采取措施的情况下，自然恢复或表土形成相对稳定的结构仍需要一定时期。工程建设区地处干旱、半干旱区域，根据当地已有经验和有关资料，植被达到稳定生长或表土形成相对稳定并发挥水土保持功能需要3年，因此自然恢复期确定为3年。

2.4.2.2 预测内容

根据《开发建设项目水土保持技术规范》(GB 50433—2008)的要求，结合本项目的具体建设内容，水土流失预测内容包括：工程扰动地貌、破坏土地和植被情况；弃土、弃石量；损坏水土保持设施的面积和数量；可能造成的水土流失面积和流失总量；可能造成的水土流失危害。详细内容见表2-4。

表2-4　水土流失调查与预测内容

项目	预测内容
扰动原地貌、破坏土地和植被情况预测	包括对各景点及游客服务中心、道路系统、供排水系统、供电系统占地类型进行统计，得出主体工程占压的土地面积和土地类型
弃土、弃石量预测	包括各景点和游客服务中心、道路系统平整施工中的弃土、弃石量
损坏水土保持设施的面积和数量预测	水土保持设施包括原地貌、植被，已实施的水土保持植物措施和工程措施
可能造成的水土流失面积及流失总量预测	根据新增水土流失影响因素，水土流失类型、分布情况以及原地面水土流失状况，确定工程可能造成的水土流失面积及新增水土流失总量
可能造成的水土流失危害预测	工程造成的水土流失对本区域及周边地区的危害

2.4.2.3 预测方法

本方案采用资料调查法、实地调查法、引用资料类比法确定建设期扰动原地貌、破坏植被面积、弃土弃石量、破坏水土保持设施面积、建设期可能产生水土流失的面积、水土流失强度。

1. 资料调查法

对于建设期扰动原地貌、破坏植被面积、弃土弃石量、破坏水土保持设施面积预测采用资料调查法进行。

根据主体工程资料和对现场土地类型、植被覆盖等方面的调查，预测统计建设期破坏原地貌面积及可能产生水土流失的面积，根据主体工程的施工实际情况等确定施工期产生的弃土弃石量。

2. 实地调查法

针对项目建设的特殊性，在引用科研成果和预测模型的基础上，对生产建设引起的人工地貌进行了实地调查、勘测，并在该地区已建设的办公生活区等应用体积估算法对其进行实地调查试验。

3. 引用资料类比法

引用同一地区相似建设类项目的水土保持资料或水土保持监测资料进行类比。

2.4.3 预测结果

2.4.3.1 扰动原地貌、破坏土地和植被情况预测

根据现场调查，工程建设扰动原地貌、破坏土地及植被面积为24.42 hm^2，占地类型为草地，属于土石山区。详见表2-5。

表2-5 项目建设扰动原地貌面积 （单位：hm^2）

项目区	面积	占地类型
游客服务中心	9	草地
经幡广场	3.3	草地
庙前祈福广场	2.4	草地
巴达嘎尔莲池	1.49	草地
吉忽伦图敖包	0.3	草地
道路系统	7.89	草地
供排水系统	0.01	草地
供电系统	0.03	草地
合计	24.42	

2.4.3.2 损坏水土保持设施的面积和数量预测

根据对本工程建设区占地类型的统计分析，在工程建设过程中，景区建设占用的土地类型为草地。由此确定本工程建设破坏具有水土保持功能的设施面积为24.42 hm^2。

2.4.3.3 弃土石及垃圾等废弃物预测

工程建设过程中征占地总面积24.42 hm^2，全部为永久占地。根据项目建设情况，工程总共动用土石方72 900 m^3，其中挖方36 450 m^3，填方36 450 m^3，无弃方。景区内有部分住宅进行了拆迁，在本项目开工建设前，拆迁垃圾已经由市政管理部分运输并处理。项目运行过程中产生的生活垃圾统一收集，定期运至××镇垃圾转运站。

2.4.3.4 可能造成的水土流失量预测

1. 原生地貌土壤侵蚀模数确定

根据应用遥感技术进行的全国土壤侵蚀第二次普查成果，结合外业实地水土流失调

查以及对本项目的分析评价，确定项目区原地面水力侵蚀模数为2 500 t/(km^2·a)，风力侵蚀模数为700 t/(km^2·a)。

2. 施工期地貌土壤侵蚀模数确定

根据水土流失调查，结合类比资料(见表2-6)，进行施工期土壤侵蚀模数的确定。

类比工程为包头市××区的包头市××煤电有限责任公司××煤矸石发电厂2×135 MW机组工程。该工程的水土保持方案报告书于2005年由内蒙古××水土保持生态环境工程技术咨询有限责任公司编制完成，2005年水利部对该报告书进行审查和批复，2009年验收。根据类比工程，发现在施工过程中，该区域水力侵蚀模数为6 000 t/(km^2·a)左右，风力侵蚀模数为5 000 t/(km^2·a)左右。

表2-6 类比区条件对比表

类比项目区	包头市汇能煤电有限责任公司包头汇能煤矸石发电厂2×135 MW机组工程	项目区	类比结果
地形地貌	中低山区	土石山区	均为山区
气候特点	中温带大陆性气候，年均气温5.8 ℃，年均降雨量342.8 mm，年平均风速2.5 m/s	中温带大陆性气候，年均气温5.8 ℃，年均降雨量342.8 mm，年平均风速2.5 m/s	相同
土壤	以灰褐土为主	以灰褐土为主	相同
植被覆盖度及类型	半干旱草原，植被覆盖度15%左右	半干旱草原，植被覆盖度15%左右	相同
土地利用及施工扰动情况	草地	草地	相同
水土流失特点	以水力侵蚀为主，间有风力侵蚀；风蚀主要发生在春秋季，水蚀发生在雨季	以水力侵蚀为主，间有风力侵蚀；风蚀主要发生在春秋季，水蚀发生在雨季	相同

根据类比资料，项目区与类比的包头××煤矸石发电厂项目基本情况差异不大，只是在地貌上不同，类比区地貌为中低山区，项目区为土石山区，据此，认为项目区土壤侵蚀模数能引用类比区的监测数据。确定项目区建设过程中的水力侵蚀模数为6 000 t/(km^2·a)，风力侵蚀模数为5 000 t/(km^2·a)。

2.4.3.5 可能造成的水土流失面积预测

按水土流失分区及其建设实际扰动土地面积，统计在工程建设过程中不同预测时段可能造成的水土流失面积。工程占地面积24.42 hm^2，全部造成新的水土流失。

2.4.3.6 可能造成的水土流失量预测

根据项目建设的施工进度和项目区土壤风力侵蚀和水力侵蚀年内分布情况，综合分析计算不同区域的水土流失量。在确定水土流失背景值、水土流失预测强度值和新增水土流失面积的基础上,求得新增水土流失总量。

根据项目建设过程中可能造成的水土流失面积和水土流失强度预测值,工程施工可能造成土壤侵蚀量为44.72 t,其中新增土壤侵蚀量23.77 t,占土壤侵蚀总量的53.15%。

2.4.3.7 可能造成的水土流失危害预测

1.加大项目区及周边地区土壤侵蚀强度

该项目建设过程中扰动地表,疏松土壤,在当地气候条件下,易产生挟沙风。因此,项目建设将加速项目区及周边地区的土壤风蚀发生与发展。

2.对地表植被的破坏

项目区在建设施工期用地及机械碾压、施工人员践踏等破坏施工区域内的植被,破坏和影响施工区周围环境的植被覆盖率和数量分布。

2.5 建设项目水土流失防治措施布设

2.5.1 建设项目水土流失防治措施体系

根据水土流失防治分区、防治措施布设原则,在分析评价主体工程中具有水土保持功能工程的基础上,针对本项目建设施工活动引发水土流失的特点和危害程度,采取有效防治措施,把水土保持工程措施和植物措施、永久性防护措施和临时性防护措施有机结合起来,并与主体工程设计中的水土保持措施相衔接,从而形成一个完整的、科学的水土流失防治措施体系,以实现开发建设与保护生态环境并重。水土流失防治措施体系框图见图2-2。

2.5.2 水土流失防治措施典型设计

2.5.2.1 游客服务中心

1.工程措施

游客服务中心建(构)筑物建成后,需要在空地区进行绿化美化设计。在栽种植物前需要进行土地整治。土地整治主要是指对开发建设破坏的土地进行地面平整、修复,挖高垫低,挖垫高度以接近原地面为准,同时去除地表碎石及杂质,使土地恢复可利用的状态,便于植树种草。游客服务中心土地整治面积为2.64 hm^2。

2.植物措施

1)空地绿化美化

经土地整治后的空地,以灰褐土为主,土壤肥力一般。本方案新增设计在游客服务中心建(构)筑物周边的空地种植草坪,在草坪点缀乔灌木,既减轻水土流失,又达到美化环境的要求。具体绿化技术指标详见表2-7。

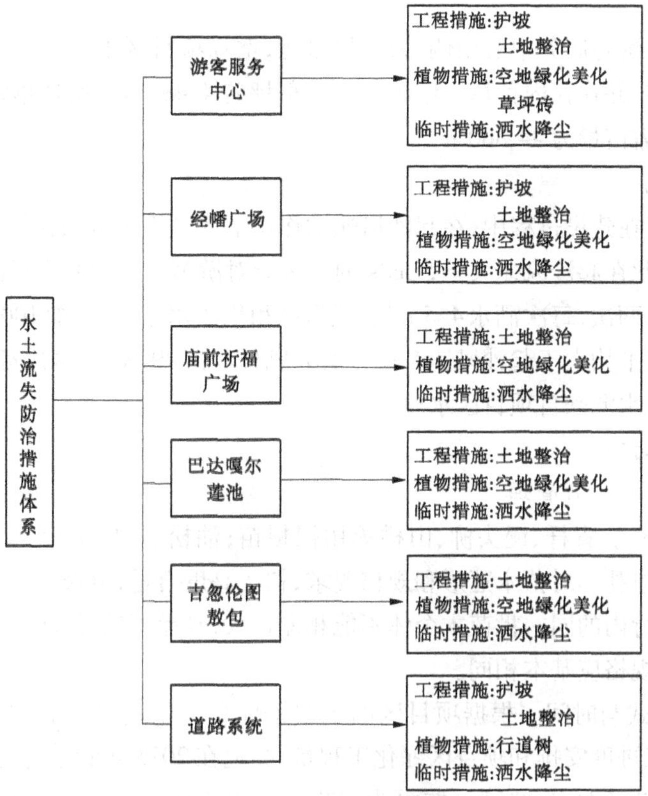

图 2-2　水土流失防治措施体系

表 2-7　游客服务中心空地绿化技术指标

绿化区域	草树种	种植方式	面积（hm^2）	种植点配置（100 m^2）	规格种类	每公顷需苗（种）量（株、丛、kg）	总需苗（种）量（株、丛、kg）
游客服务中心建（构）筑物周边空地	青杆	孤植	2.64	2 穴	胸径 6～8 cm	1	528
	馒头柳	孤植		2 穴	胸径 6～8 cm	1	528
	油松	孤植		1 穴	3～5 m	1	264
	杜松	孤植		1 穴	1.5～2 m	1	264
	山桃	孤植		1 穴	胸径 6～8 cm	1	264
	丁香	丛植		2 穴	5～10 枝/丛	2	1 056
	黄刺玫	丛植		2 穴	5～10 枝/丛	2	1 056
	玫瑰	丛植		2 穴	5～10 枝/丛	2	1 056
	早熟禾	撒播	2.64		一级种子	100	264

2)停车场草坪砖

停车场位于游客服务中心南侧,为增加绿化,增强项目区水土保持效果,停车场全部铺设九孔草坪砖,并在孔内种草。停车场铺设草坪砖4.48 hm^2,所选草种为早熟禾,种植方式为植苗,总需苗量为44 800 m^2。

3.临时措施

由于项目区在建设过程中,在起沙风速的作用下将给周边带来大量的粉尘,形成较为严重的风蚀,因此在起沙风速大于5 m/s的大风天对游客服务中心进行洒水降尘,大风天气每天最少洒水两次,每次洒水4.5 m^3。项目区租用洒水车一辆,加100 m输水软管进行洒水。项目区年平均大于起沙风速5 m/s的大风日数为49天,游客服务中心施工期共计洒水1 323 m^3。水源来自项目区水源井。

4.绿化技术措施

1)乔木栽植及抚育管理

(1)苗木要求。青杆、馒头柳、山桃等用裸根苗;油松、杜松用带土坨的苗木,精心挖掘土球,并进行包扎。对苗木冠形和规格要求,树干高度合适,分枝点高度基本一致,树冠完整;栽在同一行内的同一批苗木个体不能相差过大,高差不超过±0.5 m,胸径差不超过1 cm,相邻植株规格应基本相同。

(2)整地方式与时间。根据项目区的土壤条件和绿化栽植要求,采用穴状整地。根据主体工程施工进度安排和项目区绿化工程量,整地在2015年春季进行,随整地随造林。整地规格:常绿针叶乔木,坑径×坑深为100 cm×100 cm;落叶乔木,坑径×坑深为100 cm×100 cm。

(3)栽植方法。一是裸根苗的栽植:栽植前在含有生根粉和保湿剂的泥浆中蘸根,栽植时要扶正苗木入坑,用表土填至坑1/3处,将苗木轻轻上提,保持树身垂直,树根舒展,栽植后乔木填高约高于原土痕10 cm,灌木填高约高于原土痕5 cm,然后将回填土壤踏实。栽好后在树坑外围筑成灌水埂,即时浇灌,然后覆土,防止蒸发。将树型及长势较好的一面朝向主要观赏方向;如遇弯曲,应将变曲的一面朝向主风方向。新疆杨、青杆、馒头柳等栽植前在清水中全株浸泡48~72小时,栽时截干,切口处涂漆。二是带土球苗栽植方法:带土球苗木在春季土壤解冻前造林,树苗入坑、定位后,将包扎材料解开,取出;分层填好土坑,并分层踏实;修好灌水埂,即时浇灌,然后覆土,防止蒸发。所有苗木定植前,土坑内施厩肥或堆肥10~20 kg,上覆表土10 cm,然后再放置苗木定植。

(4)抚育管理。造林后灌足水,以后每隔15天浇一次水,成活后一月浇一次水。厂区内安装灌溉设备进行灌溉。每年穴内除草2~3次。另外,需定期整形修枝。根据当地灌溉资料乔木每棵每次灌溉50 kg。乔木在秋末将树干刷白,防病虫害。

2)花灌木种植技术

花灌木种植技术:花灌木采用穴状整地,穴坑规格80 cm×80 cm,随整地随栽植。苗木定植前,最好土坑内施厩肥或堆肥10~20 kg,上覆表土10 cm,然后再放置苗木定植,浇水。栽植后及时灌水2~3次,一般为一周浇灌一次,成活后半月浇灌一次。

抚育管理:草坪和花灌木种植后及时灌水 2 ~ 3 次,每次每穴浇水量 20 kg,一般为一周浇灌一次,成活后视旱情浇灌一次。浇水方式采用塑料管。另外,需定时进行补植补播和整形修枝。

3) 草坪种植技术

种植草坪前,先覆一定厚度的厂区清基表土,并对上层 15 ~ 20 cm 进行疏松,每公顷施入 7 500 kg 农家肥和 60 kg 复合肥,然后进行土地平整,要求中央稍高、四周低,不产生集中凹地;土壤厚度不小于 40 cm。深翻后,如果土壤内杂物过多,原土过筛或换土。黏性土壤应加入煤渣或小石子,以增加土壤通透性;可使用拖拉式播种机或手播式播种机以保证种子分布均匀。播完后用碾子压实,及时浇水,出苗前后及小苗生长阶段都应始终保持地面湿润,苗出齐后局部地段发现缺苗需及时补播,首期应禁止踩踏。播种量应根据草坪的用途和施工期限进行调整;人工灌溉是草坪管理中的必要措施,浇水的主要时期在出苗前后、苗期、干旱期。入冬前和开春两季浇水量相对增加,如有条件,尽量使用喷灌设备,特别是在施工时喷灌可以保证草种不被水流冲跑。一般在夏季应避免中午炎热的情况,以免灼伤草叶。一般情况下,每周浇水 2 次。浇水量应以使 20 cm 以上土层水分饱和为原则。浇水同时要配合施肥、打药、修剪等养护措施进行。

2.5.2.2 经幡广场

1. 工程措施

经幡广场建成后,需要在经幡广场空地区进行绿化美化设计。在栽种植物前需要进行土地整治。土地整治主要是指对开发建设破坏的土地进行地面平整、修复,挖高垫低,挖垫高度以接近原地面为准,同时去除地表碎石及杂质,使土地恢复至可利用的状态,便于植树种草。经幡广场土地整治面积为 0.3 hm^2。

2. 植物措施——空地绿化美化

经土地整治后的空地,以灰褐土为主,土壤肥力一般。本方案新增设计在经幡广场的空地上种植草坪,在草坪点缀乔灌木,既减轻水土流失,又达到美化环境的要求。绿化面积为 0.3 hm^2,所选植物、种植方式、所用苗木规格、单位面积种植量及后期抚育管理绿化技术措施与游客中心空地绿化美化技术指标相同。经幡广场空地绿化草种总需求量为:青杆 60 株,馒头柳 60 株,油松 30 株,杜松 30 株,山桃 30 株,丁香 120 丛,黄刺玫 120 丛,玫瑰 120 丛,早熟禾 30 kg。乔木栽植技术、花灌木种植技术、草坪种植技术及抚育管理与游客服务中心栽植树木抚育管理措施相同。

2.5.2.3 庙前祈福广场

1. 工程措施

庙前祈福广场建成后,需要在其空地区进行绿化美化设计。在栽种植物前需要进行土地整治。土地整治主要是指对开发建设破坏的土地进行地面平整、修复,挖高垫低,挖垫高度以接近原地面为准,同时去除地表碎石及杂质,使土地恢复至可利用的状态,便于植树种草。庙前祈福广场土地整治面积为 0.7 hm^2。

2. 植物措施——空地绿化美化

经土地整治后的空地,以灰褐土为主,土壤肥力一般。本方案新增设计在庙前祈福广场的空地上种植草坪，在草坪点缀乔灌木，既减轻水土流失，又达到美化环境的要求。绿化面积为0.7 hm^2，所选植物、种植方式、所用苗木规格、单位面积种植量及后期抚育管理绿化技术措施与游客中心空地绿化美化技术指标相同。庙前祈福广场空地绿化草种总需求量为：青杆140株，馒头柳140株，油松70株，杜松70株，山桃70株，丁香280丛，黄刺玫280丛，玫瑰280丛，早熟禾70 kg。乔木栽植技术、花灌木种植技术、草坪种植技术及抚育管理与游客服务中心栽植树木抚育管理措施相同。

2.5.2.4 巴达嘎尔莲池

1. 工程措施

巴达嘎尔莲池建成后，需要在其空地区进行绿化美化设计。在栽种植物前需要进行土地整治。土地整治主要是指对开发建设破坏的土地进行地面平整、修复，挖高垫低，挖垫高度以接近原地面为准，同时去除地表碎石及杂质，使土地恢复至可利用的状态，便于植树种草。巴达嘎尔莲池土地整治面积为0.2 hm^2。

2. 植物措施——空地绿化美化

经土地整治后的空地，以灰褐土为主，土壤肥力一般。本方案新增设计在巴达嘎尔莲池的空地上种植草坪，在草坪点缀乔灌木，既减轻水土流失，又达到美化环境的要求。绿化面积为0.2 hm^2，所选植物、种植方式、所用苗木规格、单位面积种植量及后期抚育管理绿化技术措施与游客中心空地绿化美化技术指标基本相同。巴达嘎尔莲池空地绿化草种总需求量为：青杆40株，油松40株，丁香80丛，黄刺玫80丛，榆叶梅80丛，早熟禾20 kg。乔木栽植技术、花灌木种植技术、草坪种植技术及抚育管理与游客服务中心栽植树木抚育管理措施相同。

2.5.2.5 吉忽伦图敖包

1. 工程措施

吉忽伦图敖包建成后，需要在其空地区进行绿化美化设计。在栽种植物前需要进行土地整治。土地整治主要是指对开发建设破坏的土地进行地面平整、修复，挖高垫低，挖垫高度以接近原地面为准，同时去除地表碎石及杂质，使土地恢复至可利用的状态，便于植树种草。吉忽伦图敖包土地整治面积为为0.1 hm^2。

2. 植物措施——空地绿化美化

本方案新增设计在吉忽伦图敖包的空地上种植草坪，在草坪点缀灌木，既减轻水土流失，又达到美化环境的要求。绿化面积为0.1 hm^2，所选植物、种植方式、所用苗木规格、单位面积种植量及后期抚育管理绿化技术措施与游客中心空地绿化美化技术指标基本相同。吉忽伦图敖包空地绿化草种总需求量为：丁香40丛，黄刺玫40丛，榆叶梅40丛，玫瑰40丛，早熟禾10 kg。乔木栽植技术、花灌木种植技术、草坪种植技术及抚育管理与游客服务中心栽植树木抚育管理措施相同。

2.5.2.6 道路系统

1. 工程措施

项目区道路分为三级公路、电瓶车路和游步道。其中，三级公路长1 400 m，路面宽7

m，两侧空地宽各 2 m，两侧空地占地面积 0.56 hm^2；电瓶车路长 3 500 m，路面宽 12 m，两侧空地宽各 2 m，两侧空地占地面积 1.40 hm^2；游步道长 1 500 m，路面宽 3 m，两侧空地宽各 1 m，两侧空地占地面积 0.30 hm^2。在植物措施实施前，需对道路两侧空地进行土地整治。土地整治主要是指对开发建设破坏的土地进行地面平整、修复，挖高垫低，挖垫高度以接近原地面为准，同时去除地表碎石及杂质，使土地恢复至可利用的状态，便于植树种草。道路系统土地整治面积为 2.26 hm^2。

2. 植物措施

经土地整治后的道路两侧空地，方案新增在道路两侧种植行道树，具体绿化技术指标详见表 2-8。

表 2-8　行道树技术指标

绿化区域	树种	种植方式	防护长度/面积（m/hm^2）	株距（m）	混交方法	苗木（种籽）规格、种类	每公顷需苗（种）量（株、kg）	总需苗（种）量（株、kg）
三级公路	新疆杨	孤植	1 400/0.56	3	株间混交	胸径 6~8 cm	1	468
	樟子松	孤植	1 400/0.56			3~5 m（实生苗）	1	468
电瓶车路	新疆杨	孤植	3 500/1.40	3	株间混交	胸径 6~8 cm	1	1 168
	樟子松	孤植	3 500/1.40			3~5 m（实生苗）	1	1 168
游步道	玫瑰	丛植	1 500/0.3	3	株间混交	5~10 枝/丛	2	1 002
	丁香	丛植	1 500/0.3			5~10 枝/丛	2	1 002

乔木栽植技术、花灌木种植技术、草坪种植技术及抚育管理与游客服务中心栽植树木抚育管理措施相同。

2.5.3　防治措施工程量

水土保持措施工程量见表 2-9、表 2-10。

表 2-9　主体已有的工程措施防治工程量

项目区	措施	长度（m）	工程量（m^3）	
			土石方	浆砌石
游客服务中心	护坡工程	220	88	132
经幡广场	护坡工程	420	126	189
三级公路	护坡工程	750	300	450

表 2-10　方案新增的工程措施防治工程量

防治分区	措施名称	措施量	
		单位	数量
游客服务中心	空地区土地整治	hm^2	2.64
经幡广场	空地区土地整治	hm^2	0.3
庙前祈福广场	空地区土地整治	hm^2	0.7
巴达嘎尔莲池	空地区土地整治	hm^2	0.2
吉忽伦图敖包	空地区土地整治	hm^2	0.1
道路系统	道路空地土地整治	hm^2	2.26

2.6　水土保持监测

2.6.1　监测时段及监测区域

本工程属于在建建设类项目,按照《开发建设项目水土保持技术规范》和《水土保持监测技术规程》的有关规定,监测时段划分为施工期和自然恢复期。由于本工程已经在2012年4月开工,计划于2014年9月完工。本水土保持方案确定建设期监测时段为2013年5月至设计水平年(见表2-11)。

表 2-11　监测时段及监测区域

监测时段	监测区域
2013年5月至设计水平年	游客服务中心、经幡广场、巴达嘎尔莲池、庙前祈福广场、吉忽伦图敖包、道路系统、供排水系统和供电系统

2.6.2　监测范围及监测点位

2.6.2.1　监测范围和监测面积

根据本项目建设工程布局、可能造成的水土流失及其水土流失防治责任范围,按照《开发建设项目水土保持技术规范》和《水土保持监测技术规程》的要求,将本工程水土保持监测范围确定为游客服务中心、经幡广场、庙前祈福广场、巴达嘎尔莲池、吉忽伦图敖包、道路系统、供排水系统和供电系统(见表2-11)。监测面积共24.42 hm^2。

2.6.2.2　监测点位

依据主体工程建设特点、施工中易产生新增水土流失的区域及项目区原有水土流失类型、强度等,确定水土保持监测点。从本工程水土保持预测结果看,水土流失主要发生在游客服务中心、经幡广场和道路系统。本项目在游客服务中心、经幡广场和道路系统各布设1个水蚀监测点和1个风蚀监测点。具体见表2-12。

表 2-12　监测点位布设情况

监测时段	监测区域	监测点位	具体位置	备注
2013 年 5 月至设计水平年	游客服务中心	2 处	停车场北侧和游客服务中心北部的建设区域	基础开挖监测
	经幡广场	2 处	经幡广场南侧和北侧建设区域	原地貌监测
	道路系统	2 处	五当召沟到庚毗沟的游步道和庙前祈福广场北侧的游步道建设区域	水土流失状况

2.6.3　监测内容及监测方法

2.6.3.1　监测内容

根据本项目的实际情况确定监测内容如下。

1. 水土流失影响因子监测

主要包括项目区地形地貌、坡度、土壤、植被、气象等自然因子的变化，项目区植被覆盖状况，建设占用土地、扰动地表面积，挖、填方数量。

2. 水土流失状况监测

主要包括建设过程中和运行期水土流失类型、面积、强度、数量的变化情况。

3. 水土流失危害监测

主要包括工程建设过程中和自然恢复期的水土流失面积、分布、流失量和水土流失强度变化情况，以及对周边地区生态环境的影响，造成的危害情况等。

在工程建设期的雨季、大风扬沙季节监测水土流失的发展和水土流失对当地生态敏感地带的影响；风蚀危害重点监测剥蚀土层厚度、植被变化情况、土壤肥力、土地占用及退化情况；水蚀危害重点监测水蚀程度发展、土地占用情况和退化面积；重力侵蚀重点监测诱发情况、关键地貌部位径流量、已有水土保持工程破坏情况、地貌改变情况等。

4. 水土流失防治效果以及水土保持工程设计管理等方面监测

水土流失及其防治效果的监测区域是整个防治责任范围，根据建设过程中产生的水土流失及其治理情况，依据不同施工期，设置必要的定位监测点，着重对土壤降雨强度、产流形式、水蚀量进行监测，以确定土壤侵蚀形式及流失量，分析评价水土流失的动态变化过程，及时指导水土保持工作的进行。

5. 水土保持措施完成情况监测

主要监测各项水土保持防治措施实施的进度、数量、规模及其分布情况。

2.6.3.2　监测方法

根据水利部水保〔2009〕187 号《关于规范生产项目水土保持监测工作的意见》的监测内容和重点的要求，其监测方法为：以实地调查为主，结合项目和项目区建设情况可以布设监测点开展水土流失量的监测。

具体监测内容与监测方法见表2-13。

表2-13　水土保持监测内容与监测方法

时段	监测内容	监测方法
2013年5月至设计水平年	项目区地貌变化情况	实地调查
	占用土地面积和扰动地表面积	实地调查
	各区域风蚀、水蚀量	定位观测
	施工破坏的植被面积及数量	实地调查
	防护措施的效果	实地调查

通过监测,得到包括水土保持监测报告、监测表格及相关的监测图件等。

第3章　房地产开发建设项目水土保持实例

3.1　建设规模及工程特性

3.1.1　项目基本情况

该项目为包头市××房地产开发有限责任公司××国际住宅小区建设项目；项目属于在建建设类项目；项目建设地点位于内蒙古包头市××区，交通较为便利。目前供水、排水、供暖和供电线路都已经接入建设区域边缘，交通便利，通信设施齐全，能满足项目建设的需要。该项目用地属于包头市土地利用总体规划，符合城市总体规划。

该项目建筑面积为79.83 hm^2；项目工程占地为33.49 hm^2，均为永久占地。工程安排为2012年9月~2016年12月，共计52个月。

工程概算总投资为254 299万元，其中土建投资73 901.25万元。根据工程规模和投资概算编制依据，本方案水土保持工程总投资431.18万元，其中主体工程投资21.58万元，新增投资409.60万元。在主体工程投资中，工程措施投资21.20万元，临时措施投资0.38万元。在方案新增投资中，工程措施投资27.14万元，植物措施投资281.64万元，临时措施投资13.72万元，独立费用58.90万元（其中水土保持监测费20.45万元，水土保持监理费10万元），基本预备费11.45万元，水土保持设施补偿费16.75万元。

3.1.2　项目组成及布局

根据建设情况，本项目在建设过程中占地分为永久建筑区、施工区、施工道路区、管线工程区、材料堆放地、临时办公生活区和空地。在项目建成后，施工道路区转化为道路路面，施工区、管线工程区、材料堆放地、临时办公生活区、空地转化为道路两侧排水沟、行道树，或者进行绿化和硬化等。项目占地面积共计33.49 hm^2。

3.1.2.1　建设期项目具体布局

1. 永久建筑区

永久建筑是本项目的主体，目前正在建设过程中，占地面积为6.17 hm^2，包括住宅楼、商铺等。

2. 施工区

施工区是指施工过程中人员操作和大型机械设备运转的场地，占地面积8.8 hm^2。

3. 施工道路区

施工道路是项目施工过程中运输各种建筑材料、临时堆土和各种车辆进出的道路。包括项目区外的进场道路和项目区内的施工道路。

本项目具体位于民族东路以东、兵工大道南侧、青山路北侧。这些道路均为市政已有道路。

由于项目区内本身设有规划道路，为减少工程量和不必要的投资，所以将项目区施工道路与规划道路统一进行布设。施工道路与项目建成后的道路路面一致，位于项目区西侧大门和北侧大门入口处，并延伸至小区内。施工道路长3 700 m，宽8 m，占地面积2.96 hm^2。

4. 管线工程区

管线工程是与永久建筑物同时布设的供电、给水、排水、消防及暖气管线，各种管线与市政管网连接。为了减少施工量，避免重复施工，供电、给水、排水、消防和暖气管线应当统一布设，一并完成。

5. 材料堆放地

材料堆放地主要用于堆放工程建设材料和暂时从永久建筑区开挖产生的土体。根据本项目施工特点及土石方量预测，项目建设过程中将产生16.63万m^3临时堆土，按堆高10 m计算，临时堆土全部堆放时占地面积为1.66 hm^2。材料堆放地在工程竣工以后用于道路或绿化硬化。为方便施工，材料堆放地分别布设在主体建筑的中间，占地面积4.88 hm^2。

6. 临时办公生活区

临时办公生活区是在工程建设期，建设单位、施工单位等日常办公生活的场所，工程竣工以后用于绿化硬化。该项目中，临时办公生活区位于项目区的西部，占地面积为0.5 hm^2。

7. 空地

空地是指项目建设过程中各区域占用土地后剩余的土地，面积为10.2 hm^2。

3.1.2.2 运行期项目具体布局

1. 永久建筑区

永久建筑是本项目的主体，建成后的占地面积与建设过程中占地面积一致，为6.03 hm^2。

2. 道路区

本项目位于民族东路以东、兵工大道南侧、青山路北侧，均为包头市××区的已有市政道路。所以，本项目进场道路均为已有道路。

项目区内的道路位于项目区西侧、北侧大门入口处，并延伸至小区内，长3 700 m，路面宽8 m，占地面积为2.98 hm^2；两侧各布设有1行行道树，行道树宽2 m，占地面积1.48 hm^2。道路单侧布设有盖板排水沟，排水沟占地宽0.5 m，占地面积0.12 hm^2。目前道路区还未建设。

3. 硬化和绿化区

项目基本建成后，该区将进行硬化、绿化建设。其中，用于绿化的占地面积为11.79 hm^2，用于硬化的占地面积为11.11 hm^2。硬化区主要用于地上停车位的建设。

项目供水、供电、供暖、排水等均采用地埋管道的方式接入或排出。

3.1.3 工程占地及土石方平衡

3.1.3.1 工程占地情况

本项目行政区划属于包头市××区管辖。工程占地面积见表3-1。

表3-1 工程占地面积

<table>
<tr><th colspan="3">项目名称</th><th>占地面积(hm²)</th><th>占地类型</th><th>占地性质</th></tr>
<tr><td rowspan="8">建设期</td><td colspan="2">永久建筑区</td><td>6.03</td><td>建设用地</td><td>永久占地</td></tr>
<tr><td colspan="2">施工区</td><td>8.80</td><td>建设用地</td><td>永久占地</td></tr>
<tr><td colspan="2">施工道路区</td><td>2.96</td><td>建设用地</td><td>永久占地</td></tr>
<tr><td colspan="2">管线工程区</td><td>0.12</td><td>建设用地</td><td>永久占地</td></tr>
<tr><td colspan="2">材料堆放地</td><td>4.88</td><td>建设用地</td><td>永久占地</td></tr>
<tr><td colspan="2">临时办公生活区</td><td>0.50</td><td>建设用地</td><td>永久占地</td></tr>
<tr><td colspan="2">空地</td><td>10.20</td><td>建设用地</td><td>永久占地</td></tr>
<tr><td colspan="2">合计</td><td>33.49</td><td></td><td></td></tr>
<tr><td rowspan="8">建成后</td><td colspan="2">永久建筑区</td><td>6.03</td><td>建设用地</td><td>永久占地</td></tr>
<tr><td rowspan="4">道路区</td><td>道路</td><td>2.96</td><td>建设用地</td><td>永久占地</td></tr>
<tr><td>行道树</td><td>1.48</td><td>建设用地</td><td>永久占地</td></tr>
<tr><td>排水沟</td><td>0.12</td><td>建设用地</td><td>永久占地</td></tr>
<tr><td>小计</td><td>4.56</td><td></td><td></td></tr>
<tr><td colspan="2">硬化区</td><td>11.11</td><td>建设用地</td><td>永久占地</td></tr>
<tr><td colspan="2">绿化区</td><td>11.79</td><td>建设用地</td><td>永久占地</td></tr>
<tr><td colspan="2">合计</td><td>33.49</td><td></td><td></td></tr>
</table>

3.1.3.2 土石方平衡

根据项目建设计划，工程总共动用土石方33.26万m^3，其中挖方16.63万m^3，填方16.63万m^3，无弃方。项目建设过程中临时产生的堆土，全部就近运送至材料堆放地暂时堆放。根据本项目施工特点及土石方量预测，项目建设过程中将产生16.63万m^3临时堆土，按堆高10 m计算，临时堆土全部堆放时占地面积为1.66 hm^2。实际建设过程中，临时堆土是逐步产生，逐步回填的，所以不可能同时堆放，临时堆土占地面积能够满足建设需要。土石方平衡具体见图3-1。

3.1.4 施工工艺与施工组织

3.1.4.1 施工工艺

主体部分“先下、后上，先内、后外”，装修工程“先下、后上，先定外、后定内”。暖通和电气应以土建为主导进行穿插施工，在总的施工顺序原则指导下，分别编制各分部工程的施

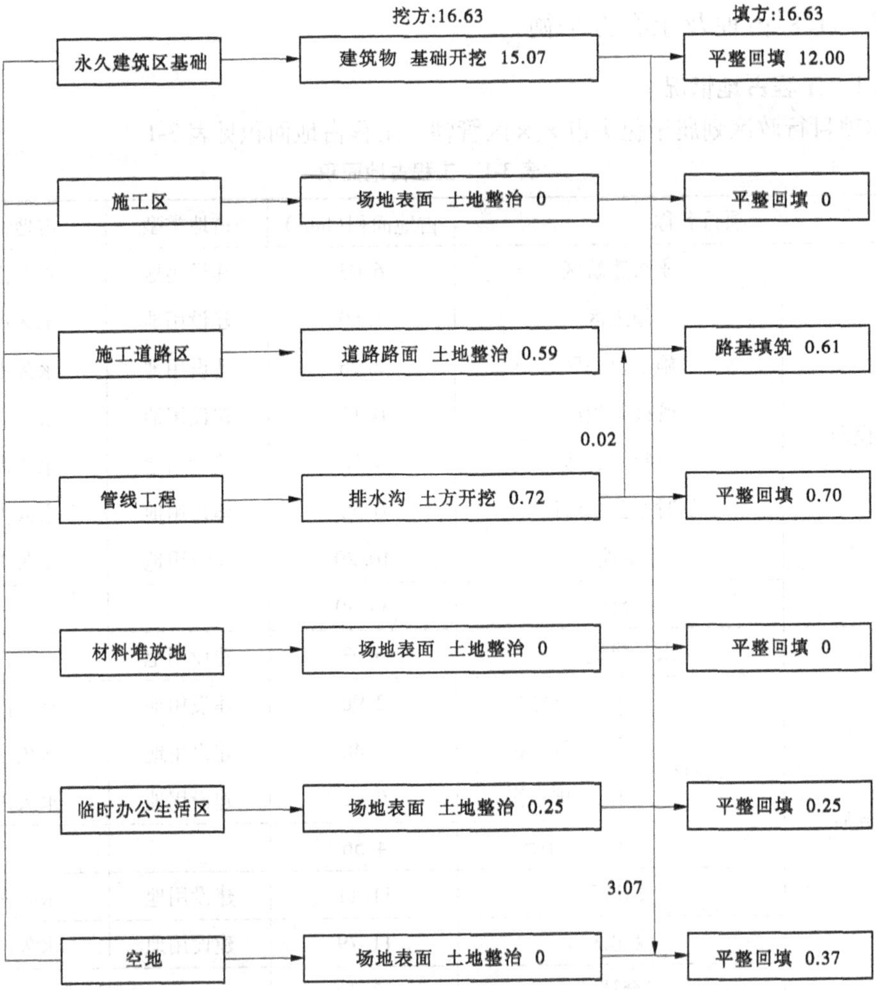

图 3-1 工程土石方平衡及流向图 （单位：万 m^3）

工顺序，并结合平面横向和主体纵向两个方面的施工部署，形成一个完整的主体施工顺序。

1. 主体工程各阶段施工顺序

各轴线标高位置找平放线—绑扎外架—墙体砌筑—混凝土构件底模安装—钢筋按主次位置绑扎—混凝土构件侧模安装及加固—水电各工种配合安装预留孔位—各混凝土构件依一定顺序浇筑混凝土—混凝土构件养护—拆模板。

2. 基础开挖及回填

基础开挖按照主体工程设计的位置和标高，采用机械和人工配合开挖永久建筑物基础，不得挖至设计标高以下，开挖土方临时堆放在基础周边；回填土方采用人工分层回填、蛙式打夯机夯实的方式进行，分层回填厚度不得大于 30 cm，回填土方时，基坑内的渣土、积水应清理干净。

3. 混凝土基础和墙体浇筑及养护

采用搅拌机拌制混凝土、塔吊运输浇筑混凝土的方式进行。浇筑混凝土前，在底部先浇筑 5 cm 厚与墙体混凝土成分相同的水泥砂浆。用铁锹均匀入模，不应用吊斗直接灌入模内。第一层浇筑高度控制在 50 cm 左右，以后每次浇筑高度不应超过 1 m；分层浇筑、振捣。当混凝土浇筑完成后，以塑料布或湿草帘覆盖，终凝后喷水养护，浇水次数以能保证混凝土表面始终处于湿润状态为准。

4. 管线工程

管线敷设形式为地埋式，包括供水管线、排水管线、供暖管线、通信管线等，基本沿路布设，竖向排列。在建成后除地上排水沟外，其他管线均进行回填，与道路两侧行道树相重合，属于重复占地。管线开挖土方在一侧堆放，建设区域设施工便道。管线施工以机械施工为主，人工施工为辅，用挖掘机挖至距设计高程 0.3 ~ 0.5 m 时改用人工施工继续下挖，直至设计高程并清理槽底，土料堆放于管线旁作回填用。管道安装完毕，试压回填，回填前应排尽沟槽内积水，回填采用原土。回填土中不得掺有混凝土碎块、石块和大于 100 mm 的坚实土块，严格分层夯实，沟槽其余部分的回填亦分层夯实。管顶 0.8 m 以下用蛙式打夯机夯实，0.8 m 以上用拖拉机压实。

5. 硬化和道路工程

场地、景观等的硬化采用混凝土砌块和面包砖进行；道路采用现浇混凝土基础、面包砖路面的结构形式进行修筑。

3.1.4.2 施工组织

1. 材料选用

本项目所需的水泥等材料均外购，施工单位购买时要选择具有合法经营手续的材料供应单位，采购时要在采购合同中明确各自的水土流失防治责任，各材料供应单位负责其自身造成的水土流失。同时，建设单位要对施工单位建材采购实施监督和管理。

2. 施工用水

施工用水通过市政供水管道引至项目区供水点，供水管线采用 PVC 管直埋，并修建正式水表井。要求施工人员根据方案与安全操作规程敷设地下上水管，将水送到用水地点。待到主体工程完成后，再修建分户供水管线。

根据施工现场布置的具体要求，现场设两个地面消火栓，可满足消防半径 25 m 范围内的灭火要求。

施工和生活用水由城市网管供给，目前每平方米平均施工用水量为 23 t，排污水 1.5 t。由于其排污水量少，所以同生活污水共同排放，洒水至施工现场。

本项目建成后设计用水均为生活用水，全部引自昆区的市政给水管网，接入点为兵工大道、民族东路和青山路，接入点主管管径为 DN300、DN400、DN600。

3. 施工用电

根据《城市电力规划规范》（GB 50293—1999），居住建筑用电负荷区 30 W/m^2。本项目建设过程和建成后用电均为民用负荷，现有的区域新增 4 处变电设施，完全可以满足要求。采用原有电源系统，由现有区域电网供给。

4. 排水

本项目施工过程排水主要为生产污水和施工人员生活污水及雨水。施工用水和施工人员生活用水由城市管网供给，目前每平方米平均施工用水量为 23 t，排污水 1.5 t。由于其排污水量少，所以同施工人员生活污水共同排放，洒水至施工现场；雨水顺自然坡度排除。

本项目建成后排水为生活污水和雨水，在主体工程完成后，与消防、煤气等管线一起修建地下排水管道，接入市政排水管网，接入点为青山路，民族东路和兵工大道，接入点主管管径为 DN500、DN800。

5. 采暖工程

本项目的采暖设计将严格按照国家建设部的规范要求，采用分户计量的供热方式，这样不仅有利于住宅楼的建筑节能，而且也进一步树立了热是商品的市场经济意识，为城市热费改革奠定了一定基础。室内设计温度为 18 ℃。采暖热源接入城市集中供热网，室内采暖设计采用分户供暖模式，详细设计将按照建设部有关规定执行。

6. 移民安置

本项目占地原为××村与××村集体土地，属于农用地。后经内蒙古自治区《关于同意包头市 2010 年度中心城市第三批次农用地专用和土地征收实施方案的通知》（内政土发〔2011〕34 号文件），该地块已批准为国有建设用地，用地性质为居住、公建。

项目区原为新城村平房住宅，沿民族东路一侧为花卉大棚。根据包头市××区人民政府和包头市××房地产开发有限责任公司达成的协议，包头市××区人民政府负责实施拆迁、城市基础设施配套建设和提供净地；包头市××房地产开发有限责任公司负责村民安置房的建设。目前已全部拆迁完毕。

3.2 主体工程水土保持分析与评价

3.2.1 主体工程水土保持制约因素分析与评价

3.2.1.1 对主体工程的约束性规定的分析与评价

按照《开发建设项目水土保持技术规范》（GB 50433—2008）要求，本工程将从工程选址及总体布局、施工组织、工程施工和工程管理等方面对涉及本工程的约束性规定进行逐项分析和评价。

1. 工程选址的分析与评价

本工程建设地点在包头市昆都仑区城市规划区，属于山前冲淤积平原区，植被覆盖度在 20% 左右，水土流失为轻度，用地性质为建设用地，用途为居住、公建。区域内无农耕地，也无水土保持监测站点、重点试验区等重要的水保设施，同时避开了泥石流易发区、崩塌滑坡危险区以及易引起严重水土流失和生态恶化的地区。因此，选址及总体布局基本合理，符合规范要求。

2. 施工组织分析与评价

本工程施工组织场地占地均在征地范围内，不需新增施工场地，较好地控制了施工占地。施工时间为 2012 年 9 月 ~2016 年 12 月，施工时间跨越了 4.5 个主风季和 4 个主雨季。根据施工进度，大面积的裸露土地只在施工结束时进行硬化和绿化。同时，施工期机械人工扰动大，主体工程施工组织设计未对建设期造成的风水蚀进行控制，不符合水保法律法规要求，下一步应结合水保方案，进行优化。施工土方量基本就近拉运和利用，施工开挖和回填以及土方调运均控制得较好，建设期未产生废弃方，避免了造成较大的新增水土流失。土方调配符合水保要求。

3. 工程施工分析与评价

由于本项目已经开工，本方案为补报方案，根据现场实地调查及可行性研究报告和主体工程施工计划发现：施工过程中，首先进行水、电和临时办公生活区的施工，以保证主体工程施工的水、电和人员生活；随后建（构）筑物等主体工程全面施工；待到主体工程完工后，再进行管线工程、道路、硬化和绿化等工程。各项工程的施工均控制在规定的范围内，各建筑物同时施工，尽量缩短施工时间。因此，工程施工部分符合水保理念要求。

4. 工程管理分析与评价

本工程为在建项目，主体工程前期工作未进行水土保持方案设计，因此工程管理中的水土保持工作也未具体落实到位，其成为本工程建设前期的主要制约性因素。下一步建设单位应按照《开发建设项目水土保持技术规范》（GB 50433—2008）具体规定及时将水土保持工程纳入到工程管理中，首先要委托具有相应资质的施工单位、监理单位和监测单位，然后具体落实业主、施工单位、监理单位、监测单位等各方的责任、义务和工作内容，同时按照水土保持方案制定的具体措施进行施工，才能确保符合规范要求。

综上所述，本工程选址基本符合水保要求，施工组织、施工管理方面部分满足水保要求，下一步应结合水保方案进行优化，以消除水保对主体工程的限制性因素，达到满足水保要求的程度。

3.2.1.2 对不同水土流失类型区和建设项目特殊规定的分析与评价

本工程为房地产开发建设工程，建设地点为平原区，在此地区建设住宅小区主要特殊规定是安全性。而本区域不在滑坡、泥石流及不良地质灾害易发区，对于工程边坡采取必要防护措施后，满足工程的特殊规定。

3.2.1.3 方案比选的水土保持分析与评价

由于本工程项目组成简单，占地面积较小，受当地地形条件影响，主体工程布局和选址只进行了一个方案的设计，而且本工程为在建工程，已经在 2012 年 9 月开工。考虑到本工程主体工程设计未进行方案比选且主体工程已经开工等因素，由此确定本方案不存在方案比选的水土保持分析与评价。

3.2.2 主体工程的水土保持分析与评价

3.2.2.1 工程总体布局的分析与评价

本工程布设在城市规划区，属山前冲淤积平原区，地形较为平坦，适合于住宅小区的集中布置。建设过程中，所有的永久建筑区、施工区、施工道路区、管线工程区、材料堆放地、临时办公室生活区、空地区等都在划定区域内，布局紧凑，最大限度地减少了扰动范围。

待项目建成后，住宅小区内所有的区域均有覆盖，或为建（构）筑物，或为硬化，或为绿化，最大限度地控制了裸露区域的面积，减少了水土流失。

3.2.2.2 工程占地面积、类型和占地性质的分析与评价

根据主体工程设计文件和实地查勘,工程占地类型为建设用地,总占地面积33.49 hm^2,均为永久占地,无临时占地。

从水土保持角度分析,项目区土地利用为建设用地,植被覆盖率较低,符合不宜占用农耕地,特别是水浇地等生产力较高的土地有关政策规定。项目占地面积较小,布局紧凑,符合节约用地的原则。占地类型为规划建设用地,符合国家法律法规。

3.2.2.3 土石方平衡的分析与评价

本项目区为建设用地,施工过程中大量的土方开挖来自于永久建筑物开挖、硬化和管沟开挖。本工程总共动用土石方33.26万 m^3,其中挖方16.63万 m^3,填方16.63万 m^3,无弃方。挖方全部得到利用,不产生弃方。

主体工程挖填方施工时段、回填利用等安排有序,土石方调配基本合理,符合水土保持基本要求。

3.2.2.4 施工组织设计的分析与评价

1.施工场地布设的分析与评价

本工程施工过程中涉及的施工场地主要包括永久建筑区、施工区、施工道路区、管线工程区、材料堆放地、临时办公生活区、空地区。其中,项目区周边围栏在建设初期就已经建成,其他的如排水沟、硬化、绿化等均为主体工程完工后再建。

综上所述,施工场地全部布置在征地范围内,建设单位充分利用了当地的地形,对施工场地进行了合理的安排布设,既满足了施工要求,又减少了施工过程中产生的水土流失,符合水土保持要求。

2.施工时序的分析与评价

本工程土建施工活动主要在4~10月,建筑物可以同时施工。各区域施工进度安排合理,施工紧凑,施工时序相互衔接,缩短施工扰动土地时间,施工过程中考虑了土方相互调配利用,保证了土方开挖后及时调配利用,减少了临时堆土占地面积和时间。施工时序基本符合水土保持理念。

3.施工能力的分析与评价

本工程施工用水较少,主要来源于当地供水管网;施工用电利用先期架设完成后的本工程供电线路提供;施工道路利用原有的进场道路。综上所述,本工程的施工条件较好,各项设施完全能够满足本工程的施工要求,不需新建保证本工程顺利施工所需的临时设施,没有施工临时占地面积,使本工程施工过程中破坏原地貌和植被面积控制在最小,符合水土保持要求。

4.施工方法和施工工艺分析与评价

本工程主体部分本着“先下、后上,先内、后外”的顺序进行施工,涉及动土、扰土的设施和建筑的施工方法主要为机械或人工进行的开挖、回填、碾压和平整等活动,施工方法和施工工艺相对简单。

基础开挖按照主体工程设计的位置和标高,采用机械和人工配合开挖永久建筑物基础,不得挖至设计标高以下,开挖土方临时堆放在基础周边;回填土方采用人工分层回填、蛙式打夯机夯实的方式进行,分层回填厚度不得大于30 cm,回填土方时,基坑内的渣土、

积水应清理干净。

从水土保持角度分析，主体工程采取的施工方法和施工工艺基本满足水土保持要求，但在工程施工过程中也有一些新增水土流失没有采取措施进行控制，造成了一定的水土流失。

3.2.3 主体工程设计的水土保持分析与评价

本项目主体工程设计和施工中，按照本行业的设计规范设计了有针对性的措施，如硬化、绿化美化，项目区周边围栏、排水沟、施工洒水等措施，这些措施均为主体工程中具有水土保持功能的设施，一方面使得住宅小区环境优美，另一方面具有防治水土流失、保护生态环境的作用。但是在具体设计方面还需要补充和完善。

3.2.3.1 主体工程中具有水土保持功能，但不纳入水土保持投资的工程

本项目中，主体工程设计的工程措施，如场地平整、项目区周边围栏拦挡、空地硬化等，具有水土保持功能，但不纳入水土保持投资。

1. 场地平整

在项目建设前，主体首先进行了场地平整，面积为 33.49 hm^2。场地平整削减了地形的起伏，有效地减少了施工过程中的水土流失量，尤其是水力侵蚀量，具有水土保持的功能。

2. 项目区周边围栏拦挡

主体设计在项目区周边布设围栏，而且已经于 2012 年 9 月建成。围栏长 4 560 m，高 2.5 m，底部水泥台高 0.5 m，宽 0.4 m，上部镀锌围栏高 2 m。所用水泥 527.13 t，沙子 1 789.24 m^3，红砖 557 270 块，镀锌围栏 6 102.32 m^3。项目区围栏将项目区与周边环境隔离，减少了对周围环境的影响，具有水土保持功能。

3. 空地硬化

主体设计在项目区部分空地进行硬化，硬化面积为 11.11 hm^2。空地硬化使得地表被覆盖，基本不再产生水土流失，具有水土保持的功能。

3.2.3.2 主体工程中应纳入水土保持投资的水土保持工程

本项目中，主体工程设计的工程措施，如部分道路单侧排水沟应纳入水土保持投资；主体设计的植物措施，如绿化美化应纳入水土保持投资。

主体工程设计在部分道路一侧设置盖板排水沟，主要用于雨水的排放。排水沟末端与项目区外市政排水管线相连。排水沟的防御标准为 10 年一遇 24 小时暴雨量。

排水沟长 2 370 m，断面宽为 0.30 m，深 0.40 m，两侧水泥砂浆各 0.05 m，预制板各 0.05 m，能够满足设计流量要求，可顺利将项目区内雨水排除，具有水土保持功能，同时应纳入水土保持投资。

3.2.4 主体工程设计的水土保持工程的分析与评价

3.2.4.1 永久建筑区

1. 措施分析

本项目建设过程中，主体工程没有对永久建筑区进行防治措施设计。

2. 评价

项目建设过程中，主体工程没有对永久建筑区设计防治水土流失的措施，本方案需补充设计，如洒水降尘等临时措施。

3.2.4.2　施工区

1. 措施分析

施工区主要用于施工过程中人员和机械设备的操作。本项目建设过程中，主体工程没有对施工区进行防治措施设计。

2. 评价

项目建设过程中，主体工程没有对施工区设计防治水土流失的措施，本方案需补充设计，如洒水降尘等临时措施。

3.2.4.3　施工道路区

1. 措施分析

由于项目在施工过程中，地表土壤被破坏，在起沙风速的作用下将给周边带来大量的扬尘，形成较为严重的风蚀，因此建设单位在施工过程中必须采取洒水降尘措施，大风天气每天最少洒水 2 次，每次洒水 1.48 m^3。项目区租用 1 台洒水车，加 100 m 输水软管进行洒水，项目区年平均大于起沙风速 5 m/s 的大风日数为 47 天，洒水面积 2.96 hm^2，施工期共计洒水 627.52 m^3，水源来自项目区。

2. 评价

洒水降尘措施能减少施工过程中水土流失量，满足水土保持的要求。

3.2.4.4　管线工程区

1. 措施分析

主体工程设计在道路单侧设置盖板排水，主要用于雨水的排放。排水沟末端与项目区外市政排水管线相连。排水沟的防御标准为 10 年一遇 24 小时暴雨量。

排水沟长 3 700 m，断面宽为 0.30 m，深 0.40 m，两侧水泥砂浆各 0.05 m，预制板各 0.05 m，排水沟总修建 2 370 m，土石方工程量为 284.4 m^3，水泥砂浆 130.36 m^3，预制板 214.98 m^3。以上措施能够满足设计流量要求，可顺利将项目区内雨水排除。

2. 评价

排水沟设计满足雨水排放要求，满足水土保持的要求。

3.2.4.5　材料堆放地

1. 措施分析

本项目建设过程中，主体工程没有对材料堆放地进行防治措施设计。

2. 评价

项目建设过程中，主体工程没有对材料堆放地设计防治水土流失的措施，本方案需补充设计，如临时拦挡等临时措施。

3.2.4.6 临时办公生活区

1. 措施分析

本项目建设过程中，主体工程没有对临时办公生活区进行防治措施设计。

2. 评价

项目建设过程中，主体工程没有对临时办公生活区设计防治水土流失的措施，本方案需补充设计，如洒水降尘等临时措施。

3.2.4.7 空地区

1. 措施分析

本项目建设过程中，主体工程没有对空地区进行防治措施设计。

2. 评价

项目建设过程中，主体工程没有对空地区设计防治水土流失的措施，本方案需补充设计，如洒水降尘等临时措施。

3.2.4.8 建成后的道路区

1. 措施设计

在主体工程结束后，主体工程设计在道路两侧栽种行道树，但是对于行道树的树种选择、栽种时间、栽植方式、抚育措施等都没有具体设计。

2. 评价

本方案需要补充道路两侧行道树的具体设计。

3.2.4.9 建成后的绿化区

1. 措施分析

主体工程设计在项目竣工后对区域内硬化以外的空地进行绿化美化的植物措施。主要设计在楼前楼后、小型广场相对宽阔的区域等集中栽植树木和灌木；在不宜栽种树木和灌木的区域，主要布置草坪，以达到绿化美化的效果。但是对于草树种的选择、栽种数量、栽种技术等没有具体设计。

同时，主体工程在空地区要设计花坛。在项目区内绿化区设置大花坛 1 个，占地 100 m^2，小花坛 4 个，每个花坛占地 50 m^2，共占地 0.03 hm^2。花坛呈圆形，大花坛半径 5.65 m，小花坛半径 4 m，高均为 1 m，外围使用砖和水泥砌筑。工程所需沙子 22.96 m^3，水泥 6.04 t，红砖 49 374 块。花坛内种植花卉，如石竹、牵牛、喇叭、鸡冠花、大丽花、小丽花、美人蕉等，美化环境。

2. 评价

建设单位已委托有资质的单位对本项目进行建设后的绿化美化设计，植被覆盖率达到 35% 以上，并形成绿化效果图。但是对于草树种的选择、具体的防治水土流失的措施及其工程量没有说明，不能有效防止水土流失。所以，在本方案补充设计了绿化措施，补充完善水土保持植物措施的草树种选择、数量，并对技术措施进行补充设计。主体工程对于花坛的设计符合水土保持的要求。具体分析评价内容见表 3-2。

表 3-2　水土保持工程的分析评价结果

<table>
<tr><td colspan="2" rowspan="2">项目区</td><td colspan="2">主体工程具有水土保持功能的工程</td><td rowspan="2">方案需新增设计</td></tr>
<tr><td>主体设计内容</td><td>问题及不足</td></tr>
<tr><td rowspan="7">建设期</td><td>永久建筑区</td><td>无</td><td>缺乏施工过程中的临时防护措施</td><td>新增洒水降尘等临时措施</td></tr>
<tr><td>施工区</td><td>无</td><td>缺乏施工过程中的临时防护措施</td><td>新增洒水降尘、苫盖遮挡等临时措施</td></tr>
<tr><td>施工道路区</td><td>无</td><td>缺乏施工过程中的临时防护措施</td><td>新增洒水降尘等临时措施</td></tr>
<tr><td>管线工程区</td><td>排水沟</td><td>无</td><td>无</td></tr>
<tr><td>材料堆放地</td><td>无</td><td>缺乏对材料和临时堆土的临时防护措施</td><td>新增对材料和临时堆土的苫盖遮挡措施</td></tr>
<tr><td>临时办公生活区</td><td>无</td><td>缺乏施工过程中的临时防护措施</td><td>新增洒水降尘等临时措施</td></tr>
<tr><td>空地区</td><td>无</td><td>缺乏施工过程中的临时防护措施</td><td>新增洒水降尘等临时措施</td></tr>
<tr><td rowspan="2">建成后</td><td>道路区</td><td>行道树的理念</td><td>缺乏行道树的具体设计</td><td>补充行道树具体设计</td></tr>
<tr><td>绿化区</td><td>花坛设计;绿化美化的理念</td><td>缺乏绿化美化的具体设计</td><td>补充绿化美化具体设计</td></tr>
</table>

3.2.5　工程建设对水土流失的影响因素分析

经过对本项目实地调查和勘测,工程在建设过程中水土流失主要是风力侵蚀,间有季节性的水力侵蚀。侵蚀主要发生在下列区域:永久建筑区、施工区、施工道路区、管线工程区、材料堆放地、临时办公生活区和空地区。本项目可能造成的水土流失因素分析见表 3-3。

表 3-3　本项目可能造成的水土流失因素分析表

分区	水土流失因素分析	水土流失类型
永久建筑区	建设期开挖回填土方量大,破坏地面植被严重	风力侵蚀,间有水力侵蚀
施工区	施工作业人员和机械设备的扰动和碾压	风力侵蚀,间有水力侵蚀
施工道路区	由于车辆来往,破坏、占压地表植被,损害植物并降低了区域内的水土保持功能	风力侵蚀,间有水力侵蚀
管线工程区	开挖回填土方量大,破坏地面植被严重,形成临时堆土区	风力侵蚀,间有水力侵蚀
材料堆放地	施工作业人员和机械的扰动和碾压	风力侵蚀,间有水力侵蚀
临时办公室区	施工作业人员和机械的扰动和碾压	风力侵蚀,间有水力侵蚀
空地区	施工作业人员和机械的扰动和碾压	风力侵蚀,间有水力侵蚀

本项目建设按照建筑行业规范和标准对影响主体工程的安全进行了系统设计,在构筑物结构、形式、材料的选定和抗滑、抗倾覆、地基承载力等方面均能满足水土保持的要

求，但就整个项目区的水土流失而言，主体工程设计中只考虑项目主体工程竣工后的硬化和绿化、遮挡及施工挖土料拉运过程中的降尘等临时防护措施，对于绿化美化设计不明确，不能指导实践。所以，本方案对此进行了相应的补充完善设计，将其与主体工程中具有水保功能的工程一起纳入本方案水土保持防治体系中，形成完整、科学的水土流失防治措施体系。

3.3 防治责任范围及防治分区

3.3.1 水土流失防治责任范围

根据工程建设实际情况和外业调查的结果，确定本项目建设的水土流失防治责任范围为34.86 hm^2，详见表3-4。

3.3.1.1 项目建设区

项目建设区为永久占地。根据主体设计资料和现场实地勘测，本项目建设区面积33.49 hm^2。

3.3.1.2 直接影响区

本项目位于石拐区新区，建设单位在建设过程中加强拦挡，以保护由于开挖、回填过程动用土石方在风力作用下引起的扬沙对市区的影响。该住宅区周边长4 560 m，在其外围3 m有影响，影响区面积1.37 hm^2。

表3-4 防治责任范围 （单位：hm^2）

项目名称		项目建设区	直接影响区	防治责任范围
项目建设区	永久建筑区	6.03	0	6.03
	施工区	8.80	0	8.80
	施工道路区	2.96	0	2.96
	管线工程区	0.12	0	0.12
	材料堆放地	4.88	0	4.88
	临时办公生活区	0.50	0	0.50
	空地区	10.20	1.37	11.57
	总计	33.49	1.37	34.86

3.3.2 水土流失防治分区

本项目的水土流失主要产生于建设期。根据工程建设的特点、地貌类型、侵蚀方式及其对环境的危害，本项目水土流失防治分区分为永久建筑防治区、施工防治区、施工道路防治区、管线工程防治区、材料堆放地防治区、临时办公生活防治区和空地区7个防治区，具体见表3-5。

表 3-5　水土流失防治分区

项目区	分区特征	水土流失特点
永久建筑区	基础开挖加大地面坡度，形成人为破坏面	场地平整、永久建筑物基础开挖、地基填筑等施工活动破坏地表植被严重，风力、水力侵蚀均有发生，水土流失较严重，面状扰动为重点治理区
施工区	施工过程中机械碾压，破坏地表植被，形成裸露面	机械碾压破坏低地表植被，风力、水力侵蚀均有发生，水土流失较严重，面状扰动为重点治理区
施工道路区	路基填筑过程中形成临时堆土，人为增大了地面坡度，形成破坏带	道路修建过程中破坏地表植被，在路基填筑和运输过程中扰动严重，风力和水力侵蚀均有发生，具有线状侵蚀的特点
管线工程区	管沟开挖过程中破坏地表植被，产生人为边坡及临时堆土，形成破坏带	管沟开挖过程中产生的人工边坡、开挖面及临时堆土，扰动地表严重，风力和水力侵蚀均有发生，具有线状侵蚀的特点
材料堆放地	材料堆放过程中碾压土地，形成人为破坏面；同时永久建筑区临时堆土，加大地面坡度，形成疏松堆土体	场地平整等施工活动破坏地表植被，风力、水力侵蚀均有发生，水土流失较严重，堆放施工材料过程中占压土地，面状扰动为重点治理区
临时办公生活区	修建过程中占压土地，形成人为破坏面	基础开挖等破坏地表植被，占压土地，风力和水力侵蚀均有发生
空地区	场地平整破坏地表植被，形成人为破坏面	场地平整和人员等施工活动破坏地表植被严重，风力、水力侵蚀均有发生，水土流失较严重，面状扰动为重点治理区

3.4　水土流失调查与预测

水土流失调查与预测是指对工程建设不采取任何防护措施下可能产生的水土流失量和危害的现场调查及预测，是水土流失防治区划分和水土保持措施数量、标准的确定及措施优化配置的基础。

3.4.1　水土流失成因、类型及分布

3.4.1.1　水土流失影响因素分析

项目区水土流失主要影响因素包括自然因素和人为因素。

1. 自然因素

所有的外营力因素都对水土流失有相应的影响，而该地区造成土壤侵蚀的外营力主要是风力和降水以及下垫面状况。

(1)大风：风力的大小直接影响下垫面物质的运动和沉积，它的搬运能力取决于风速、风向和风的延续时间。工程建设区属于温带大陆性半干旱季风气候区，具有风大多沙的特点，年平均风速 2.2 m/s，大于等于 5 m/s 的大风日数 28 天左右，强劲的风力是本地

水土流失最主要的动力。

（2）降水：高强度的降水是导致水力侵蚀的直接动力。建设区多年平均降水量为303.1 mm。降水特点是：降水集中、强度大，常以暴雨的形式出现。暴雨次数较多，雨量大，受雨滴击溅和径流的冲刷作用下，地表容易产生水土流失。因此，降雨是造成本地水土流失的主要动力，减少侵蚀动力的根本办法是提高地表的抗蚀能力。

（3）下垫面状况：当地土壤属于栗钙土，土壤中的腐殖质含量较低，项目区原为草地，植被覆盖度20%左右，建设过程中容易发生侵蚀。

2. 人为因素

本项目由于永久建筑物的建设、管线的开挖等，需要大面积地破坏土地、开挖土方、堆放原材料等，改变和重塑了原有地形地貌，破坏了下垫面土壤结构、地表植被，造成水土流失，是一种典型的现代人为加速侵蚀。降水和径流产生的侵蚀，其搬运物质不仅是单纯的土壤、土体或母质，而是生产建设过程中产生的混合岩土。风蚀也不仅表现为沙土的搬运，而是夹杂生产过程中产生的岩土的混合搬运。

根据房地产建设工程的建设特点，施工建设活动主要从以下几方面促使形成新增水土流失。

1）天然植被受到扰动和破坏

（1）永久建筑地基开挖、管线区取土和挖方等，形成了特有的条带状和面状裸露面。

（2）施工活动、施工机械的碾压和人员往来等破坏了植被。

2）土壤表层松散性加大

土壤是侵蚀过程中被侵蚀的对象。区域内植被稀少，土表的抗风蚀能力差。由于厂房建设项目的施工，大量的松散表土发生运移和重新堆积，土壤水分大量散失，受到外界气候条件的影响，丧失了原地表土壤的抗蚀力。

3.4.1.2 水土流失类型及其分布

项目区新增水土流失主要以风力侵蚀为主，间有季节性水力侵蚀，属风力、水力复合侵蚀区。根据对项目区的现场调查，水土流失主要发生在永久建筑区、施工区、施工道路区、管线工程区、材料堆放地、临时办公生活区、空地区施工过程中。

永久建筑区：永久建筑区首先破坏了原有的地表植被，并在地基开挖的过程中，动用土石方，容易形成侵蚀。由于施工过程较长，水蚀和风蚀均存在。

施工区：施工区首先破坏了原有的地表植被，在施工过程中人员和机械碾压土地，容易形成侵蚀。由于施工过程较长，水蚀和风蚀均存在。

施工道路区：施工道路和规划道路的建设，首先破坏了原有的地表植被，形成疏松表层，容易产生风蚀。该区域在整个施工过程中均会产生水土流失。

管线工程区：在建设过程中，土方开挖、土料临时堆放破坏地表植被，形成土质疏松、抗侵蚀力低而裸露的人工堆积体容易产生风蚀；同时，由于临时堆土产生坡度，容易产生水蚀。该区域在整个管线施工过程中均受到侵蚀。

材料堆放地：材料堆放破坏和埋压地表植被，形成疏松的地表，在风力作用下易发生风蚀。同时，场地中的材料和临时堆土或弃土，具有一定的坡度，在雨季易产生水蚀。该区域在整个施工过程中均受到侵蚀。

临时办公生活区:临时办公生活区的建设破坏和占压土地,由于施工期在春季,易发生风蚀。

空地区:空地区无覆盖物,在施工过程中,容易受到扰动,产生水土流失。

在主体工程完工后,道路及硬化区和绿化区要进行相应的硬化和绿化。

3.4.2 水土流失调查及预测内容和方法

3.4.2.1 调查与预测时段

根据上述对工程建设中水土流失影响因素分析及不同区域水土流失的特点,本项目水土流失调查和预测区域分为永久建筑区、施工区、施工道路区、管线工程区、材料堆放地、临时办公生活区和空地区。

依据《开发建设项目水土保持方案技术规范》(GB 50433—2008)要求,已建建设类项目预测时段分为建设期和自然恢复期。

1. 建设期

结合项目施工进度安排,本项目建设期为2012年9月~2016年12月,共52个月。由于本工程属于在建项目,所以对于建设前期,即2012年9月~2013年7月的水土流失采用遗迹调查的方法确定其水土流失量,此阶段为调查时段。对于2013年8月~2016年12月的水土流失采用预测的方法确定其水土流失量,此阶段为预测时段。

2. 自然恢复期

工程完工后,不存在新的破坏和开挖,此时的水土流失仅是施工期的延续。根据当地自然条件,一般植被恢复或表土形成相对稳定的结构并发挥水土保持功效需要3~5年,考虑到该项目所在地区为城区的生态环境系统,确定自然恢复期预测时段为2年。

3.4.2.2 水土流失调查内容

根据《开发建设项目水土保持方案技术规范》(GB 50433—2008)的要求,结合本项目的具体建设内容,水土流失预测内容包括:工程扰动原地貌、破坏土地和植被情况;弃土、弃石量;损坏水土保持设施的面积和数量;可能造成的水土流失面积和流失总量;可能造成的水土流失危害。具体内容见表3-6。

表3-6 水土流失调查预测内容

项目	预测内容
扰动原地貌、破坏土地和植被情况预测	包括对永久建筑区、道路及硬化区和绿化区等区域占地类型进行统计,得出主体工程占压的土地面积和土地类型
弃土、弃石量预测	包括永久建筑区、管线铺设的弃土、弃石量
损坏水土保持设施的面积和数量预测	水土保持设施包括原地貌、植被,已实施的水土保持植物措施和工程措施
可能造成的水土流失面积及流失总量预测	根据新增水土流失影响因素,水土流失类型、分布情况以及原地面水土流失状况,确定工程可能造成的水土流失面积及新增水土流失总量
可能造成的水土流失危害预测	工程造成的水土流失对本区域及周边地区的危害

3.4.2.3 **调查和预测方法**

根据对影响水土流失因素的分析，工程建设过程中的水土流失除受项目区水文、气象、土壤、地形、植被等自然因素影响外，还受各项施工建设活动的影响，使施工区域水土流失表现出特殊性（如水土流失形式、数量发生较大变化等），导致水土流失随施工场地和施工进度的变化而变化，表现出随时空变化的动态性，因此也必须针对这种时空变化的动态性相应做出水土流失调查与预测。

本方案主要采用现场调查的方法确定建设期扰动原地貌、破坏植被面积、弃土石量、破坏水土保持设施面积，采用资料类比的方法确定水土流失强度。具体见表3-7。

表3-7 调查预测方法及内容

项目	调查预测方法
扰动原地貌，破坏土地和植被情况预测	实地调查法和实地量测法
弃土、弃石量预测	资料调查法和实地调查法
损坏水土保持设施的面积和数量预测	实地调查法和实地量测法
可能造成的水土流失面积及流失总量预测	实地量测法、引用资料类比法和侵蚀量计算公式
水土流失危害预测	资料调查法和实地调查法

3.4.3 预测结果

3.4.3.1 **扰动原地貌、破坏土地及植被情况预测**

经实地调查和实地量测，项目建设扰动原地貌面积33.49 hm^2，扰动区土地利用类型原为农用地，后规划为建设用地。详见表3-8。

表3-8 项目建设扰动原地貌面积 （单位：hm^2）

项目名称	项目建设区	占地类型	占地性质
永久建筑区	6.03	规划建设用地	永久占地
施工区	8.80	规划建设用地	永久占地
施工道路区	2.96	规划建设用地	永久占地
管线工程区	0.12	规划建设用地	永久占地
材料堆放地	4.88	规划建设用地	永久占地
临时办公生活区	0.50	规划建设用地	永久占地
空地	10.20	规划建设用地	永久占地
总计	33.49		

3.4.3.2 **损坏水土保持设施的面积和数量预测**

水土保持设施是指具有防治水土流失功能的各类人工建筑物、自然和人工植被以及自然地物的总称，如原地貌、人工、自然植被，已实施的水土保持工程设施等均具有相应的水土保持功能,应视为水土保持设施。根据《内蒙古自治区水土流失防治费征收使用管理办法》,施工建设活动对原地表水土保持工程设施、生物设施构成占压和损坏的要按标准交纳水土保持设施补偿费。

根据对本工程建设区占地类型的统计分析,在工程建设过程中占用的土地类型全部为草地。由此确定本工程建设破坏具有水土保持功能的设施面积33.49 hm^2。见表3-9。

表3-9 损坏水土保持设施的面积统计表 (单位:hm^2)

项目名称	项目建设区	占地类型	占地性质
永久建筑区	6.03	草地	永久占地
施工区	8.80	草地	永久占地
施工道路区	2.96	草地	永久占地
管线工程区	0.12	草地	永久占地
材料堆放地	4.88	草地	永久占地
临时办公生活区	0.50	草地	永久占地
空地区	10.2	草地	永久占地
总计	33.49		

3.4.3.3 弃土石及垃圾等废弃物预测

根据项目可行性研究报告,结合实地调查,确定本工程建设过程中征占地总面积33.49 hm^2,全部为永久占地。本工程项目区内总共动用土石方33.26万m^3,其中挖方16.63万m^3,填方16.63万m^3,无弃方。生活垃圾集中收集后运至××区垃圾转运站统一处理。

3.4.3.4 可能造成的水土流失量预测

1.原生地貌及施工期土壤侵蚀模数确定

根据应用遥感技术进行的全国土壤侵蚀第二次普查成果,结合外业实测水土流失量,确定项目区原地面水力侵蚀模数为400 t/(km^2·a),风力侵蚀模数为1 100 t/(km^2·a)。根据《包头市人民政府关于划分水土流失重点防治区通告》,项目区属市级重点监督区。

2.项目建设过程中的土壤侵蚀模数的确定

项目建设过程中的土壤侵蚀模数采用资料类比法进行确定。

本项目位于包头市××区兵工大道南侧,青山路北侧,民族东路东侧。所以,类比已经建成的其他建设类项目,利用其以往的监测数据进行对比,类比区条件对比见表3-10。

表 3-10　类比区条件对比表

类比项目区	华电包头河西电厂	项目区
地形地貌	典型高原	典型高原
气候特点	北温带大陆性季风气候，年平均气温 5.8 ℃。年均降水量 342.8 mm。年平均蒸发量 2 094.4 mm，平均风速 2.5 m/s	北温带大陆性季风气候，年平均气温 7.8 ℃。年均降水量 303.1 mm。年平均蒸发量 1 791.6 mm，平均风速 2.2 m/s
土壤	淡栗钙土	淡栗钙土
植被覆盖度及类型	干草原植被 植被覆盖度 15% 左右	干草原植被 植被覆盖度 20% 左右
土地利用及施工扰动情况	规划建设用地	规划建设用地
水土流失特点	以风力侵蚀为主，间有季节性水力侵蚀；风蚀主要发生在春秋季，水蚀发生在雨季	以风力侵蚀为主，间有季节性水力侵蚀；风蚀主要发生在春秋季，水蚀发生在雨季

风蚀模数：在确定风蚀模数时，充分考虑项目区和类比区的气候特征值，尤其是风能特征值。类比区年平均气温低于项目区，蒸发量却高于项目区；项目区比类比区降水量要小；在风速方面，类比区风速大于项目区风速；类比区土壤为淡栗钙土，与项目区相同；类比区植被覆盖度小于项目区。综合以上分析，确定本项目风力侵蚀修正系数为 0.8，也就是说，项目区风蚀模数小于类比区风蚀模数。

水蚀模数：在确定水蚀模数时，充分考虑项目区和类比区的气候特征值，尤其是降雨特征值。类比区年降水量大于项目区降水量；类比区土壤为淡栗钙土，与项目区相同；类比区比项目区植被覆盖度小；类比区地形属于丘陵区，而项目区属于平原区。综合以上分析，确定本项目修正系数为 1.1，也就是说，项目区水蚀模数大于类比区水蚀模数。

据此，本项目水力侵蚀模数为 2 000 t/(km^2 · a)左右，风力侵蚀模数为 3 500 t/(km^2 · a)左右。

3.4.3.5　可能造成的水土流失面积预测

按水土流失分区及其建设实际扰动土地面积，统计在工程建设过程中不同预测时段可能造成的水土流失面积。工程占地面积 33.49 hm^2，全部造成新的水土流失。

3.4.3.6　可能造成的水土流失量预测

根据本项目建设的施工进度安排和项目区土壤风力侵蚀和水力侵蚀年内分布情况综合分析确定不同区域的水土流失量。在确定水土流失背景值、水土流失预测强度值和新增水土流失面积的基础上，求得新增水土流失总量。

本项目建设过程中可能造成的水土流失面积和水土流失强度预测值，工程建设可能造成土壤侵蚀量为 8 400.44 t，其中新增土壤侵蚀量 5 899.19 t，占土壤侵蚀总量的 70.22%。

3.4.3.7　可能造成的水土流失危害预测

1. 加大项目区及周边地区土壤侵蚀强度

本项目建设过程中扰动地表，疏松土壤，在当地气候条件下，易产生挟沙风。据 1992 年刘玉璋等的研究，在同一风速下挟沙风与净风作用于同一种土壤引起的风蚀量具有明显差异，前者是后者的 4.36～72.9 倍，净风（风速 <20 m/s）对保持自然土体结构并有一定植被盖度的土壤基本不产生风蚀，只有挟沙风作用于地表才产生风蚀。因此，项目建设将加速项目区及周边地区的土壤风蚀发生与发展。

2. 对地表植被的破坏

项目区在建设施工期用地及机械碾压、施工人员践踏等破坏施工区域内的植被，破坏和影响施工区周围环境的植被覆盖率和数量分布。

3.5　建设项目水土流失防治措施布设

3.5.1　水土流失防治措施体系和总体布局

3.5.1.1　水土流失防治措施体系

针对防治建设区的水土流失，除主体工程已有的具有水土保持功能的措施外，针对各区域存在的不足之处采取必要的工程措施、植物措施和临时措施。建设期水土流失防治措施体系见图 3-2，建成期水土流失防治措施体系见图 3-3。

3.5.1.2　水土保持措施总体布局

项目区水土保持措施总体布局遵循“预防为主、全面规划、综合治理、因地制宜、加强管理、注重效益”的方针，按照预防和治理相结合的原则，坚持局部与整体防治、单项防治措施与综合防治措施相协调、兼顾生态效益和经济效益、按分区进行措施总体布置。

1. 施工期水土保持措施总体布置

永久建筑区：水土保持措施以临时措施为主，主要是在施工过程中洒水降尘。

施工区：施工区主要用于建设过程中机械运转、工人施工建设，其水土保持措施以洒水降尘、苫盖遮挡为主。在主体工程建成后，施工区将被用于硬化、绿化。

施工道路区：主体工程施工过程中，施工道路水土保持措施以临时措施为主，即施工过程中的洒水降尘；主体工程建成后，施工道路转化为项目区道路，其水保措施以植物措施为主，即栽种行道树。

管线工程：道路排水沟建设。

材料堆放地：在主体工程施工过程中，材料堆放地主要是用于建筑材料和临时堆土，水土保持措施以临时措施为主，主要为苫盖遮挡。在主体工程建成后，材料堆放地将被用于硬化、绿化。

临时办公生活区：在主体工程施工过程中，临时办公生活区水土保持措施以临时措施为主，即洒水降尘；在主体施工建成后，临时办公生活区将被绿化美化，水土保持措施以植物措施为主，主要是绿化美化。

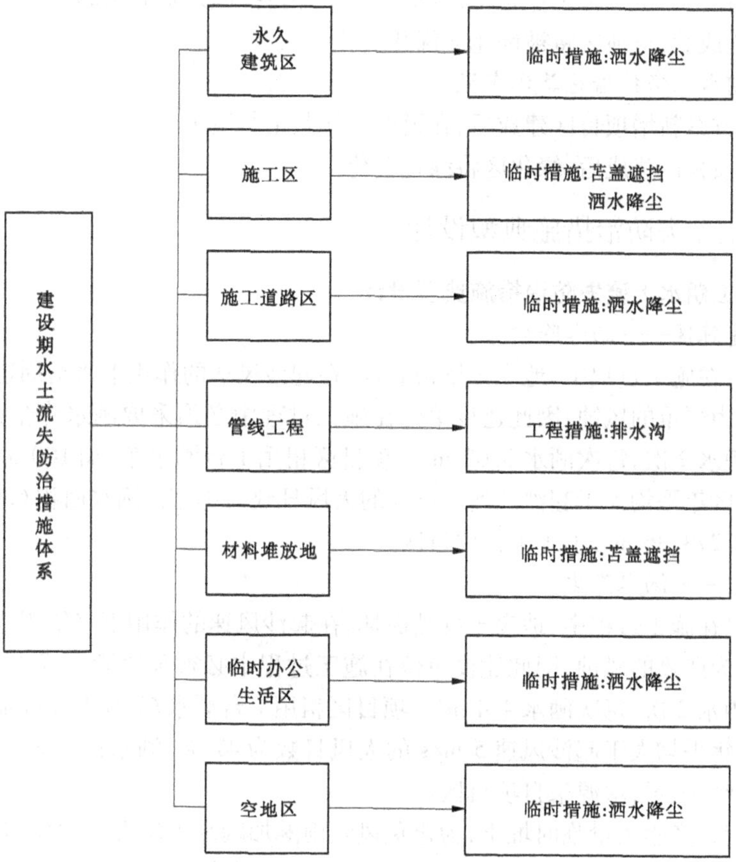

图 3-2 建设期水土流失防治措施体系

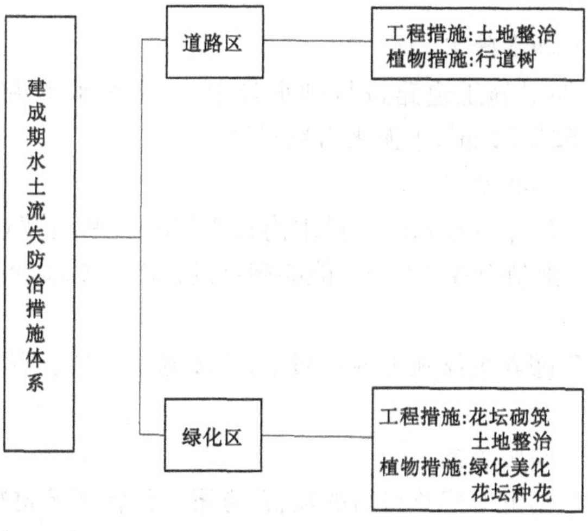

图 3-3 建成期水土流失防治措施体系

空地区：在主体工程施工过程中，空地区水土保持措施以临时措施为主，即洒水降尘；在主体施工建成后，空地区将被硬化或绿化美化。

2. 建成期水土保持措施总体布置

道路区：方案新增项目区建成后，在道路两侧栽植行道树。

绿化区：项目区建成后，绿化区将绿化美化。

3.5.2 水土流失防治措施典型设计

3.5.2.1 施工期水土流失防治措施典型设计

1. 永久建筑区——洒水降尘

由于项目在施工过程中，地表土壤被破坏，在起沙风速的作用下将给周边带来大量的扬尘，形成较为严重的风蚀，因此建设单位在施工过程中必须采取洒水降尘措施，大风天气每天最少洒水 2 次，每次洒水 3.02 m^3。项目区租用 1 台洒水车，加 100 m 输水软管进行洒水，项目区年平均大于起沙风速 5 m/s 的大风日数为 47 天，洒水面积 6.03 hm^2，施工期共计洒水 1 278.36 m^3，水源来自项目区。

2. 施工区——洒水降尘

由于项目在施工过程中，地表土壤被破坏，在起沙风速的作用下将给周边带来大量的扬尘，形成较为严重的风蚀，因此建设单位在施工过程中必须采取洒水降尘措施，大风天气每天最少洒水 2 次，每次洒水 4.4 m^3。项目区租用 1 台洒水车，加 100 m 输水软管进行洒水，项目区年平均大于起沙风速 5 m/s 的大风日数为 47 天，洒水面积 8.8 hm^2，施工期共计洒水 1 865.6 m^3，水源来自项目区。

施工过程中产生大量临时堆土，为避免风吹雨淋加剧水土流失，需对临时堆土进行苫盖遮挡。为避免大风掀走苫布，在苫布遮盖地段每 5 m 各插入一根钢钎，然后将苫布绑在钢钎上。临时堆土苫盖遮挡共需苫布 3 000 m^2，钢钎 183 根。施工完成后，临时堆土需及时回填。

3. 施工道路区——洒水降尘

主体设计在施工期对施工道路进行洒水降尘，每次洒水 1.48 m^3。洒水面积 2.96 hm^2，施工期共计洒水 627.52 m^3，水源来自项目区。

4. 管线工程——道路排水沟

主体设计在道路一侧布设排水沟。排水沟长 2 370 m，断面宽 0.30 m，深 0.40 m，两侧水泥砂浆各 0.05 m，预制板各 0.05 m，能够满足设计流量要求，可顺利将项目区内雨水排除。

其他管沟开挖工程随着主体施工逐步回填，主体施工完成，管线工程也回填完成，随之硬化。

5. 材料堆放地——临时苫盖

为减少风吹、日晒、雨淋对建筑材料的损害，方案设计将建筑材料用苫布进行遮盖，为避免大风掀走苫布，在苫布遮盖地段每 5 m 各插入一根钢钎，然后将苫布绑在钢钎上。

在施工时段根据施工需要局部揭开苫布，在停工时段要进行全部苫盖。材料堆放地需要苫布 3 500 m^2，钢钎 213 根。

主体竣工后，材料堆放地不再使用，随之转化为硬化用地或绿化用地。

6. 临时办公生活区——洒水降尘

由于项目在施工过程中，地表土壤被破坏，在起沙风速的作用下将给周边带来大量的扬尘，形成较为严重的风蚀，因此建设单位在施工过程中必须对临时办公生活区采取洒水降尘措施，大风天气每天最少洒水 2 次，每次洒水 0. 25 m^3。项目区租用 1 台洒水车，加 100 m 输水软管进行洒水，项目区年平均大于起沙风速 5 m/s 的大风日数为 47 天，洒水面积 0. 5 hm^2，施工期共计洒水 106 m^3，水源来自项目区。

7. 空地区——洒水降尘

由于项目在施工过程中，地表土壤被破坏，在起沙风速的作用下将给周边带来大量的扬尘，形成较为严重的风蚀，因此建设单位在施工过程中必须对空地区采取洒水降尘措施，大风天气每天最少洒水 2 次，每次洒水 5. 1 m^3。项目区租用 1 台洒水车，加 100 m 输水软管进行洒水，项目区年平均大于起沙风速 5 m/s 的大风日数为 47 天，洒水面积 10. 2 hm^2，施工期共计洒水 2 162. 4 m^3，水源来自项目区。

3. 5. 2. 2 建成期水土流失防治措施典型设计

1. 道路区

1）工程措施

项目区建成后，道路两侧空地需栽植行道树。方案新增设计对行道树占地进行土地整治，以便种植行道树。土地整治主要是指对开发建设破坏的土地进行地面平整、修复，挖高垫低，挖垫高度以接近原地面为准，同时去除地表碎石及杂质，使土地恢复至可利用的状态，便于植树种草。土地整治面积 1. 48 hm^2。

2）植物措施

方案新增设计在小区内道路两侧设计行道树，行道树左右各为 1 行，共 2 行。清理后的空地，土壤肥力较好。树种的选择既要考虑水土保持，又要注重景观美化和健康环保。绿化面积 1. 48 hm^2，采用乔木配置。树种选择为国槐和樟子松。国槐采用孤植，防护长度 3 700 m，防护面积 1. 48 hm^2，株距 3 m，采用株间混交，苗木规格胸径 0. 08 ~ 0. 1 m，需苗量 1 株/穴，总需苗量 1 235 株；樟子松采用孤植，防护长度 3 700 m，防护面积 1. 48 hm^2，株距 3 m，采用株间混交，苗木规格树高大于 6 m，需苗量 1 株/穴，总需苗量 1 235 株。

绿化技术管理措施如下：

（1）苗木要求。国槐用裸根苗；樟子松用带土坨的苗木，精心挖掘土球，并进行包扎。对苗木冠形和规格要求，树干高度合适，分枝点高度基本一致，树冠完整；栽在同一行内的同一批苗木个体不能相差过大，高差不超过 ±0. 5 m，胸径差不超过 1 cm，相邻植株规格应基本相同。

（2）整地方式与时间。根据项目区的土壤条件和绿化栽植要求，采用穴状整地。根据主体工程施工进度安排和项目区绿化工程量，在春季进行整地，随整地随造林。整地规格：常绿针叶乔木，坑径 × 坑深为 100 cm × 100 cm；落叶乔木，坑径 × 坑深为 100 cm × 100 cm。

（3）栽植方法。裸根苗的栽植方法：栽植前在含有生根粉和保湿剂的泥浆中蘸根，栽植时要扶正苗木入坑，用表土填至坑1/3处，将苗木轻轻上提，保持树身垂直，树根舒展，栽植后乔木填高约高于原土痕10 cm，灌木填高约高于原土痕5 cm，然后将回填土壤踏实。栽好后在树坑外围筑成灌水埂，即时浇灌，然后覆土，防止蒸发。将树型及长势较好的一面朝向主要观赏方向；如遇弯曲，应将变曲的一面朝向主风方向。新疆杨、国槐等栽植前在清水中全株浸泡48~72小时，栽时截干，切口处涂漆。带土球苗栽植方法：带土球苗木在春季土壤解冻前栽植，树苗入坑、定位后，将包扎材料解开，取出；分层填好土坑，并分层踏实；修好灌水埂，即时浇灌，然后覆土，防止蒸发。所有苗木定植前，土坑内施厩肥或堆肥10~20 kg，上覆表土10 cm，然后再放置苗木定植。

(4)抚育管理。栽植后灌足水，以后每隔15天浇一次水，成活后一月浇一次水。项目区内安装灌溉设备进行灌溉。每年穴内除草2~3次。另外，需定期整形修枝。根据当地灌溉资料乔木每棵每次灌溉50 kg，灌木每棵每次灌溉15 kg。乔木在秋末将树干刷白，防病虫害。

(5)补植补种措施。在苗木运输、栽植及生长过程中，由于苗木的生长状态和个体差异，会出现一定数量的缺苗、死苗，为保证苗木成活率，发挥其水土保持作用，必须及时进行补植补种，补植补种率为20%。

2. 绿化区

1)工程措施

项目区建成后，施工区、材料堆放地、临时办公生活区和空地区部分占地转化为绿化用地。方案新增设计对绿化区占地进行土地整治，以便绿化美化，土地整治主要是指对开发建设破坏的土地进行地面平整、修复，挖高垫低，挖垫高度以接近原地面为准，同时去除地表碎石及杂质，使土地恢复至可利用的状态，便于植树种草。土地整治面积11.79 hm^2。

2)植物措施

项目区建成后，施工区、材料堆放地、临时办公生活区和空地区部分占地转化为绿化用地。根据包头市锦尚国际住宅小区建设项目用地特点及规划设想，绿化区面积为11.79 hm^2，中间铺设绿地、设置座椅、小品及游戏场地及健身设施，两侧设计花、草、灌木和高大乔木，利用植物配置把不同形式的空间联系起来，达成统一效果。

(1)花坛设计。

在项目区内绿化区设置花坛共5个，占地面积0.03 hm^2。花坛呈圆形，外围使用砖和水泥砌筑。花坛内种植花卉，如石竹、牵牛、喇叭、鸡冠花、大丽花、小丽花、美人蕉等，种植方式为植苗，美化面积0.03 hm^2，单位面积需苗量4丛/hm^2，初期需种量1 200丛，补播需种量240丛。

(2)公共绿地。

公共绿地树种的选择既要考虑水土保持又要注重景观美化和健康环保。采用乔木、花灌木、绿篱、草坪、花卉等进行混合配置。在楼前楼后等绿化区采用草坪、花灌木、绿篱、花卉配置，在其他绿化区采用草坪、乔木、花灌木、花卉等配置。公共绿地配置见表3-11。

表 3-11　公共绿地植物设计

类型	植物	苗木		1 000 m^2 需苗量（株、丛）	面积（hm^2）	需苗量（株、丛、m^2）	备注
		树高（m）	胸径（cm）				
乔木	樟子松	>6		1	11.76	118	带土球
	垂柳	>5	13～15	3		354	保留三级以上分枝点 2.2 m，半冠移植
	云杉	>2.5	8～10	3		354	带土球
	龙爪槐	>3.0	8～10	2		236	裸根苗
	油松	>2.5	6～8	1		118	带土球
灌木	连翘			4		472	6～8 分枝/丛
	黄刺玫			2		236	6～8 分枝/丛
	榆叶梅			1		118	6～8 分枝/丛
	紫丁香			2		236	6～8 分枝/丛
	珍珠梅			4		472	6～8 分枝/丛
	白丁香			2		236	6～8 分枝/丛
地被植物及宿根花卉	沙地柏	0.4～0.6		113		13 289	25 丛/m^2
	马兰	0.3～0.5		46		5 410	36 丛/m^2
	芍药	0.4～0.6		7		824	
	桧柏篱	0.8		144		16 935	16 株/m^2
	早熟禾					117 600	1:1满铺

3. 绿化技术管理措施

1）乔木栽植及抚育管理

（1）苗木要求。

龙爪槐、垂柳等用裸根苗；樟子松、云杉、油松等用带土坨的苗木，精心挖掘土球，并进行包扎。对苗木冠形和规格要求，树干高度合适，分枝点高度基本一致，树冠完整；栽在同一行内的同一批苗木个体不能相差过大，高差不超过 ±0.5 m，胸径差不超过 1 cm，相邻植株规格应基本相同。

（2）整地方式与时间。

根据项目区的土壤条件和绿化栽植要求，采用穴状整地。根据主体工程施工进度安排和项目区绿化工程量，在春季进行整地，随整地随造林。整地规格：常绿针叶乔木，坑径 × 坑深为 100 cm × 100 cm；落叶乔木，坑径 × 坑深为 100 cm × 100 cm。

（3）栽植方法。

裸根苗的栽植方法：栽植前在含有生根粉和保湿剂的泥浆中蘸根，栽植时要扶正苗木入坑，用表土填至坑 1/3 处，将苗木轻轻上提，保持树身垂直，树根舒展，栽植后乔木填高约高于原土痕 10 cm，灌木填高约高于原土痕 5 cm，然后将回填土壤踏实。栽好后在树坑外围筑成灌水埂，即时浇灌，然后覆土，防止蒸发。将树型及长势较好的一面朝向主要观赏方向；如遇弯曲，应将变曲的一面朝向主风方向。新疆杨、国槐等栽植前在清水中全株浸泡 48 ~ 72 小时，栽时截干，切口处涂漆。

带土球苗栽植方法：带土球苗木在春季土壤解冻前栽植，树苗入坑、定位后，将包扎材料解开，取出；分层填好土坑，并分层踏实；修好灌水埂，即时浇灌，然后覆土，防止蒸发。所有苗木定植前，土坑内施厩肥或堆肥 10 ~ 20 kg，上覆表土 10 cm，然后再放置苗木定植。

(4)抚育管理。

栽植后灌足水，以后每隔 15 天浇一次水，成活后一月浇一次水。项目区内安装灌溉设备进行灌溉。每年穴内除草 2 ~ 3 次。另外，需定期整形修枝。根据当地灌溉资料乔木每棵每次灌溉 50 kg，灌木每棵每次灌溉 15 kg。乔木在秋末将树干刷白，防病虫害。

2)花灌木种植技术和抚育管理

花灌木种植技术：花灌木采用穴状整地，穴坑规格 80 cm × 80 cm，随整地随造林。苗木定植前，最好土坑内施厩肥或堆肥 10 ~ 20 kg，上覆表土 10 cm，然后再放置苗木定植，浇水。造林后及时灌水 2 ~ 3 次，一般为一周浇灌一次，成活后半月浇灌一次。

抚育管理：花灌木种植后及时灌水 2 ~ 3 次，每次每穴浇水量 20 kg，一般为一周浇灌一次，成活后视旱情浇灌一次。浇水方式采用塑料管。另外，需定时进行补植补播和整形修枝。

3)宿根花卉种植技术

宿根花卉整地：宿根花卉栽植地的整地深度应达 30 ~ 40 cm，甚至 40 ~ 50 cm，并施入适量的有机肥，以长时期维持良好的土壤结构及营养。

宿根花卉栽培：应选择排水良好的土壤。一般幼苗期喜腐殖质丰富的土壤，在第二年后则以黏质土壤为佳。定植初期加强灌溉，定植后的其他管理较简单。为使其生长茂盛、花多、花大，最好在春季新芽抽出时追施肥料，花前和花后再各追肥一次。秋季叶枯时，可在植株四周施腐熟的厩肥或堆肥。宿根花卉在 6 ~ 7 月栽植。

4)草坪苗栽植方法

草坪苗栽植采用植苗栽植的方法，与播种法相比，此法操作方便，费用较低，节省草源，管理容易，能迅速形成草坪。修剪可促进草坪分蘖，增加草坪密度，提高草坪观赏价值。新铺建的草坪 10 ~ 15 天后可进行修剪，避免剪湿草。剪草机的刀片要保持锋利，并定期消毒，以免传播病菌。修剪高度因草种不同而异。

3.5.3 防治措施工程量

施工期主体已有的工程措施工程量见表 3-12，建成期主体已有的工程措施工程量见表 3-13；建成期方案新增的工程措施工程量见表 3-14。

表 3-12 施工期主体已有的工程措施工程量

项目区	措施	单位	数量	工程量		
				土方(m^3)	水泥砂浆(m^3)	预制板(m^3)
管线工程	排水沟	m	2 370	284.4	130.36	214.98

表 3-13 建成期主体已有的工程措施工程量

项目区	措施	单位	数量	工程量		
				水泥(t)	沙子(m^3)	红砖(块)
绿化区	花坛砌筑	个	5	6.04	22.96	49 374

表 3-14 建成期方案新增的工程措施工程量

项目区	措施	单位	工程量
道路区两侧空地	土地整治	hm^2	1.48
绿化区	土地整治	hm^2	11.79

3.6 水土保持监测

3.6.1 监测时段及频次

本工程属于已建建设类项目，按照有关规定，监测时段划分为施工期和自然恢复期。由于本工程已经在 2012 年 3 月开工，现处于建设期，本水土保持方案确定的监测时段为 2012 年 3 月至设计水平年（见表 3-15），包括追溯调查时段 2012 年 3 月 ~2013 年 7 月、监测时段 2013 年 8 月 ~2016 年 2 月、自然恢复期 2016 年 3 月 ~2019 年 2 月。

表 3-15 监测时段及监测区域

监测时段	监测区域
2012 年 3 月至设计水平年	永久建筑区
	施工区
	施工道路区
	管线工程区
	材料堆放地
	临时办公生活区
	空地

3.6.2　监测区域与监测点位

3.6.2.1　监测区域

由于项目施工区域不同,水土流失类型、程度和特点各不相同。水土保持监测必须充分反映各施工区的水土流失特征、水土保持建设特点及其效益,以便建设单位和有关部门有针对性地分区采取措施,有效控制水土流失,保护和绿化生态环境。

根据本项目建设工程布局、可能造成的水土流失及其水土流失防治责任范围,按照《开发建设项目水土保持技术规范》和《水土保持监测技术规程》的要求将本工程水土保持监测范围确定为永久建筑区、施工区、施工道路区、管线工程区、材料堆放地、临时办公生活区、空地(见表3-15)。

3.6.2.2　监测点位

依据主体工程建设特点、施工中易产生新增水土流失的区域及项目区原有水土流失类型、强度等,确定水土保持监测点。从本工程水土保持预测结果看,水土流失主要发生在永久建筑区、施工区和空地。由于永久建筑区无法安放监测点位,且房地产项目建设的特殊性,应减少点位的布设,因此本项目在材料堆放地、施工区和空地区这三个区域各布设1处水蚀和1处风蚀监测点位。具体见表3-16。

表3-16　监测点位布设、时段及频率情况

监测时段	监测区域	监测点位	监测内容	监测频次
2013年8月至设计水平年	材料堆放地	2处	①扰动地表面积;②风蚀、水蚀分布及侵蚀量;③土石方量及平衡	①扰动地表面积,土建施工期前、中、末各一次;②风蚀、水蚀分布及侵蚀量监测,风蚀在春季3~5月每月15天测一次,大风风速≥5 m/s后增测一次;水蚀在雨季6~9月每月测一次,发生降雨强度≥5 mm/10 min、≥10 mm/30 min或≥25 mm/24 h的降雨时增测一次
	施工区	2处		
	空地区	2处		

3.6.3　监测内容及监测方法

3.6.3.1　监测内容

根据水利部水保〔2009〕187号《关于规范生产项目水土保持监测工作的意见》,建设项目水土保持监测的主要内容包括主体工程建设进度、工程建设扰动土地面积、水土流失灾害隐患、水土流失及造成的危害、水土保持工程建设情况、水土流失防治效果,以及水土保持工程设计、水土保持管理等方面的情况。水土保持监测的重点包括水土保持方案落实情况、扰动土地及植被占压情况、水土保持措施(含临时防护措施)实施情况、水土保持责任制度落实情况等。结合本项目的实际情况确定监测内容如下。

1. 水土流失影响因子监测

主要包括：项目区地形地貌、坡度、土壤、植被、气象等自然因子的变化；项目区植被覆盖状况；建设占用土地、扰动地表面积；挖、填方数量。

2. 水土流失状况监测

主要包括建设过程中和运行期水土流失类型、面积、强度、数量的变化情况。

3. 水土流失危害监测

主要包括工程建设过程中和自然恢复期的水土流失面积、分布、流失量和水土流失强度变化情况，以及对周边地区生态环境的影响，造成的危害情况等。

在工程建设期的雨季、大风扬沙季节监测水土流失的发展和水土流失对河道水体以及对沿河生态敏感地带的影响；风蚀危害重点监测剥蚀土层厚度、植被变化情况、土壤肥力、土地占用及退化情况；水蚀危害重点监测水蚀程度发展、土地占用情况和退化面积；重力侵蚀重点监测诱发情况、关键地貌部位径流量、已有水土保持工程破坏情况、地貌改变情况等。

4. 水土流失防治效果以及水土保持工程设计管理等方面监测

水土流失及其防治效果的监测区域是整个防治责任范围，根据建设过程中产生的水土流失及其治理情况，依据不同施工期，设置必要的定位监测点，着重对土壤降雨强度、产流形式、水蚀量进行监测，以确定土壤侵蚀形式及流失量，分析评价水土流失的动态变化过程，及时指导水土保持工作的进行。

5. 水土保持措施完成情况监测

主要包括各项水土保持防治措施实施的进度、数量、规模及其分布情况。

3.6.3.2　监测方法

根据水利部水保〔2009〕187 号《关于规范生产项目水土保持监测工作的意见》的监测内容和重点的要求，其监测方法为：以实地调查和定位监测为主，结合项目和项目区建设情况可以布设监测点开展水土流失量的监测。具体见表 3-17。

表 3-17　水土保持监测内容与方法

时段	监测内容	监测方法
2012 年 3 月至设计水平年	项目区地貌变化情况	实地调查
	占用土地面积和扰动地表面积	实地调查
	各区域风蚀、水蚀量	定位观测
	施工破坏的植被面积及数量	实地调查
	防护措施的效果	实地调查

由上述监测过程，得到包括水土保持监测报告、监测表格及相关的监测图件等监测成果。

3.7 屋顶绿化水土保持特例

3.7.1 项目的基本情况

包头市××房地产开发有限公司××大厦建设项目为在建项目,该项目于2012年9月开工,2014年9月竣工。项目区位于包头市××区。目前供水、排水、供暖和供电线路都已经接入建设区域边缘,交通便利,通信设施齐全,能满足项目建设的需要。该项目用地属于包头市土地利用总体规划,符合城市总体规划。

根据建设情况,本项目建设分为项目区内和项目区外。项目区外为代征道路和代征绿地,代征道路位于项目区南侧的果园南路中心线以北,长81 m,宽11 m,占地面积0.09 hm^2;项目区北侧的果园路中心线以南,长81 m,宽23 m,占地面积0.19 hm^2;项目区东侧的建园路中心线以西,长169 m,宽23 m,占地面积0.39 hm^2。所以,代征道路总面积为0.67 hm^2。代征绿地位于项目区北侧果园路与项目区之间,长81 m,宽15 m,占地面积0.12 hm^2;项目区东侧的建园路与项目区之间,长169 m,宽15 m,占地面积0.25 hm^2。所以,代征绿地总面积为0.37 hm^2。

此建设项目因为所剩空地较少,水土保持防治措施采用屋顶绿化。其他建设内容与一般房地产开发项目内容相同。

3.7.2 建设项目水土保持防治措施布设

3.7.2.1 水土流失防治措施体系

针对防治建设区的水土流失,除主体工程已有的具有水土保持功能的措施外,针对各区域现状存在的不足之处采取必要的工程措施、植物措施和临时措施。水土流失防治体系见图3-4。

3.7.2.2 水土保持措施总体布局

1.施工期水土保持措施总体布局

永久建筑区:水土保持措施以临时措施为主,主要是在施工过程中洒水降尘。

施工区:施工区主要用于建设过程机械运转、工人施工建设,其水土保持措施以洒水降尘、苫盖遮挡为主。在主体工程建成后,施工区将被用于硬化。

施工道路区:主体工程施工过程中,施工道路水土保持措施以临时措施为主,即施工过程中的洒水降尘;主体工程建成后,施工道路转化为项目区道路。

材料堆放地:在主体工程施工过程中,材料堆放地主要用于建筑材料和临时堆土,水土保持措施以临时措施为主,主要为苫盖遮挡。在主体工程建成后,材料堆放地将被用于硬化。

临时办公生活区:在主体工程施工过程中,临时办公生活区水土保持措施以临时措施为主,即洒水降尘;在主体施工建成后,临时办公生活区将被拆除并硬化。

2.建成期水土保持措施总体布局

永久建筑区:本项目区为商业写字楼建设,所有用地均为建筑物及硬化用地,无绿化

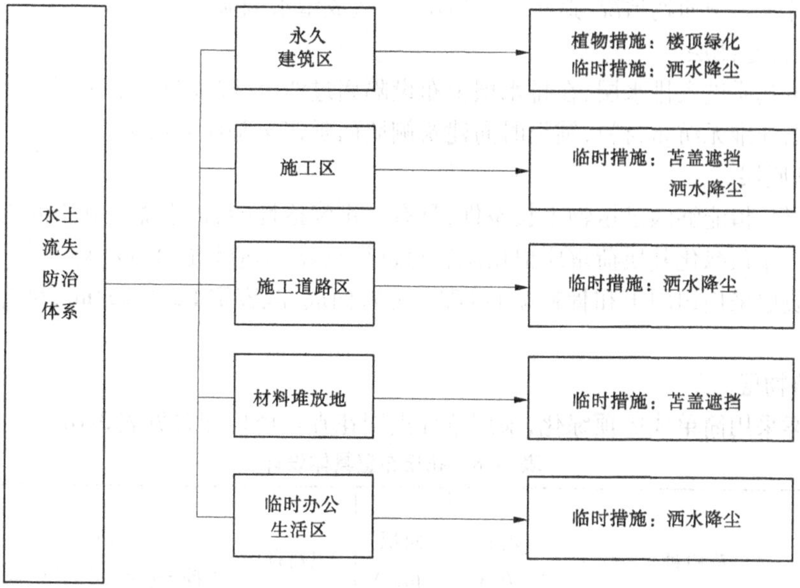

图 3-4　水土流失防治体系

用地，为增加项目区绿化面积，增加绿化率，减少水土流失，方案新增在三层商业建筑上进行楼顶绿化。

3.7.2.3　水土流失防治措施典型设计

1. 永久建筑区

1）临时措施——洒水降尘

由于项目在施工过程中，地表土壤被破坏，在起沙风速的作用下将给周边带来大量的扬尘，形成较为严重的风蚀，因此建设单位在施工过程中必须采取洒水降尘措施，大风天气每天最少洒水 2 次，每次洒水 0.33 m^3。项目区租用 1 台洒水车，加 100 m 输水软管进行洒水，项目区年平均大于起沙风速 5 m/s 的大风日数为 47 天，洒水面积 0.66 hm^2，施工期共计洒水 62.04 m^3，水源来自项目区。

2）植物措施——楼顶绿化

本项目区为商业写字楼建设，所有用地均为建筑物及硬化用地，无绿化用地，为增加项目区绿化面积，增加绿化率，减少水土流失，方案新增在三层商业建筑上进行楼顶绿化。

（1）防水处理。

在楼顶绿化前，为避免雨水和灌溉用水渗入，需在楼顶做防水处理。采用刚性防水层，在楼顶钢筋混凝土结构上，用普通硅酸盐水泥砂浆掺 5% 防水粉抹面而成的防水层。

（2）铺设隔根层。

为防止植物根系穿透防水层，在防水层上铺设隔根层，隔根层采用高密度聚乙烯材料，并向建筑侧墙面延伸 20 cm。

（3）排（蓄）水层。

在隔根层上铺设排（蓄）水层，用于改善基质通气状况，迅速排出多余水分，缓解瞬间压力，并可蓄存少量水分，排（蓄）水层应向建筑侧墙面延伸至基质表层下方 5 cm 处，应定期检查排水系统通畅情况,避免排水口堵塞,造成壅水倒流。

(4)隔离过滤层。

为防止基质进入排水层,在排水层上布设隔离过滤层,隔离过滤层采用既能透水又能过滤的聚酯纤维无纺布材料,铺设时向建筑侧墙面延伸至基质表层下方 5 cm 处。

(5)基质层。

基质层是指能够满足植物生长条件,具有一定渗透性能、蓄水能力和空间稳定性的轻质材料层。屋顶绿化基质荷重应根据湿容重进行核算,不应超过 1 300 kg/m³。本方案楼顶绿化基质层采用田园土和骨料按 1∶1配比配置而成,湿容重 1 200 kg/m³,符合基质层配置要求。

(6)植物层。

本方案采用简单式屋顶绿化,采用草坪点缀花卉。楼顶配置见表 3-18。

表 3-18　花坛布置具体设计

绿化区域	草树种		种植方式	面积(hm²)	规格种类	单位需苗/播种量(丛/20 m²)	需种量(丛、m²)	
							初期	补播
楼顶	花卉	大丽花、美人蕉、鸡冠花、石竹花	植苗	0.39	容器苗	4	780	156
	草坪	高羊毛草、早熟禾	草坪苗			满铺	3 900	780

(7)绿化技术管理措施。

绿化技术管理措施与普通房地产绿化措施技术相同。

2. 施工区——洒水降尘

由于项目在施工过程中,地表土壤被破坏,在起沙风速的作用下将给周边带来大量的扬尘,形成较为严重的风蚀,因此建设单位在施工过程中必须采取洒水降尘措施,大风天气每天最少洒水 2 次,每次洒水 0. 09 m³。项目区租用 1 台洒水车,加 100 m 输水软管进行洒水,项目区年平均大于起沙风速 5 m/s 的大风日数为 47 天,洒水面积 0. 17 hm²,施工期共计洒水 16. 92 m³,水源来自项目区。

施工过程中产生大量临时堆土,为避免风吹雨淋加剧水土流失,需对临时堆土进行苫盖遮挡。为避免大风掀走苫布,在苫布遮盖地段每 5 m 各插入一根钢钎,然后将苫布绑在钢钎上。临时堆土苫盖遮挡共需苫布 1 000 m²,钢钎 61 根。施工完成后,临时堆土需及时回填。

1)施工道路区——洒水降尘

由于项目在施工过程中,地表土壤被破坏,在起沙风速的作用下将给周边带来大量的扬尘,形成较为严重的风蚀,因此建设单位在施工过程中必须采取洒水降尘措施,大风天气每天最少洒水 2 次,每次洒水 0. 09 m³。项目区租用 1 台洒水车,加 100 m 输水软管进行洒水,项目区年平均大于起沙风速 5 m/s 的大风日数为 47 天,洒水面积 0. 17 hm²,施工期共计洒水 16. 92 m³,水源来自项目区。

2) 材料堆放地——临时苫盖

为减少风吹、日晒、雨淋对建筑材料的损害，方案设计将建筑材料用苫布进行遮盖，为避免大风掀走苫布，在苫布遮盖地段每 5 m 各插入一根钢钎，然后将苫布绑在钢钎上。

在施工时段根据施工需要局部揭开苫布，在停工时段要进行全部苫盖。材料堆放地需要苫布 300 m^2，钢钎 23 根。

主体工程竣工后，材料堆放地不再使用，随之转化为硬化用。

3. 临时办公生活区——洒水降尘

由于项目在施工过程中，地表土壤被破坏，在起沙风速的作用下将给周边带来大量的扬尘，形成较为严重的风蚀，因此建设单位在施工过程中必须对临时办公生活区采取洒水降尘措施，大风天气每天最少洒水 2 次，每次洒水 0.01 m^3。项目区租用 1 台洒水车，加 100 m 输水软管进行洒水，项目区年平均大于起沙风速 5 m/s 的大风日数为47 天，洒水面积 0.01 hm^2，施工期共计洒水 1.88 m^3，水源来自项目区。

水土流失监测与普通房地产绿化监测技术方法相同。

第4章　生产厂房开发建设项目水土保持实例

4.1　建设规模及工程特性

4.1.1　项目基本情况

包头市××包装有限责任公司××包装袋建设项目，属于已建建设类项目；工程建设地点在内蒙古包头市××工业园区；本项目为已建项目，项目区位于包头市××工业园区内。该项目已经于2011年4月开工，2013年3月完工并投产。主要建设有库房、厂房、综合楼和门房等。供水、排水、供暖、供气和供电均由包头市××工业园区负责铺设到厂界。本项目交通便利，通信设施齐全，能满足项目建设的需要。该项目是包头市城市总体规划中的一部分，符合城市总体规划和土地利用总体规划。

建筑面积为0.93万m^2，工程占地为2.15 hm^2，均为永久占地；工程建设内容主要包括库房、厂房、综合楼和门房等；项目规模为年产8 000万条编织袋，工程安排为2011年4月~2013年3月，共计2年。

工程概算总投资4 931万元，其中土建投资2 267.11万元。本方案水土保持工程总投资29万元，其中，主体工程投资3.83万元，全部为植物措施投资；新增投资25.17万元，在方案新增投资中，工程措施投资0.69万元，植物措施投资0.52万元，临时措施投资0.02万元，独立费用22.15万元（其中水土保持监测费6.13万元，水土保持监理费5万元），基本预备费0.71万元，水土保持设施补偿费1.08万元。

4.1.2　项目布局及组成

4.1.2.1　项目布局

本项目建设内容包括库房、厂房、综合楼、门房等。其中库房位于厂区的最北侧，呈长方形，长61.24 m，宽36 m，占地面积0.22 hm^2；厂房位于厂区中部，呈长方形，长116.29 m，宽61.24 m，占地面积0.71 hm^2；综合楼位于厂区的南部，共3层，一层为食堂和办公室，二层和三层为职工宿舍，呈长方形，长16.4 m，宽61.24 m，占地面积0.1 hm^2。门房位于厂区南侧，占地面积0.01 hm^2。本项目绿化主要位于厂区周边围栏内侧，即在围栏内侧栽种绿化带，绿化带长650 m，宽6 m，占地面积0.39 hm^2，栽种树种为白杨、丁香、黄刺玫等乔木和灌木。

本项目竖向布置只有地上部分，不存在地下建筑。原地面标高1 030 m，其中库房设计标高1 035 m，厂房设计标高1 035 m，综合楼设计标高1 040 m。

4.1.2.2 项目组成

本项目建设过程中具体组成如下。

1. 永久建筑区

库房：位于厂区的最北侧，呈长方形，长 61.24 m，宽 36 m，占地面积 0.22 hm^2。

厂房：位于厂区中部，呈长方形，长 116.29 m，宽 61.24 m，占地面积 0.71 hm^2。

综合楼：位于厂区的南部，共 3 层，一层为食堂和办公室，二层和三层为职工宿舍，呈长方形，长 16.4 m，宽 61.24 m，占地面积 0.1 hm^2。

门房：位于厂区南侧，占地面积 0.01 hm^2。

2. 道路及硬化区

本项目在建设初期便在厂区周边布设了围栏。围栏长 650 m，宽 0.4 m，占地面积 0.03 hm^2。本项目区内没有明显道路，只在建筑区周边布设有硬化区，也可作为道路使用。

进场道路：××工业园区北邻××铁路和包头市××公路，交通便利。该项目区北至园区××路，东至××路，南至××路。进场道路由位于厂区南侧纬十一路上的大门延伸进入。

厂内道路及硬化区：由进场道路延伸至厂区内，主要在永久建筑物周边进行硬化，硬化面积 0.69 hm^2。

3. 绿化区

周边绿化带：主体工程已经在厂区周边，即围栏内侧栽种绿化带，绿化带长 650 m，宽 6 m，占地面积 0.39 hm^2，栽种树种为白杨、丁香、黄刺玫等乔木和灌木。

4. 供电情况

本项目供电由包头市××工业园区电缆接入，然后铺设供电线路至厂界，双回路供电。本项目区综合楼内布设变压器一座，厂区内采用地埋电缆方式供电至各用电场所。面积与其他区域重复，不单列。厂区外供电线路水土流失防治责任由九原工业园区负责。

5. 供水工程

本项目用水由自来水公司通过供水管网供应，分别引出两根 DN300 和 DN800 的市政给水管供给，水压 0.25 MPa，供水水量、水压和水质有充分保障，现有供水能力完全可满足项目要求。

6. 供热系统

包头市××工业园区统一供热，热源为华电一期，所以本项目无需自行供热。

4.1.3 工程占地与土石方平衡

4.1.3.1 工程占地

本项目位于包头市××工业园区，北至园区××路，东至××路，南至××路。占地面积见表 4-1。

4.1.3.2 土石方平衡

根据项目建设计划及实际调查，工程总共动用土石方 28 620 m^3，其中挖方 15 110 m^3，填方 13 510 m^3，弃方 1 600 m^3。项目建设过程中临时产生的堆土，全部运送至空地区暂时堆放。永久建筑区挖方量12 800 m^3,填方量11 200 m^3,弃方1 600 m^3。道路区挖方量1 530 m^3,填方量1 530 m^3。空地区挖方量780 m^3,填方量780 m^3。具体情况见图4-1。

表4-1　工程占地面积　　（单位:hm^2）

防治分区		面积	占地类型	占地性质
永久建筑区	库房	0.22	规划建设用地	永久占地
	厂房	0.71	规划建设用地	永久占地
	综合楼	0.10	规划建设用地	永久占地
	门房	0.01	规划建设用地	永久占地
	小计	1.04		
道路及硬化区	围栏	0.03	规划建设用地	永久占地
	其他硬化	0.69	规划建设用地	永久占地
	小计	0.72		
绿化区	周边绿化带	0.39	规划建设用地	永久占地
合计		2.15		

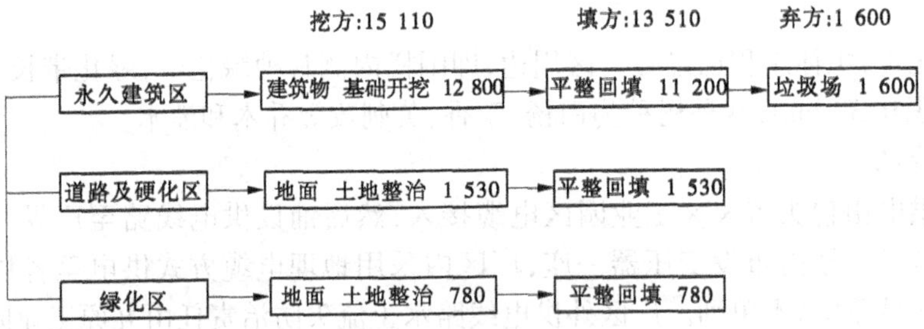

图4-1　工程土石方平衡及流向图　（单位:m^3）

4.1.4　施工组织

4.1.4.1　施工总体安排

主体部分“先下、后上,先内、后外”,装修工程“先下、后上,先定外、后定内”。暖通和电气应以土建为主导进行穿插施工,在总的施工顺序原则指导下,分别编制各分部工程的施工顺序,并结合平面横向和主体纵向两个方面的施工部署,形成一个完整的主体施工顺序。

1. 主体工程各阶段施工顺序

各轴线标高位置找平放线—绑扎外架—墙体砌筑——混凝土构件底模安装—钢筋按主次位置绑扎—混凝土构件侧模安装及加固—水电各工种配合安装预留孔位—各混凝土构件依一定顺序浇筑混凝土——混凝土构件养护——拆模板。

2. 基础开挖及回填

基础开挖按照主体工程设计的位置和标高,采用机械和人工配合开挖永久建筑物基础,不得挖至设计标高以下,开挖土方临时堆放在基础周边;回填土方采用人工分层回填、蛙式打夯机夯实的方式进行,分层回填厚度不得大于 30 cm,回填土方时,基坑内的渣土、积水应清理干净。

3. 混凝土基础和墙体浇筑及养护

采用搅拌机拌制混凝土、塔吊运输浇筑混凝土的方式进行。浇筑混凝土前,在底部先浇筑 5 cm 厚与墙体混凝土成分相同的水泥砂浆。用铁锹均匀入模,不应用吊斗直接灌入模内。第一层浇筑高度控制在 50 cm 左右,以后每次浇筑高度不应超过 1 m;分层浇筑、振捣。当混凝土浇筑完成后,以塑料布或湿草帘覆盖,终凝后喷水养护,浇水次数以能保证混凝土表面始终处于湿润状态为准。

4. 管线工程

供水、供电、生活污水排水、供暖、电气等敷设形式为地埋管线。管线开挖土方堆放于一侧,建设区域设施工便道。管线施工以机械施工为主,人工施工为辅,用挖掘机挖至距设计高程 0.3 ~0.5 m 时改用人工施工继续下挖,直至设计高程并清理槽底,土料堆放于管线旁作回填用。管道安装完毕,试压回填,回填前应排尽沟槽内积水,回填采用原土。回填土中不得掺有混凝土碎块、石块和大于 100 mm 的坚实土块,严格分层夯实,沟槽其余部分的回填亦分层夯实。管顶 0.8 m 以下用蛙式打夯机夯实,0.8 m 以上用拖拉机压实。

5. 道路及硬化工程

场地硬化采用混凝土砌块进行。

4.1.4.2 施工条件

1. 施工场地

本工程施工过程中涉及的施工场地包括施工区、施工道路(管线)区、材料堆放场、施工机械停放场、临时办公生活区等。

施工区:施工时需要人员较少,主要利用机械设备进行施工,所以施工区面积不大,同时可用于施工机械设备的停放。

施工道路(管线)区:本工程施工中利用项目区周边原有道路和本工程新修的道路作为施工道路。

材料堆放场:主要用于建筑施工所需的建筑材料的暂时堆放,以及永久建筑物开挖、管线开挖临时堆土。由于本项目位于市区内,距离市政垃圾处理厂较近,所以施工过程中的弃土可以当天运送至垃圾处理厂,临时堆土数量不大,占地面积较小,本工程施工过程中的材料堆放地能够满足施工要求。

临时办公生活区:本项目施工时需要人员较少,所需施工区面积不大,施工初期本工程在项目区东南侧空地搭建临时板房作为临时办公生活区。

2. 建筑材料

本项目所需的水泥等材料均外购,各材料供应单位负责其自身造成的水土流失。同时,建设单位要对施工单位建材采购实施监督和管理。

4.1.4.3 施工用水

本建设工程设计用水为施工用水和生活用水,全部引自包头市 × × 工业园区的给水管网，接入点为经××路和纬××路，接入点主管管径为DN800。

施工用水和项目建成后的生活用水由××区市政给水管网供给。供水管线接入主管管径为DN300，排水管接入主管管径为DN300。

4.1.4.4 施工用电

项目采用双回路独立35 kV电源系统，主要电源为××工业园区变电站供给，××工业园区负责铺设至厂界。

本项目区综合楼内布设变压器一座，厂区内采用地埋电缆方式供电至各用电场所，面积与其他项目重合，不单列。

4.2 主体工程水土保持分析与评价

4.2.1 主体工程水土保持制约因素分析与评价

4.2.1.1 对主体工程的约束性规定的分析与评价

按照《开发建设项目水土保持技术规范》(GB 50433—2008)要求，本工程将从工程选址及总体布局、施工组织、工程施工和工程管理等方面对涉及本工程的约束性规定进行逐项分析和评价。

1. 工程选址及总体布局制约性分析与评价

本项目为已建建设类工程，是在批复范围内按城市总体规划及批准位置进行开发建设，建设项目组成比较单一，永久建筑物的位置集中且固定，因此主体工程不存在方案选址问题。

本工程布设在包头市××工业园区内，地貌类型属于冲洪积平原区，占地类型为建设用地，植被覆盖度在15%左右，地形平坦，水土流失为轻度。区域内无农耕地，也无水土保持监测站点、重点试验区等重要的水保设施，同时避开了泥石流易发区、崩塌滑坡危险区以及易引起严重水土流失和生态恶化的地区。因此，选址及总体布局基本合理，无制约性要求。

2. 施工组织分析与评价

本工程施工组织场地占地均在征地范围内，不需新增施工场地，较好地控制了施工占地。施工时间为2011年4月~2013年3月，施工时间跨越了2个主风季和2个主雨季。根据实地调查，该项目已经投产，空地全部进行了硬化和绿化。施工土方量基本就近拉运和利用，施工开挖和回填以及土方调运均控制得较好，建设期未产生废弃方，避免了造成较大的新增水土流失。

3. 工程施工分析与评价

施工过程中，首先进行线型工程的施工，以保证主体工程施工的水、电和人员生活，随后建(构)筑物等主体工程全面施工。各项工程的施工均控制在规定的范围内，各建筑物同时施工，尽量缩短施工时间，在计划时间内完成施工。因此，工程施工部分符合水保理念要求。

4. 工程管理分析与评价

本工程为已建项目，主体工程前期工作未进行水土保持方案设计，因此工程管理中的水土保持工作也未具体落实到位，其成为本工程主要制约性因素。下一步建设单位应按照《开发建设项目水土保持技术规范》(GB 50433—2008)具体规定及时委托水土保持监理和监测单位，将水土保持工程纳入到工程管理中，具体落实业主、施工、监理、监测等各方的责任、义务和工作内容，同时制定防治水土流失的具体措施，确保能够符合规范要求。

综上所述，本工程选址和总体布局基本符合水保要求，施工组织、施工管理方面部分满足水保要求，下一步应结合水保方案进行优化，以消除水保对主体工程的限制性因素，达到满足水保要求的程度。

4.2.1.2 对不同水土流失类型区和建设项目特殊规定的分析与评价

本工程为厂房建设工程，建设地点为冲洪积平原区，在此地区建设生产厂房主要特殊规定是安全性。而本区域不在滑坡、泥石流及不良地质灾害易发区，对于工程边坡采取必要防护措施后，满足工程的特殊规定。

4.2.1.3 方案比选的水土保持分析与评价

由于本工程项目组成简单，占地面积较小，受当地地形条件影响，主体工程布局和选址只进行了一个方案的设计，而且本工程为已建工程，已经在2011年4月开工，2013年3月完工。考虑到本工程主体工程设计未进行方案比选且主体工程已经结束等因素，本方案不存在方案比选的水土保持分析与评价。

4.2.2 主体工程的水土保持分析与评价

4.2.2.1 工程总体布局合理性的分析与评价

本工程布设在××工业园区，属于冲洪积平原区，地形较为平坦，适合于工业厂房的集中布置。在建设过程中，所有的永久建筑区、道路及硬化区、绿化区等都在划定区域内，布局紧凑，最大限度地减少了扰动范围。

目前本项目已经建成，厂区内所有的区域均有覆盖，或为建(构)筑物，或为硬化，或为绿化，最大限度地控制了裸露区域的面积，减少了水土流失。

4.2.2.2 工程占地面积、类型和占地性质的分析与评价

根据主体工程设计文件和实地查勘，工程占地类型原为草地，后规划为建设用地，总占地面积2.15 hm^2，均为永久占地，无临时占地。

从水土保持角度分析，项目区土地利用类型为规划建设用地，植被覆盖率较低，仅为15%左右，符合不宜占用农耕地，特别是水浇地等生产力较高的土地有关政策规定。项目占地面积较小，布局紧凑，符合节约用地的原则。

4.2.2.3 土石方平衡的分析与评价

本项目施工过程中大量的土方开挖来自于永久建筑物开挖、硬化和管沟开挖。本工程总共动用土石方28 620 m^3，其中挖方15 110 m^3，填方13 510 m^3，弃方1 600 m^3。主体工程挖填方施工时段、回填利用等安排有序，土石方调配基本合理，符合水土保持基本要求。

4.2.2.4 施工组织设计、施工方法、施工工艺等的分析与评价

1. 施工场地布设的分析与评价

本工程施工过程中涉及的施工场地主要包括永久建筑区、道路及硬化区和绿化区。其中，道路及硬化区、绿化区在施工过程中主要用于施工场地、施工道路、材料堆放等，硬化及道路区、绿化区在2013年6月建设完成。

综上所述，施工场地全部布置在征地范围内，建设单位充分利用了当地的地形，考虑项目区较小，不单独设计道路，将硬化区与道路区合并，对施工场地进行了合理的安排布设，既满足了施工要求，又减少了施工过程中产生的水土流失，符合水土保持要求。

2. 施工时序的分析与评价

本工程土建施工活动主要在4～10月，建筑物可以同时施工。各区域施工进度安排合理，施工紧凑，施工时序相互衔接，缩短施工扰动土地时间，施工过程中考虑了土方相互调配利用，保证了土方开挖后及时调配利用，减少了临时堆土占地面积和堆放时间。施工时序基本符合水土保持理念。

3. 施工能力的分析与评价

本工程施工用水较少，主要来源于当地供水管网；施工用电利用××工业园区已有供电线路提供；施工道路利用原有的进场道路。综上所述，本工程的施工条件较好，各项设施完全能够满足本工程的施工要求，不需新建保证本工程顺利施工所需的临时设施，减小了施工临时占地面积，使本工程施工过程中破坏原地貌和植被面积控制在最小，符合水土保持要求。

4. 施工方法和施工工艺的分析与评价

本工程涉及动土、扰土的设施和建筑的施工方法主要为机械或人工进行的开挖、回填、碾压和平整等活动，施工方法和施工工艺相对简单，从水土保持角度分析，主体工程采取的施工方法和施工工艺基本满足水土保持要求，但在工程施工过程中也有一些新增水土流失没有采取措施进行控制，造成了一定的水土流失。

4.2.3 主体工程设计的水土保持分析与评价

本项目主体工程设计和施工中，按照本行业的设计规范设计了有针对性的措施，如绿化带等措施，这些措施均为主体工程中具有水土保持作用的措施，使厂区环境得到改善，具有防治水土流失、保护生态环境的作用。但是绿化过程中措施相对单一，在综合楼前全部硬化，达不到美化环境的目的。

4.2.3.1 主体工程中具有水土保持功能的工程

本项目中，主体工程设计的工程措施，如场地平整、厂区围栏拦挡、厂区内空地硬化等，具有水土保持功能，但不纳入水土保持投资。

例如场地平整，在厂区建设前，主体首先进行了场地平整，面积为2.15 hm^2。场地平整削减了地形的起伏，有效地减少了施工过程中的水土流失量，尤其是水力侵蚀量，具有水土保持的功能。

4.2.3.2 主体工程中水土保持工程

本项目中，主体设计的植物措施，如厂区周边绿化应纳入水土保持投资。

主体设计在厂区周边围栏内侧空地布设2行绿化带，绿化带长649 m，宽6 m，占地面积0.39 hm^2，采用乔灌混栽，树种选择为白杨和花灌木。白杨种植方式为孤植，防护长度694 m，防护面积0.14 hm^2，株行距3 m×2 m，苗木规格胸径6～8 m，需苗量1株/穴，总需苗量217株；花灌木种植方式为丛植，苗木规格3～5枝/丛，需苗量2丛/穴，总需苗量434丛。

厂区周边绿化带有效地隔离开了厂区和周边环境，林草覆盖率20%，达到水土保持要求。

4.2.3.3 主体工程设计的水土保持工程的分析与评价

1. 措施分析

主体设计在厂区周边围栏内侧空地布设2行绿化带，绿化带长649 m，宽6 m，占地面积0.39 hm^2，采用乔灌混栽，树种选择为毛白杨、白蜡、红柳等乔木和花灌木。

2. 评价

厂区周边绿化带有效地隔离开了厂区和周边环境，减少了建设和运行期间对周边环境的影响，同时也起到了改善厂区内小气候、减少厂区内水土流失的作用，符合水土保持的要求。

4.2.4 工程建设对水土流失的影响因素分析

经过对本项目实地调查和勘测，工程在建设过程中的水土流失主要是风力侵蚀，间有季节性的水力侵蚀。侵蚀主要发生在永久建筑区、道路及硬化区和绿化区的建设过程中。在施工过程中，道路及硬化区和绿化区作为施工区、施工道路区、材料堆放地，无论是机械碾压、临时堆土、材料堆放还是车辆通行，都会产生水土流失。

本项目可能造成的水土流失因素见表4-2。

表4-2 本项目可能造成的水土流失因素分析表

分区	水土流失因素分析	水土流失类型
永久建筑区	建设期开挖回填土方量大，破坏地面植被严重	风力侵蚀，间有水力侵蚀
道路及硬化区	施工作业人员和机械的扰动和碾压、由于车辆来往，破坏、占压地表植被，损害植物并降低了区域内的水土保持功能，建设期管沟开挖回填土方量大，破坏地面植被严重，形成临时堆土区	风力侵蚀，间有水力侵蚀
绿化区	施工作业人员和机械的扰动和碾压、由于车辆来往，破坏、占压地表植被，损害植物并降低了区域内的水土保持功能，建设期管沟开挖回填土方量大，破坏地面植被严重，形成临时堆土区	风力侵蚀，间有水力侵蚀

由于本项目已经完工，根据现场调查，本项目产生的水土流失量较小，地表基本有覆

盖,或为永久建筑物,或为硬化,或为绿化。但是绿化部分只考虑了乔木和灌木,林下空地裸露,在一定程度上还存在水土流失。

本项目建设按照建筑行业规范和标准对影响主体工程的安全进行了系统设计,在构筑物结构、形式、材料的选定和抗滑、抗倾覆、地基承载力等方面均能满足水土保持的要求。就整个项目区的水土流失而言,主体工程设计中考虑了项目主体工程周边绿化带,且已实施;对于绿化带采用乔灌结合的方式,没有考虑林下土地覆盖问题;同时,对于综合楼前也完全进行了硬化,没有考虑绿化美化的问题。所以,本方案对此进行了相应的补充完善设计,将其与主体工程中具有水保功能的工程一起纳入本方案水土保持防治体系中,形成完整、科学的水土流失防治措施体系。

由于主体工程在本工程建设前未及时编制水土保持方案,只在厂区周边布设了绿化带,其他区域均没有布设防护措施,从而在施工过程中造成新增水土流失,对周边生态环境产生了一定影响和破坏,其产生的危害已难以弥补。为能够控制本工程以后生产过程中还将产生的水土流失对当地环境的破坏,要求业主对绿化区中水土保持防治措施不足之处进行完善,同时加强生产过程中各个区域的临时防护措施,结合工程实际情况加以落实,增强防治水土流失的效果,有效改善建设区生态环境。

4.3 防治责任范围及防治分区

4.3.1 水土流失防治责任范围

根据工程建设实际情况和外业调查的结果,确定本项目建设的水土流失防治责任范围为2.15 hm^2,详见表4-3。

表4-3 防治责任范围 (单位:hm^2)

项目名称	项目建设区	直接影响区	防治责任范围
永久建筑区	1.04	0	1.04
道路及硬化区	0.72	0	0.72
绿化区	0.39	0	0.39
合计	2.15	0	2.15

1. 项目建设区

项目建设区为永久占地。根据主体设计资料和现场实地勘测,本项目建设区占地面积2.15 hm^2。

2. 直接影响区

本项目位于包头市××工业园区内,项目建设包括永久建筑区、道路及硬化区和绿化区。由于本项目已经建成,且项目区周边有绿化带,所以不存在直接影响区。

4.3.2 水土流失防治分区

本项目的水土流失主要产生于建设期。根据工程建设的特点、地貌类型、侵蚀方式及其对环境的危害，本项目水土流失防治分区分为永久建筑防治区、道路及硬化防治区和绿化防治区三个防治区，具体见表4-4。

表4-4 水土流失防治分区

项目区	防治责任范围（hm^2）	分区特征	水土流失特点
永久建筑区	1.04	位于平坦地区，施工主要为基础开挖和回填，跨越多个主风季和主雨季，扰动时间较长	场地平整、永久建筑物基础开挖、地基填筑等施工活动破坏地表植被严重，风力、水力侵蚀均有发生，水土流失较严重，面状扰动为重点治理区
道路及硬化区	0.72	位于平坦地区，施工过程中主要是机械设备施工扰动、作为施工道路运输产生的车辆扰动，材料和临时堆土产生的碾压等；在硬化过程中进行平整等，跨越多个主风季和主雨季，扰动时间较长	场地平整、机械碾压等施工活动破坏地表植被严重，风力、水力侵蚀均有发生，水土流失较严重，面状扰动为重点治理区
绿化区	0.39	位于平坦地区，施工过程中主要是机械设备施工扰动、作为施工道路运输产生的车辆扰动，材料和临时堆土产生的碾压等；在绿化过程中进行平整等，跨越多个主风季和主雨季，扰动时间较长	场地平整、人员走动等施工活动破坏地表植被严重，风力、水力侵蚀均有发生，水土流失较严重，面状扰动治理区

4.4 水土流失调查与预测

4.4.1 水土流失成因、类型及分布

4.4.1.1 水土流失影响因素分析

项目区水土流失主要影响因素包括自然因素和人为因素。

1. 自然因素

所有的外营力因素都对水土流失有相应的影响，而该地区造成土壤侵蚀的外营力主要是风力和降水以及下垫面状况。

（1）大风：风力的大小直接影响下垫面物质的运动和沉积，它的搬运能力取决于风速、风向和风的延续时间。工程建设区属于温带大陆性半干旱季风气候区，具有风大多沙的特点，年平均风速2.2 m/s，大于等于5 m/s的大风日数28天左右，强劲的风力是本地

水土流失最主要的动力。

(2)降水:高强度的降水是导致水力侵蚀的直接动力。建设区多年平均降水量为303.1 mm。降水特点是:降水集中、强度大,常以暴雨的形式出现。暴雨次数较多,雨量大,在雨滴击溅和径流的冲刷作用下,地表容易产生水土流失。因此,降雨是造成本地水土流失的主要动力,减少侵蚀动力的根本办法是提高地表的抗蚀能力。

(3)下垫面状况:当地土壤属于栗钙土,土壤中的腐殖质含量较低,项目区原为草地,植被覆盖15%左右,建设过程中容易发生侵蚀。

2.人为因素

本项目由于永久建筑物的建设、管沟的开挖等,需要大面积地破坏土地、开挖土方、堆放原材料等,改变和重塑了原有地形地貌,破坏了下垫面土壤结构、地表植被,造成水土流失,是一种典型的现代人为加速侵蚀。降水和径流产生的侵蚀,其搬运物质不仅是单纯的土壤、土体或母质,而是生产建设过程中产生的混合岩土。风蚀也不仅表现为沙土的搬运,而是夹杂生产过程中产生的岩土的混合搬运。

4.4.1.2 水土流失类型及其分布

项目区新增水土流失主要以风力侵蚀为主,间有季节性水力侵蚀,属风力、水力复合侵蚀区。根据对项目区的现场调查,水土流失主要发生在永久建筑区、道路及硬化区和绿化区的施工过程中。

永久建筑区:永久建筑区首先破坏了原有的地表植被,并在地基开挖的过程中,动用土石方,容易形成侵蚀。由于施工过程较长,水蚀和风蚀均存在。

道路及硬化区和绿化区:在施工过程中,兼有施工区、施工道路区、管线工程区、材料堆放地的作用。

施工区:破坏了原有的地表植被,在施工过程中人员和机械碾压土地,容易形成侵蚀。由于施工过程较长,水蚀和风蚀均存在。

施工道路区:施工道路的建设和利用,破坏了原有的地表植被,形成疏松表层,容易产生风蚀。该区域在整个施工过程中均会产生水土流失。

管线工程区:在建设过程中,土方开挖、土料临时堆放破坏地表植被,形成土质疏松、抗侵蚀力低而裸露的人工堆积体容易产生风蚀;同时,由于临时堆土产生坡度,容易产生水蚀。该区域在整个管线施工过程中均受到侵蚀。

材料堆放地:材料堆放破坏和埋压地表植被,形成疏松的地表,在风力作用下易发生风蚀。同时,场地中的材料和临时堆土或弃土,具有一定的坡度,在雨季易产生水蚀。该区域在整个施工过程中均受到侵蚀。

主体工程施工前,进行了围栏的建设;在主体工程完工后,进行了相应的硬化和绿化。

4.4.2 水土流失调查预测与预测内容和方法

4.4.2.1 调查与预测时段

根据上述对工程建设中水土流失影响因素分析及不同区域水土流失的特点,本项目水土流失调查和预测区域分为永久建筑区、道路及硬化区和绿化区。

依据《开发建设项目水土保持技术规范》(GB 50433—2008)要求,已建建设类项目预测时段分为建设期和自然恢复期。

1. 建设期

结合项目施工进度安排,施工建设期为2011年4月~2013年3月,共24个月。由于本工程属于补报项目,所以对2011年4月~2013年3月项目建设期间的水土流失采用遗迹调查的方法确定其水土流失量。

2. 自然恢复期

工程完工后,不存在新的破坏和开挖,此时的水土流失仅是施工期的延续。根据当地自然条件,一般植被恢复或表土形成相对稳定的结构并发挥水土保持功效需要3~5年,考虑到该项目所在地区为城区的生态环境系统,确定自然恢复期预测时段为2年。

4.4.2.2 预测内容

根据《开发建设项目水土保持技术规范》(GB 50433—2008)的要求,结合本项目的具体建设内容,水土流失预测内容包括:扰动原地貌、破坏土地和植被情况;弃土、弃石量;损坏水土保持设施的面积和数量;可能造成的水土流失面积和流失总量;可能造成的水土流失危害。具体情况见表4-5。

表4-5 水土流失预测内容

项目	预测内容
扰动原地貌、破坏土地和植被情况预测	包括对永久建筑区、道路区和空地区等区域占地类型进行统计,得出主体工程占压的土地面积和土地类型
弃土、弃石量预测	包括永久建筑区、管线铺设的弃土、弃石量
损坏水土保持设施的面积和数量预测	水土保持设施包括原地貌、植被,已实施的水土保持植物措施和工程措施
可能造成的水土流失面积及流失总量预测	根据新增水土流失影响因素,水土流失类型、分布情况以及原地面水土流失状况,确定工程可能造成的水土流失面积及新增水土流失总量
可能造成的水土流失危害预测	工程造成的水土流失对本区域及周边地区的危害

4.4.2.3 调查和预测方法

由于本项目在2011年4月就已经开工,2013年3月完工并投产,所以本方案主要采用现场遗迹调查的方法确定建设期扰动原地貌、破坏土地和植被情况,弃土弃石量,损坏水土保持设施面积和数量等,采用资料类比的方法确定建设期可能产生水土流失的面积、水土流失强度。具体调查方法见表4-6。

表4-6 调查和预测方法及内容

项目	调查预测方法
扰动原地貌、破坏土地和植被情况预测	实地调查法和实地量测法
弃土、弃石量预测	资料调查法和实地调查法
损坏水土保持设施面积和数量预测	实地调查法和实地量测法
可能造成的水土流失面积及流失总量预测	实地量测法、引用资料类比法和侵蚀量计算公式
可能造成的水土流失危害预测	资料调查法和实地调查法

4.4.3 预测结果

4.4.3.1 扰动原地貌、破坏土地和植被情况预测

经实地调查和实地量测,项目建设扰动原地貌面积 2.15 hm^2,扰动区土地利用类型为规划建设用地,详见表 4-7。

表 4-7 项目建设扰动原地貌面积 (单位:hm^2)

项目名称	项目建设区	占地类型	占地性质
永久建筑区	1.04	规划建设用地	永久占地
道路及硬化区	0.72	规划建设用地	永久占地
绿化区	0.39	规划建设用地	永久占地
合计	2.15		

4.4.3.2 弃土弃石量预测

根据项目可行性研究报告,结合实地调查,确定本工程建设过程中征占地总面积为 2.15 hm^2,全部为永久占地。根据项目建设计划及实际调查,工程总共动用土石方 28 620 m^3,其中挖方 15 110 m^3,填方 13 510 m^3,弃方 1 600 m^3。生活垃圾集中收集后运至九原工业园区垃圾转运站统一处理。

4.4.3.3 损坏水土保持设施面积和数量预测

水土保持设施是指具有防治水土流失功能的各类人工建筑物、自然和人工植被以及自然地物的总称,如原地貌、人工、自然植被,已实施的水土保持工程设施等均具有相应的水土保持功能,应视为水土保持设施。根据《内蒙古自治区水土流失防治费征收使用管理办法》,施工建设活动对原地表水土保持工程设施、生物设施构成占压和损坏的要按标准交纳水土保持设施补偿费。

根据对本工程建设区占地类型的统计分析,在工程建设过程中占用的土地类型全部为规划建设用地。由此确定本工程建设破坏具有水土保持功能的设施面积 2.15 hm^2,见表 4-8。

表 4-8 损坏水土保持设施的面积统计 (单位:hm^2)

项目名称	项目建设区	占地类型	占地性质
永久建筑区	1.04	草地	永久占地
道路及硬化区	0.72	草地	永久占地
绿化区	0.39	草地	永久占地
合计	2.15		

4.4.3.4 可能造成的水土流失量预测

1. 原生地貌及施工期土壤侵蚀模数确定

根据应用遥感技术进行的全国土壤侵蚀第二次普查成果,结合外业实测水土流失量,

确定项目区原地面水力侵蚀模数为 400 t/(km² · a),风力侵蚀模数为 1 100 t/(km² · a),根据《包头市人民政府关于划分水土流失重点防治区通告》,项目区属市级重点预防保护区。

2. 项目建设过程中的土壤侵蚀模数的确定

项目建设过程中的土壤侵蚀模数采用引用资料类比法进行确定。类比对象为包头市××热电厂。包头市××热电厂 2×200 MW 机组工程厂址位于包头市××区,包头市××热电厂位于××区××镇。地区气候类型属中温带半干旱大陆性气候。年平均气温 7.2 ℃,年平均降雨量为 303.55 mm,年平均风速 2.6 m/s,极端最大风速为 25 m/s。土壤以淡栗钙土为主。

内蒙古包头市××热电厂 2×200 MW 机组工程于 2002 年 12 月开工,2004 年 9 月投产,内蒙古电力设计院于 2004 年 4 月 21 日至 23 日在厂区回填土堆放点进行了现场风蚀监测,得出土壤风蚀模数为 6 700 t/(km² · a)。包头市××热电厂 2×300 MW 机组工程实测资料:2003 年 8 月 5 日包头地区降雨量达到 30 mm,8 月 8 日内蒙古电力设计院在厂址区进行了现场调查,在平整场地的南侧和东侧坡面发现冲沟 18 处,经测量统计,沟头平均深 0.1 m,宽 2.0 m,长 3.0 m;沟尾平均深 0.3 m,宽 3.0 m,长 4.0 m。根据以上数据计算得出水蚀量为 3.78 t,按包头地区平均降水量 303.55 mm,折算出水蚀模数为 1 439 t/(km² · a)。

3. 经过类比得到项目区可能造成的水土流失预测量

风蚀模数:在确定风蚀模数时,充分考虑项目区和类比区的气候特征值,尤其是风能特征值。在风速方面,类比区风速大于项目区风速;其他方面基本一致。综合以上分析,确定本项目风力侵蚀修正系数为 0.8,也就是说,项目区风蚀模数小于类比区风蚀模数。

水蚀模数:在确定水蚀模数时,充分考虑项目区和类比区的气候特征值,尤其是降雨特征值。类比区年降水量大于项目区降水量;其他基本一致。综合以上分析,确定本项目修正系数为 0.9,也就是说,项目区水蚀模数小于类比区水蚀模数。

据此,本项目水力侵蚀模数为 1 300 t/(km² · a)左右,风力侵蚀模数为 5 400 t/(km² · a)左右。

4.4.3.5 可能造成的水土流失面积预测

按水土流失分区及其建设实际扰动土地面积,统计在工程建设过程中不同预测时段可能造成的水土流失面积。工程占地面积 2.15 hm²,全部造成新的水土流失。由于本项目中代征道路和代征绿地由市政府负责施工,所以不作为本次水土流失调查与预测的内容。

4.5 建设项目水土流失防治措施布设

4.5.1 水土流失防治措施体系和总体布局

4.5.1.1 水土流失防治措施体系

针对防治建设区的水土流失,除主体工程已有的具有水土保持功能的措施外,针对各区域现状存在的不足之处采取必要的工程措施和植物措施。水土流失综合防治体系见图4-2。

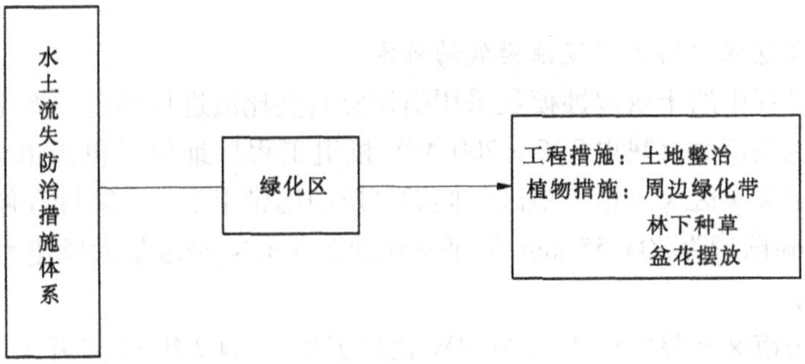

图4-2　水土流失综合防治措施体系

4.5.1.2　水土保持措施总体布局

项目区水土保持措施总体布局遵循“预防为主、全面规划、综合治理、因地制宜、加强管理、注重效益”的方针，按照预防和治理相结合的原则，坚持局部与整体防治、单项防治措施与综合防治措施相协调、兼顾生态效益和经济效益、按分区进行措施总体布置。

工程措施：方案新增土地整治。

植物措施：主体工程设计在厂区周边设置绿化带，现已完工。方案新增周边绿化带林下种草及综合楼前盆花摆放措施。

4.5.2　水土流失防治措施典型设计

4.5.2.1　绿化区主体已有的水土保持措施

主体设计在厂区周边围栏内侧空地布设2行绿化带，绿化带长649 m，宽6 m，占地面积0.39 hm^2，采用乔灌混合配置，树种选择为白杨和花灌木，种植2行，种植白杨217株，花灌木434丛。

在苗木运输、栽植及生长过程中，由于苗木的生长状态和个体差异，会出现一定数量的缺苗、死苗，为保证苗木成活率，发挥其水土保持作用，必须及时进行补植补种，补植补种率为20%，厂区周边绿化带补植补种措施已经完成。

4.5.2.2　方案新增的水土保持措施

1. 工程措施—土地整治

方案新增设计对周边绿化带林下空地进行土地整治，清理表层土，以便绿化美化。土地整治主要是指用铁锹、锄头清除施工场地表层土及杂草，使土地恢复至可利用的状态，便于植树种草。林下空地清理表层土1 560 m^3，清理深度0.4 m。

2. 植物措施

1）周边绿化带林下种草

在厂区周边设立绿化带，林下空地以栗钙土为主，土壤肥力一般。方案新增设计在厂区周边绿化带林下空地种草，占地面积0.39 hm^2。林下空地种草草种选用早熟禾，种植方式为撒播，苗木规格为一级种子，单位播种量10 kg/hm^2，总需种量3.9 kg。

绿化技术管理措施：一是整地，播种前全面整地，清除地表石块、杂草残枝和根系等杂物，回填表土并平整，以疏松表土，保蓄水分，为播种和出苗整齐创造良好的条件。二是播种时间，旱作最好在雨季播种(7 月 5 日前)。三是播种方式，人工撒播，播后耱地镇压。播种前对种子进行去芒处理；用农药拌种或用杀虫剂、保水剂、抗旱剂对种子进行丸衣化处理，以预防种子传播病虫害和病虫对种子、植株危害。播种前必须采取措施脱去或擦破种皮，以提高其发芽率和出苗效果。可用磷钾肥或农家肥作为种肥拌种撒播，播后及时镇压，以利于出苗。四是抚育管理，播种后的翌年，对缺苗地块进行补播；早熟禾苗期生长十分缓慢，易被杂草抑制，出苗后及时防治杂草；追肥定在返青后到快速生长时进行；应适时进行翻耙更新，恢复生产力。

2)盆花摆放

方案新增设计在综合楼前空地摆放 2 个花架，花架上摆放矮牵牛、万寿菊、串红等盆花。每个花架占地 0.02 hm^2，花架分为 3 层，第一层摆放盆花 224 盆，第二层排放盆花 128 盆，第三层排放盆花 64 盆，每个花架摆放盆花 416 盆，综合楼前盆花摆放共需盆花 832 盆。

4.5.3 防治措施及工程量

水土流失防治措施包括工程措施、植物措施和临时措施。主体已有的植物措施量详见表 4-9，方案新增的工程措施量详见表 4-10，方案新增的植物措施工程量见表 4-11。

表 4-9 主体工程已有的植物措施工程量

防治区域	防治部位	措施名称	单位	防护数量	树种	总需苗量	
						单位	数量
绿化区	厂区周边	绿化带	hm^2	0.39	白杨	株	217
					花灌木	丛	434

表 4-10 方案新增的工程措施工程量

防治分区	工程项目	单位	数量	工程量(m^3)
林下空地	土地整治	hm^2	0.39	1 560

表 4-11 方案新增的植物措施工程量

防治区域	防治部位	措施名称	单位	防护数量	草(花)种	总需种(苗)量	
						单位	数量
绿化区	厂区周边绿化带林下空地	林下种草	hm^2	0.39	早熟禾	kg	3.9
	综合楼南侧空地	盆花摆放	hm^2	0.04	盆花	盆	832

4.6 水土保持监测

4.6.1 监测时段及频次

本工程属于已建建设类项目,按照《开发建设项目水土保持技术规范》和《水土保持监测技术规程》的有关规定,监测时段划分为施工期和自然恢复期。由于本工程已经在2011年4月开工,2013年3月完工,本水土保持方案为补报方案,并且本项目中硬化、绿化等都已完成,所以本方案主要采用追溯调查的方法进行施工期的监测。同时,对方案新增的水土保持措施进行监测,监测时段为2013年11月至设计水平年。

4.6.2 监测范围与监测点位

4.6.2.1 监测范围

根据本项目建设工程布局、可能造成的水土流失,确定监测范围为水土流失防治责任范围,按照《开发建设项目水土保持技术规范》和《水土保持监测技术规程》的要求将本工程水土保持监测范围分为永久建筑区、道路区和空地区。

4.6.2.2 监测点位

依据主体工程建设特点、施工中易产生新增水土流失的区域及项目区原有水土流失类型、强度等,确定水土保持监测点。从本工程水土保持调查预测结果看,水土流失主要发生在永久建筑区。但是由于本项目已经完工,且由于生产厂房建设项目应减少点位的布设,因此本项目只在绿化区各布设1处水蚀和1处风蚀监测点位。详见表4-12。

表4-12 监测点位具体布设情况

监测时段	监测区域	监测点位	具体位置
2013年11月至设计水平年	绿化区	1处	水蚀监测点布设在绿化带下
	绿化区	1处	风蚀监测点布设在绿化带下

4.6.3 监测内容、方法和频率

4.6.3.1 监测内容

根据水利部水保〔2009〕187号文,建设项目水土保持监测的主要内容包括主体工程建设进度、工程建设扰动土地面积、水土流失灾害隐患、水土流失及造成的危害、水土保持工程建设情况、水土流失防治效果,以及水土保持工程设计、水土保持管理等方面的情况。水土保持监测的重点包括水土保持方案落实情况,扰动土地及植被占压情况,水土保持措施(含临时防护措施)实施情况,水土保持责任制度落实情况等。结合本项目的实际情况确定监测内容如下。

1. 水土流失影响因子监测

主要包括:项目区地形地貌、坡度、土壤、植被、气象等自然因子的变化;项目区植被覆

盖状况;建设占用土地、扰动地表面积;挖、填方数量。

2. 水土流失状况监测

主要包括建设过程中和运行期水土流失类型、面积、强度、数量的变化情况。

3. 水土流失危害监测

主要包括工程建设过程中和自然恢复期的水土流失面积、分布、流失量和水土流失强度变化情况,以及对周边地区生态环境的影响,造成的危害情况等。

在工程建设期的雨季、大风扬沙季节监测水土流失的发展和水土流失对河道水体以及对沿河生态敏感地带的影响;风蚀危害重点监测剥蚀土层厚度、植被变化情况、土壤肥力、土地占用及退化情况;水蚀危害重点监测水蚀发展程度、土地占用情况和退化面积;重力侵蚀重点监测诱发情况、关键地貌部位径流量、已有水土保持工程破坏情况、地貌改变情况等。

4. 水土流失防治效果以及水土保持工程设计管理等方面监测

水土流失及其防治效果的监测区域是整个防治责任范围,根据建设过程中产生的水土流失及其治理情况,依据不同施工期,设置必要的定位监测点,着重对土壤降雨强度、产流形式、水蚀量进行监测,以确定土壤侵蚀形式及流失量,分析评价水土流失的动态变化过程,及时指导水土保持工作的进行。

5. 水土保持措施完成情况监测

主要包括各项水土保持防治措施实施的进度、数量、规模及其分布情况。

4.6.3.2 监测方法

根据水利部水保〔2009〕187 号《关于规范生产项目水土保持监测工作的意见》的监测内容和重点的要求,其监测方法为:以实地调查为主,结合项目和项目区建设情况可以布设监测点开展水土流失量的监测。具体见表 4-13。

表 4-13 水土保持监测内容与方法

时段	监测内容	监测方法
2013 年 11 月至设计水平年	项目区地貌变化情况	实地调查
	占用土地面积和扰动地表面积	实地调查
	各区域风蚀、水蚀量	定位观测
	施工破坏的植被面积及数量	实地调查
	防护措施的效果	实地调查

4.6.3.3 监测频率

1. 实地调查监测频次

根据不同的施工时序、监测内容分别确定。在 2013 年 11 月立即开展水土保持监测工作,对各工程建设区进行一次全面调查监测,在施工期结束后进行一次全面的调查监测,工程建设运行期间的监测频次具体如下:弃土(渣)量和正在实施的水土保持措施每 10 天监测一次;扰动地表面积每月监测一次;主体工程建设生产进度、水土流失影响因子、水土保持植物措施生长情况每 3 个月监测一次;遇大风、暴雨等情况及时加测。水土流失灾害事件发生后一周内完成监测。

2. 地面定位监测频次

通过布设不同类型的监测小区进行风蚀量和水蚀量定位监测。风蚀监测期主要安排在春季 3 ~ 5 月及秋末和冬初，监测频率为每 15 天监测一次，另外风速达到 17 m/s 后加测一次；水蚀监测期主要安排在 6 ~ 9 月，每逢降雨及时监测，重点进行产生径流降雨（降雨强度≥5 mm/10 min、≥10 mm/30 min、≥25 mm/24 h）侵蚀量的监测。

本方案水土保持监测时段、点位及监测内容、方法和监测频次汇总详见表 4-14。

表 4-14　监测点位、内容、频率等情况

监测时段	监测区域	监测点位	监测内容	监测频次
2013 年 11 月至设计水平年	绿化区	1 处	风蚀、水蚀分布及侵蚀量	风蚀、水蚀分布及侵蚀量监测，风蚀在春季 3 ~ 5 月每 15 天监测一次，大风风速≥5 m/s 后增测一次；水蚀在雨季 6 ~ 9 月每月监测一次，发生降雨强度≥5 mm/10 min、10 mm/30 min 或≥25 mm/24 h 的暴雨时增测一次
	绿化区	1 处		

由以上监测，得到包括水土保持监测报告、监测表格及相关的监测图件等监测成果。

第5章 金属矿选矿厂开发建设项目水土保持实例

5.1 建设规模与工程特性

5.1.1 项目基本情况

该项目为包头市××矿业有限公司年产20万t铁精粉选矿厂项目。建设地点位于内蒙古包头市××县。项目区属阴山山脉大青山西段，低山丘陵区，最大高程1 544 m，最低高程1 482 m，高程差62 m。项目区位于××河支流上游区，属丘陵山区地貌，地势呈南高北低。本区域地处中温带，属于半干旱大陆性季风气候区。场地无不良地质现象，沟道两侧山体稳定，无坍塌、滑坡、泥石流等地质灾害发生的迹象，岩土工程地质条件较好。

本项目所需铁矿石暂时外购，将来由自有矿供给。本项目生产用水水源为选矿厂东侧的大口井，取水量30万 m^3/a。生活用水外购于村民自有水井。场外道路有厂区至××—××公路有8 km土路连接。用电主要来源由××农电××914线引至厂区配电室，厂区距离914线架杆铺设线路2 km，厂内地埋电缆1 520 m。

本项目建设规模为年处理原矿10万t、精矿40万t，年产铁精粉20万t。项目服务年限为20年。工程总占地面积为28.88 hm^2，其中永久占地27.69 hm^2，临时占地1.19 hm^2。已建工程于2012年4月~2012年10月建设，共计7个月。新建工程计划于2015年4月~2016年10月建设。

工程概算总投资为2 973.17万元，其中土建工程投资2 373.17万元。本工程水土保持工程估算总投资139.96万元，全部为建设期投资。其中，主体工程已列投资62.03万元；方案新增水土保持投资77.93万元。在方案新增投资中，工程措施投资5.05万元，植物措施投资5.43万元，临时工程投资3.17万元，独立费用47.96万元（其中水土保持监理费12万元，水土保持监测费13.67万元），基本预备费3.69万元，水土保持补偿费12.63万元。

5.1.2 项目组成及布局

本项目为改扩建工程，经改扩建后包括干选场、水选场、尾矿库、办公生活区、供水回水及输砂系统、道路系统、供电系统、周边空地等。

5.1.2.1 干选场

1.现有干选场情况

本项目已建干选场位于厂区西南部，包括原矿堆场、破碎车间和废石场，以及中间的空地。已建干选场占地面积8.14 hm^2。

1)平面布置

原矿堆场:位于干选场西南部的坡地上,呈长条形,平均长 200 m,宽 50 m,用于堆放原矿。根据本项目规模,年处理原矿 10 万 t,按原矿密度 3 t/m^3 计算,全年处理原矿 3.33 万 m^3。本项目年生产 300 天,每天处理原矿 111.11 m^3,按照堆放原矿 250 天,最大堆高 8 m 计算,可以堆放 2.78 万 m^3,考虑空地,原矿堆场面积 1.1 hm^2,完全能满足本项目原矿用地要求。

为避免原矿的随意堆放,在原矿堆场的西南侧有空地 0.03 hm^2,可以考虑布设挡墙。

破碎车间:位于原料堆场的北侧,包括破碎车间和空地,占地面积 1 hm^2。

废石场:位于破碎车间西北侧,基本呈长方形,平均长 215 m,宽 204 m,用于堆放破碎后产生的废石。根据本项目规模,年产废石 4 万 t,按照废石密度 2.8 t/m^3 计算,全年产生废石 1.43 万 m^3。本项目年生产 300 天,每天产生废料 47.62 m^3。根据现有的废石场面积 4.35 hm^2,按照最大堆高 10 m 计算,可以堆放 14.5 万 m^3。由于本项目废石场已经使用多年,厂区内道路和厂区周边道路均利用这些废石填筑,目前废石堆放量约 3.7 万 m^3,还可以堆放废石 10.8 万 m^3,即本项目连续运行 7.55 年产生的废石。废石场的北侧有周边空地 0.36 hm^2,主体设计(可行性研究报告)周边拦挡,其施工扰动区可以考虑绿化。

2)竖向布置及防洪

原矿堆场利用自然地势,依坡而建,自然标高在 1 544 ~ 1 526 m。利用自然地势将原矿输送至破碎车间,节约成本。破碎车间紧邻原矿堆场,标高在 1 520 ~ 1 512 m,已经进行平整,由北向南按 3‰坡度设计,挖高垫低形成破碎车间平台,设计标高约 1 516 m。废石场自然地势西北高、东南低,自然标高在 1 510 ~ 1 520 m,东南侧稍低处,与破碎车间相接。

由于干选场南高北低,且高差较大,容易形成汇水冲击原矿堆场,所以此次改扩建工程中,主体工程设计(可行性研究报告)在原矿堆场的西南侧布设截水沟,将西南侧来水导出,避免冲击原矿。截水沟长 300 m,为土质结构,占地宽 1.6 m。截水沟施工扰动区长 390 m,宽 4 m,可以考虑绿化。

2.改扩建情况

本项目改扩建工程全部利用现有干选场,不再扩建,能够满足本项目改扩建后的生产要求。

5.1.2.2 水选场

1.现有水选场情况

本项目现有水选场位于干选场的西侧,包括料台、选矿车间、精粉堆场、脱水车间、废弃选厂、配电室和空地。

1)平面布置

料台:位于选矿工业场地的西部,传送带的两侧,用于堆放精料。根据本项目规模,年处理原矿 10 万 t,精料 40 万 t,产生废料 4 万 t,即年处理精料 46 万 t。按照精料密度 3 t/m^3,年生产 300 天,最大堆高 6 m 计算,可以堆放本项目 20 天的精料,即 1.02 万 m^3,考虑空地,料台占地面积 0.56 hm^2。其周边空地 148 m^2,可以考虑拦挡措施。

选矿车间：位于料台的东侧，为彩钢板搭建形成的封闭车间，占地面积 0.4 hm^2。

精粉堆场：位于选矿车间的西侧，地面全部硬化，四周有红砖围墙拦挡，长 40 m，宽 80 m，现有精粉堆场面积 0.32 hm^2。

脱水车间：位于选矿车间的北侧，为彩钢板搭建形成，用于铁精粉的脱水。可以将铁精粉中的水分挤压出去，并利用地上管线排入选矿车间，以便循环利用。

废弃选厂：位于精粉堆场的东北侧，是 2004 年建成的，2012 年扩建后废弃至今，占地面积 0.14 hm^2。

配电室：位于选矿车间的南侧，长 10 m，宽 10 m，占地面积 0.01 hm^2，2004 年建成沿用至今。

空地：在水选场建筑物周边还有些空地，占地面积 1.16 hm^2。

2）竖向布置及防洪

水选场自然地势南高北低，自然标高在 1 520 ~ 1 510 m，西侧与干选场相接，已经进行平整，由南向北按 3‰坡度设计，挖高垫低形成水选场平台，设计标高约 1 515 m。

2. 水选场改扩建情况

1）平面布置

本项目改扩建工程将拆除现有的废弃选厂，扩大精粉堆场的面积，新建压滤车间。

废弃选厂：现有水选场中的废弃选厂将要拆除，拆除面积 0.14 hm^2。

精粉堆场：将现有精粉堆场向东进行扩建。扩建后的精粉堆场长 125 m，宽 80 m，占地面积 1 hm^2。主体设计周边用红砖围墙，长 400 m，宽 0.5 m，占地面积 0.02 hm^2。

压滤车间：根据本项目可行性研究报告和尾矿库设计，将把尾矿排放工艺由之前的湿排改为干排，需要增加压滤车间。新建的压滤车间位于尾矿库南侧、精粉堆场北侧，长 40 m，宽 20 m，占地面积 0.08 hm^2。

2）竖向布置及防洪

根据自然地势，本项目此次改扩建工程设计在水选场东侧和南侧布设截水沟，截水沟长 460 m，宽 1.6 m，采用土质梯形断面，上部加预制板结构，占地面积 0.07 hm^2。除厂区内硬化外，新增扰动区长 340 m，宽 4 m，占地面积 0.14 hm^2，可以考虑绿化。

5.1.2.3 尾矿库

1. 现有尾矿库情况

本项目所使用的尾矿库是在 2004 年建成的，位于选厂西北的天然沟道内，自然地形西高东低，在下游设有尾矿坝，尾矿坝最终设计标高 1 508 m，最大坝高 20 m，设计有效库容 90 万 m^3。尾矿坝利用尾砂填筑，外边坡比 1∶1.5，内边坡比 1∶1.5，坝顶宽 4 m，库底全部做了防渗漏处理。自 2005 年 4 月本项目开始运行，2012 年末扩建。目前已经排入尾矿 70.2 万 t，由于之前尾矿为湿排，按照湿尾矿密度 2.6 t/m^3 计算，即 27 万 m^3。

2. 改扩建尾矿库情况

本项目将现有尾矿库的排放工艺调整为压滤干堆，同时对现运行的尾矿库进行扩建，达到增大尾矿库库容量、延长服务年限的目的。尾矿排放堆存工艺设计采用库尾放矿法，即尾矿从尾矿库的上游（库尾）排放，尾矿渗滤水及滩面雨水汇集至下游的拦挡坝前，通过排水设施排出库外。本次设计尾矿库在现状基础上进行扩建、加高，设计尾矿库终期堆积坝坝顶标高 1 520.0 m，新增形成库容 $V_{终}$ = 137.13 万 m^3，相应的新增有效库容量为 $V_{终有}$ = 130.27 万 m^3。

考虑现有尾矿库的有效库容量 90 万 m^3，此次设计新增有效库容 130.27 万 m^3，尾矿库的扩建设计总库容量为 227.13 万 m^3。

考虑尾矿库现已堆存的 27 万 m^3 库容量，新增形成库容 $V_{终}$ = 200.13 万 m^3，相应的新增有效库容量为 $V_{终有}$ = 190.12 万 m^3。尾矿库总的占地面积为 118 880 m^2。

尾矿库自然地势西高东低，扩建时首先进行整平，依自然地势按照 3‰的坡度设计，并做防渗漏处理，之后进行规模排弃。

主体设计在尾矿库四周布设截洪沟，将尾矿库周边来水拦截在外，截洪沟长 1 432 m，宽 1.7 m，采用土质结构，水泥砂浆抹面。

考虑尾矿库现有尾砂 70.2 万 t，属于湿排尾矿，按照密度 2.6 t/m^3 计算，折 27 万 m^3。改扩建后，将改进工艺为干排尾矿，选矿厂年排入尾矿库的尾矿量 26 万 t，按照干尾矿密度 1.6 t/m^3 计算，折合 16.25 万 m^3，故尾矿库新增库容可服务 12.32 年。

5.1.2.4 办公生活区

1. 现有办公生活区情况

本项目现有办公生活区位于矿区东部、尾矿库的西南侧，包括建筑物 0.11 m^2 和空地 0.39 m^2。

2. 改扩建办公生活区情况

本项目改扩建工程计划将现有办公生活区拆除，扩建为尾矿库。同时，新建办公生活区。新建办公生活区布设在厂区东南侧的高地上，包括建筑物 0.02 m^2（宿舍、办公室和食堂等）和空地 0.18 m^2。

5.1.2.5 供水回水及输砂系统

1. 现有供水回水及输砂系统情况

1）供水

供水水源来自厂区东侧××河河槽内的大口井，井口呈圆形，井径 5 m，深 18 m，井内设潜水泵 2 台（一用一备）。日涌水量 1 200 m^3，能满足项目生产用水 31 万 m^3/a 的要求。水源井占地 0.01 hm^2，周边空地 0.01 hm^2，已经用废石压盖。本项目生活用水外购于项目区东侧××村，距离 3 km，采用水车拉水，无需修建供水管线。

澄清水池位于东南侧，选矿工业场地脱水车间的东北侧，为土质结构，底部呈碗状，用土工膜布衬底，长 50 m，宽 20 m，深 6 m，容积约 5 000 m^3，用于回水储存。澄清水池占地面积 0.1 hm^2，周边空地 0.14 hm^2，已经用废石压盖。

高位水池位于尾矿库的东北，混凝土结构，呈长方形，长 19 m，宽 40 m，高 5 m，容积约3 000 m^3，用于新水储存。高位水池占地面积 0.08 hm^2，周边空地 0.12 hm^2，已经用废石压盖。

将大口井水用地埋管径 DN160 铸铁管提取至高位水池，再利用地埋管线输送至选矿车间，补充新水。供水管线总长 1 050 m。其中，由大口井至高位水池的地下管线位于厂区外，长 700 m，深 2 m，施工区占地宽 2 m，施工扰动区占地宽 2 m，总占地 0.28 hm^2，属于临时占地；由高位水池至选矿车间的供水管线长 350 m，深 2 m，施工区占地宽 2 m，施工扰动区占地宽2 m,总占地0.14 hm^2,属于厂区内重复占地,不计算面积。

2)回水

本项目回水包括尾矿库至澄清水池的地下管线和澄清水池至选矿车间的地下管线,以及脱水车间至选矿车间的地上管线,其中地下管线长390 m,地上管线长5 m。

尾矿库—澄清水池:管线长340 m,采用地埋方式,深2 m,施工区占地宽2 m,施工扰动区占地宽2 m,总占地0.28 hm^2,属于重复占地。

澄清水池—选矿车间:管线长50 m,采用地埋方式,深2 m,施工区占地宽2 m,施工扰动区占地宽2 m,总占地0.02 hm^2,属于重复占地。

脱水车间—选矿车间:管线长5 m,采用地上方式,施工区占地宽1 m,施工扰动区占地宽2 m,总占地面积15 m^2。其中,2.5 m^2为永久占地,12.5 m^2为临时占地。永久占地忽略,临时占地属于重复占地,不再计算。

3)输砂管线

本项目输砂管线由选矿车间至尾矿库,采用地上方式,长120 m,用于输送尾砂。施工区占地宽1 m,施工扰动区占地宽2 m,总占地面积360 m^2。其中,60 m^2为永久占地,300 m^2为临时占地。由于输砂管线早在2005年建成,现只有宽0.5 m属于永久占地,施工区及施工扰动区已经不存在。

2. 改扩建供水回水及输砂系统情况

供水:本项目改扩建工程生产用水供水系统沿用现有供水水源及相应管线。

回水:除沿用现有回水管线外,新建压滤车间至选矿车间回水管线,管线长80 m,采用地上方式,施工区占地宽1 m,施工扰动区占地宽2 m,总占地面积240 m^2。其中,40 m^2为永久占地,200 m^2为临时占地。临时占地属于重复占地。

输砂管线:本项目改扩建后将由以前的湿排尾矿改为干排尾矿,所以不需要输砂管线。由于原有输砂管线采用地上方式,直接去掉即可。永久占地区将采用废石硬化。

5.1.2.6 道路系统

1. 现有道路系统情况

本项目进场道路为厂区东侧和北侧的乡村道路。其中,北侧道路通往××—××公路,距离8 km。东侧道路通往××村小组,距离3 km。

进场道路从已有的乡村道路至办公生活区大门,长50 m。厂内道路长660 m,连接办公生活区和选矿工业场地、破碎系统。运矿道路由采矿区至原矿堆场,长1 000 m。

2. 改扩建道路系统情况

本项目改扩建后,进场道路、厂内道路和运矿道路全部沿用,并新建道路排水沟。

进场道路排水沟长50 m,宽1.6 m,采用盖板形式,道路两侧施工区宽2 m,施工扰动区宽2 m。厂内道路排水沟长660 m,宽1.6 m,采用盖板形式,道路两侧施工区宽2 m,施工扰动区宽2 m。运矿道路排水沟长130 m,宽1.6 m,采用盖板形式,道路两侧施工区宽2 m,施工扰动区宽2 m。新建办公生活区道路,由进场道路至新建办公生活区,长100 m,宽6 m,排水沟长100 m,宽1.6 m,采用盖板形式,道路两侧施工区宽2 m,施工扰动区宽2 m。

5.1.2.7 供电系统

1. 现有供电系统

电源：本项目电源来自××农电××914线，沿进场道路（原有乡村道路）布设，接至项目区配电室，距离2 km。

厂外供电：厂外供电采用架杆布设的方式，每50 m一个电杆，根据供电线路长2 km，共40个电杆，每个电杆占地2 m^2，所以电杆永久占地80 m^2。供电线路临时占地包括施工区和施工扰动区。施工区按照每个电杆4 m^2计算，共160 m^2；由于厂外供电线路沿原有乡村道路布设，供电线路紧邻道路一侧无施工扰动区，而另一侧施工扰动区按2 m计算，所以施工扰动区4 000 m^2。

厂内供电：厂区内供电由配电室地埋线路引接至干选场、水选场、现有办公生活区及高位水池等区域，线路长720 m，埋深2 m，属于重复占地。

2. 改扩建供电线路情况

本项目改扩建工程电源和厂外、厂内供电线路沿用已有电源和线路。

新建供电线路由厂区外××农电××914线引接至新建办公生活区，采用架杆方式铺设，线路长100 m，沿路布设，基坑2个，占地4 m^2，可以忽略；供电线路施工区及施工扰动区与道路施工扰动区重合，不重复计算。

5.1.2.8 周边空地

根据本项目征地范围，除厂区内组成外，还有值班室、地磅房和周边空地。值班室位于厂区大门处，包括建筑物和空地，占地面积0.01 hm^2。地磅房位于厂区大门处，包括建筑物和空地，占地面积0.01 hm^2。厂区周边空地1.25 hm^2。

5.1.3 工程占地与土石方平衡

5.1.3.1 工程占地

本项目工程总占地面积25.27 hm^2，其中永久占地24.59 hm^2，临时占地0.68 hm^2，占地类型为草地。方案服务期末占地与建设期末占地一致。

5.1.3.2 土石方平衡及流向

本项目总土石方为51.78万m^3，挖方25.03万m^3，填方26.75万m^3，借用废料0.51万m^3，借用尾砂1.2万m^3，无弃方。本项目土石方平衡及流向见图5-1。

5.1.4 生产工艺与施工组织

5.1.4.1 生产工艺

该项目选矿工艺为干选+水选工艺。

1. 干选工艺（见图5-2）

原矿—鄂式破碎机及900回旋破—圆锥破—短头圆锥—旋盘破碎机—振动筛（不合格产品返回短头圆锥）—皮带机—精料（水选车间料仓）、废料（进入废料堆场）。

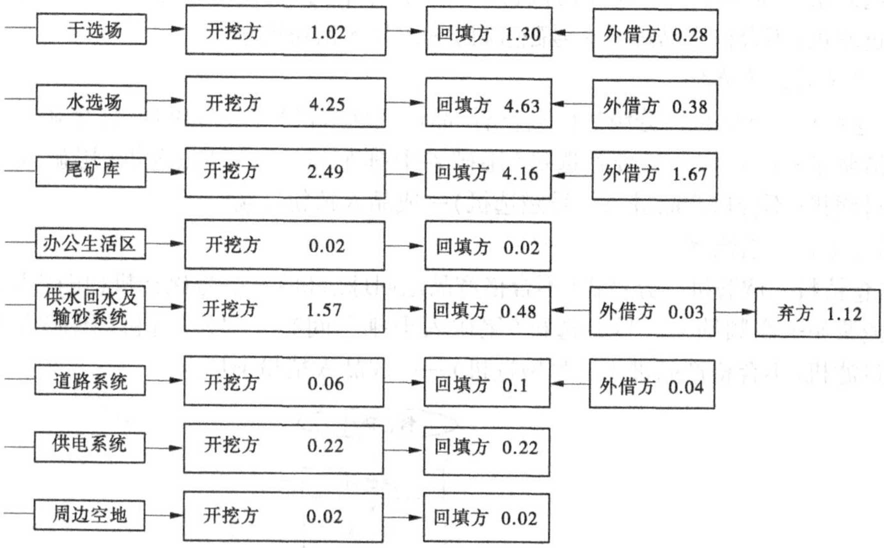

图 5-1　土石方平衡与流向图　(单位:万 m^3)

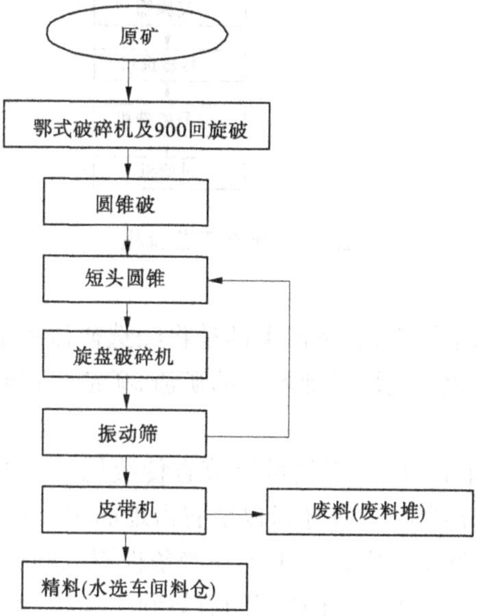

图 5-2　本项目干选工艺流程

2. 水选工艺(见图 5-3)

拟建项目水选工艺分为 3 条生产线,分别为一、二、三车间,以下为 3 条生产线工艺流程。

1) 一车间工艺流程

料仓精料—球磨机—磨头筛(不合格产品返回球磨机)——一号磁选机(尾矿入干排车

间)—渣浆泵—高频筛—二号磁选机(尾矿入干排车间)—三号磁选机(尾矿入干排车间)—过滤机(不合格产品进入一号磁选机)—成品入精粉堆场。

2)二车间工艺流程

料仓精料—球磨机—分级机(不合格产品返回球磨机)——一号磁选机(尾矿入干排车间)—渣浆泵—高频筛—二号磁选机(尾矿入干排车间)—三号磁选机(尾矿入干排车间)—过滤机(不合格产品进入一号磁选机)—成品入精粉堆场。

3)三车间工艺流程

料仓精料—球磨机—分级机(不合格产品返回球磨机)——一号磁选机(尾矿入干排车间)—渣浆泵—高频筛—二号磁选机(尾矿入干排车间)—三号磁选机(尾矿入干排车间)—过滤机(不合格产品进入一号磁选机)——成品入精粉堆场。

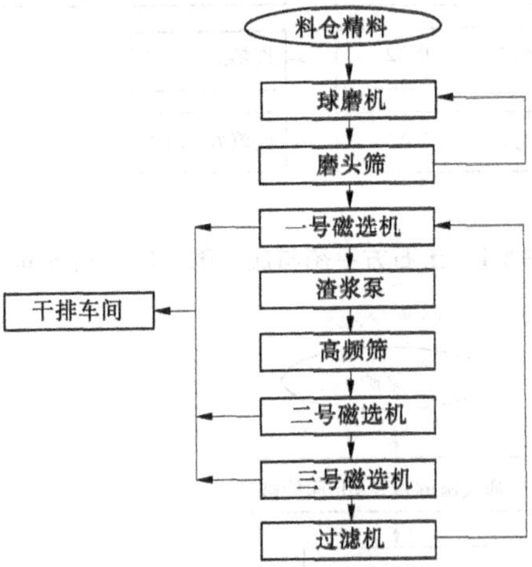

图 5-3　水选工艺流程

3. 尾矿处理工艺

本项目尾矿处理选用干排工艺,尾矿干排是将经选矿流程输出的尾矿浆经多级浓缩后,形成含水少、易沉淀固化和利用场地堆存的矿渣,矿渣可以转运至固定地点进行干式堆存。

将尾矿浓缩脱水后,干式排放,不仅可以节省传统尾矿库的建设费用和常规维护费用,还可以使自流回水充分利用,而且还可以节省占地面积,消除尾矿库的安全隐患,此外还可以在矿山生产过程中回填采空区。由于一些条件限制和安全要求,原有浆式尾矿库堆放方案投资大,风险大,施工期长,尾矿库的有效利用率低,更重要的是水资源缺乏的区域,水资源无法进行开发循环利用,经尾矿干排设备脱水后回水率可达85%以上,可以使水循环利用,节约了水资源,消除了安全隐患。

5.1.4.2　施工组织

施工组织主要包括施工用水、施工用电、道路和建筑材料。

1. 施工用水

根据供水协议,施工用水及项目建成后的生产用水由选矿厂自备水井供应。生活用水外购于哈不沁村小组。供水管线造成的水土流失防治由本项目负责。由水源井至厂区高位清水池和选矿车间铺设供水管线，供水管线沿路铺设，长 1 520 m，采用 DN160 的铸铁管，已经建成，永临结合。供水管线水土流失防治责任由本项目负责。

2. 施工用电

项目施工用电及运行期用电均来自××农电××914 线。××农电××914 线位于选矿厂的东侧，距离 2 000 m，采用地上架杆铺设，接引至厂区配电室。由配电室接引至各处的供电线路采用地埋电缆的方式铺设，地埋电缆长 720 m，已经建成，永临结合。水土流失防治责任由本项目负责。

3. 道路

本项目运矿道路位于厂区西侧，连接包头市××矿业有限公司自有矿与本选矿厂，长 1 000 m。进场道路位于厂区东侧，连接已有的乡村道路，长 280 m，可以由选矿厂连接至××—××公路，全部为土路，能够通汽车。

本项目厂内道路包括：已建道路，长 370 m；新建的办公生活区道路，长 100 m。建成后沿用，永临结合，为永久占地。厂内道路和进场道路、运矿道路水土流失防治责任由本项目负责。

4. 建筑材料

本项目所需砂石料全部由主体购买。防治责任由卖方负责。

5.2 主体工程水土保持分析与评价

5.2.1 主体工程水土保持制约因素分析与评价

按照《开发建设项目水土保持技术规范》（GB 50433—2008）要求，本工程将从工程选址及总体布局、施工组织、工程施工和工程管理等方面对涉及本工程的约束性规定进行逐项分析和评价。

5.2.1.1 工程选址及总体布局分析与评价

本工程布设在××县××镇的低山丘陵区，占地类型为草地，植被覆盖度在 15% 左右，地形和地质条件较好，水土流失为中度。区域内无农耕地，也无水土保持监测站点、重点试验区等重要的水保设施，同时避开了泥石流易发区、崩塌滑坡危险区以及易引起严重水土流失和生态恶化的地区。因此，选址及总体布局基本合理，符合规范要求。

1. 破碎系统、选矿工业场地和废料区选址的合理性分析

破碎系统、选矿工业场地和废料区选址位于厂区西侧，该处地势较为开阔，距离尾矿库较近，可减少项目占地，又方便废料和尾矿的运输，从水土保持角度分析，符合尽量少占地，以减少对地表的扰动和破坏的要求。主体工程设计考虑到上游沟道汇水对原料堆场和选矿工业场地的冲刷，易引发水土流失，带来危害，所以主体工程设计在原料堆场上游和选矿工业场地上游设置截水沟，能够将上游汇水疏导出去，符合水土保持要求。

2. 尾矿库选址的合理性分析

本项目尾矿库位于选矿工业场地的北侧，属于沟道型尾矿库。在满足本项目 227.13 万 m^3 的排放要求前提下，考虑距离选矿工业场地较近的位置，从而减少运输距离，便于利

用地上软管将尾矿由选矿工业场地排弃至尾矿库，也降低了对周边环境的影响。主体工程设计考虑到尾矿库内松散的尾矿存在潜在的滑坡危险，易引发水土流失，给周边地区带来危害，造成对周边环境的不利影响，所以主体工程在尾矿库下游修建尾矿坝，符合先拦后弃的原则。经实地查看，尾矿库周边无居民点、工厂及重要公共设施。

本次扩建尾矿库位于原尾矿库上，只是扩大原尾矿库下游面积，同时在尾矿库周边筑坝，以增加尾矿库库容。尾矿库上游有一定的汇水面积，主体设计在尾矿坝周边设截洪沟，上游汇水导入到尾矿库东侧的河槽内。同时，主体工程设计在尾矿库增加压滤车间，将尾矿库原有湿排工艺改进为干排工艺，减少尾砂含水量；利用活动水泵将尾砂水抽取至尾矿库东南侧的澄清水池，可以循环利用，符合水土保持要求。尾矿采取挡护措施并按坡度排弃，不会产生滑坡及崩塌事故，也不会产生较大水土流失危害。尾矿库选址周边不存在崩塌、滑坡危险区。虽然利用沟道，但在合理设计、实施挡护措施后，能够保障尾矿库边坡的稳定，无水土保持制约性因素。

3. 新建办公生活区选址的合理性分析

新建办公生活区位于选厂东南侧的高地上，地势开阔，距离选矿工业场地较近，可减少项目占地，从水土保持角度分析，符合尽量少占地，以减少对地表的扰动和破坏的要求。

从水土保持角度分析，破碎车间、选矿工业场地、废料区、尾矿库和新建办公生活区选址基本不存在限制性因素。工程选址从水土保持角度分析是合理的。

5.2.1.2 施工组织分析与评价

本工程施工占地均在协议范围内的草地上，不需新增施工场地，较好地控制了施工占地。新建工程施工时间为2015年4月~2016年10月，施工进度和时序较为紧凑，有效减小了裸露土地面积和缩短了裸露时间。施工土方总量较大，主要是场地平整、挖高填低，动用土石方量较大，但基本就近拉运，并尽量利用废料和尾砂，施工开挖和回填以及土石调运均控制得较好，建设期未产生废弃方，避免了造成较大的新增水土流失。因此，主体工程施工组织基本合理，符合规范要求。

5.2.1.3 工程施工分析与评价

为保证工程建设修建的施工道路基本没有，全部利用原有乡村道路和新修的进场道路、场内道路等，有效地控制了扰动范围；施工过程中，首先进行线型工程和办公生活区的施工，以保证主体工程施工的水、电、路和人员生活；随后生产车间等主体工程全面施工。充分利用几个月的时间全部完工，各项工程的施工均控制在规定的范围内，且施工时间较短，地表裸露时间较短，同时施工单位对扰动地表区域采取了必要的临时防护措施。因此，工程施工基本合理，符合规范要求。

5.2.1.4 工程管理分析与评价

本工程为已建项目，主体工程前期工作未进行水土保持方案设计，因此工程管理中的水土保持工作也未具体落实到位，其成为本工程主要制约性因素。下一步建设单位应按照《开发建设项目水土保持技术规范》(GB 50433—2008)具体规定及时将水土保持工程纳入到工程管理中，具体落实业主、施工、监理、监测等各方的责任、义务和工作内容，同时制定防治水土流失的具体措施，确保符合规范要求。

综上所述，本工程在工程选址及总体布局、施工组织和工程施工方面基本符合规范规定，满足工程施工的水土保持要求。因此，本工程基本不存在水土保持制约性因素，工程建设生产满足水土保持要求。

5.2.1.5 表土剥离可行性评价

项目区土壤以棕钙土为主，腐殖层较薄。按水保法规定，生产建设活动所占用土地的地表土应当进行分层剥离、保存和利用，但是由于本项目主体工程已经于2007年完成，所以只能在采矿区内剥离表土，其他位置无法剥离表土。

5.2.2 主体工程的水土保持分析与评价

5.2.2.1 工程总体布局的分析与评价

本工程布设在××县的低山丘陵区，办公生活区位于本工程东南部高地上，地势较高，高差不大；厂区西部为破碎系统、废料区和选矿车间；选矿车间南侧为配电室；厂区北部为尾矿库。破碎车间、选矿车间、废料区和尾矿库均进行了平整。

供电线路由本工程东部的××农电××914线引入到厂区配电室。厂区外供电及新建办公生活区供电采用架杆方式，厂区内供电线路采用地埋方式铺设。进场道路连接原有乡村公路与厂区；厂内道路依据地形条件进行建设。厂区内基本硬化，尤其是破碎车间、废料区和选矿车间连接起来，形成整体，可以通车。

整个厂区布设较为集中，扰动面积较小，且均已进行厂区平整，并基本硬化，所以建成后水土流失较小，基本满足水土保持的要求。

5.2.2.2 工程占地面积、类型和占地性质的分析与评价

从占地面积分析，本项目总占地面积25.27 hm^2，全部在用地协议范围内，占地面积相对较小，控制较好，对周边影响较小，造成的水土流失相对较小。

从占地类型分析，本工程占地类型为草地，符合“多占劣地、少占好地，多占荒地、少占耕地”的国家土地利用相关政策法规；项目区土地利用为草地，符合不宜占用农耕地，特别是水浇地等生产力较高的土地有关政策规定。同时，项目植被覆盖率较低，仅为15%左右，项目建设过程中对当地生态环境影响较小，符合水土保持要求。而且，占用的一部分土地在建设生产结束后还将恢复植被，这将大大减少本工程造成的水土流失，符合水土保持要求。

从占地性质分析，永久占地24.59 hm^2，临时占地0.68 hm^2。临时占地施工结束后即可恢复植被，对土地利用仅为短期影响，并且本项目临时占地已经经过10多年自然恢复，基本达到原地貌水平；永久占地施工结束后一部分变为建筑或场地，生产过程中占地面积不会扩大。项目占地面积较小，布局紧凑，符合节约用地的原则。

5.2.2.3 土石方平衡的分析与评价

本项目区为草地，施工过程中大量的土方开挖来自于工业场地平整，工程总共动用土石方517 797 m^3，其中挖方250 333 m^3，填方267 464 m^3，借用12 000 m^3尾砂和5 131 m^3废料，无弃方。

主体工程挖填方施工时段、回填利用等安排有序，土石方调配基本合理，符合水土保持要求。建设过程中厂区平整除原矿堆场外，采用挖高垫低方式，并将高位水池、澄清水池和大口井开挖的土料回填至选矿工业场地，最终形成破碎系统、选矿工业场地和废料区

平台。建筑基础毛石外购;运行期产生的铁精粉全部出售,及时由购买单位运走;尾矿排弃入尾矿库;废料堆放至废料区。从水土保持角度看,减少了不必要的水土流失,最大限度地控制了人为水土流失,满足水土保持基本要求。

5.2.2.4 施工组织设计的分析与评价

1. 施工场地布设的分析与评价

本工程前期施工过程中涉及的施工场地主要包括施工营地、材料堆放场、施工机械停放场、施工道路等,其中施工营地施工初期在办公生活区空地搭建临时板房,待办公生活区建筑竣工后将其作为施工营地;材料堆放场布设在办公生活区内空地上;施工机械停放场布设在废料区的空地上;施工道路主要利用周边原有道路和本工程新修的场内道路和进场道路。综上所述,施工场地全部布置在征地范围内,建设单位充分利用了当地的地形,对施工场地进行了合理的安排布设,既满足了施工要求,又减少了施工过程中产生的水土流失,符合水土保持要求。

2. 施工时序和施工进度的分析与评价

本工程前期土建施工活动主要在4~10月,4月进行道路、供电线路和施工营地的修建,5月进行办公生活区和水循环系统建设,6~9月进行破碎系统、选矿工业场地、废料区及尾矿库等的建设,各区域施工进度安排合理,施工紧凑,施工时序相互衔接,施工动土扰土时间较短,施工过程中考虑了土方相互调配利用,保证了土方开挖后及时调配利用,减少了临时堆土占地面积和时间,符合水土保持要求。

3. 施工能力的分析与评价

本工程施工用水较少,主要利用项目自备的大口井;施工用电利用先期架设完成的本工程供电线路提供;通信则利用移动通信网络提供;施工道路利用现有的道路和本工程新修的进场道路和场内道路。综上所述,本工程的施工条件较好,各项设施完全能够满足本工程的施工要求,不需新建保证本工程顺利施工所需的临时设施,减小了施工临时占地面积,使本工程施工过程中破坏原地貌和植被面积控制在最小限度,符合水土保持要求。

4. 施工方法和施工工艺的分析与评价

本工程涉及动土、扰土的设施和建筑的施工方法主要为机械或人工进行的开挖、回填、碾压和平整等活动,施工方法和施工工艺相对简单,从水土保持角度分析,主体工程采取的施工方法和施工工艺基本满足水土保持要求,但在工程施工过程中也有一些新增水土流失。由于本项目施工前期未编制水土保持方案,已经造成了一定的水土流失,本方案为补报方案,在新建项目施工过程中,方案的实施可以控制以后水土流失的发生。

5.2.3 主体工程设计的水土保持分析与评价

5.2.3.1 主体工程中具有水土保持功能的工程

本项目中,主体工程设计的工程措施,如场地平整、空地硬化等,具有水土保持功能,但不纳入水土保持投资。

1. 场地平整

在厂区建设前,主体首先进行了场地平整,包括破碎车间场地平整、废料区场地平整、选矿工业场地平整,面积为7.88 hm^2。场地平整削减了地形的起伏,有效地减少了施工过程中的水土流失量，尤其是水力侵蚀量，具有水土保持的功能。

尾矿库在建设过程中首先进行了场地平整，原有尾矿库平整面积5.84 hm^2，扩建后的尾矿库新增平整面积3.64 hm^2。尾矿库场地平整削减了地形的起伏，有效地减少了施工过程中的水土流失量，尤其是水力侵蚀量，具有水土保持的功能。

2. 空地硬化

本项目建设过程中在破碎系统的破碎车间周边空地进行了砂石硬化，面积0.04 hm^2；在选矿工业场地的料台周边进行了砂石硬化，面积0.01 hm^2；在原有精粉堆场进行了水泥硬化，面积0.32 hm^2，新增精粉堆场硬化面积0.68 hm^2。选矿工业场地周边空地砂石硬化面积1.03 hm^2。硬化使得地表被覆盖，基本不再产生水土流失，具有水土保持的功能。

5.2.3.2 主体工程设计的水土保持工程

1. 破碎系统

破碎系统位于厂区西南侧，包括原料堆场和破碎车间。采用的工程措施为原料堆场截水沟。为防止汇水进入原料堆场，主体工程设计在原料堆场北、西、南三侧设置截水沟，拦截坡面汇水。截水沟采用土质梯形结构，底宽0.4 m，深0.6 m，边坡比1∶1。原料堆场截水沟长300 m，土方开挖工程量180 m^3，工程占地0.05 hm^2。

原料堆场截水沟可以将原料堆场上游的雨水顺利导出至厂区西侧的沟道内，属于保持水土的工程，符合水土保持要求。

2. 选矿工业场地

1）选矿工业场地截水沟

选矿场位于厂区中部，地势南高北低，为防止汇水对选矿工业场地内部造成冲刷，主体工程设计在选矿场南侧设置截水沟，拦截坡面汇水。截水沟采用土质梯形结构，底宽0.4 m，深0.6 m，边坡比1∶1。选矿工业场地截水沟长330 m，土方开挖工程量198 m^3，工程占地0.05 hm^2。

选矿工业场地周边截水沟可以将选矿工业场地上游的雨水顺利导出至厂区西侧的沟道内，属于保持水土的工程，符合水土保持要求。

2）精粉堆场周边拦挡

为防止精粉堆场内的铁精矿散落出精粉堆场，主体工程设计在精粉堆场周边建设围墙，以拦挡铁精矿。围墙采用红砖进行堆砌，围墙长400 m，高2 m，宽0.5 m，占地0.02 hm^2，动用红砖231 842块。

精粉堆场周边围墙，可以有效控制精粉堆场面积，保护铁精粉，属于保持水土的工程，符合水土保持要求。

3. 尾矿库

1）尾矿库周边截洪沟

主体工程设计沿尾矿库周边布设截洪沟，截洪沟断面尺寸宽×高为1.5 m×1.5 m，内壁采用10 cm厚的水泥砂浆抹面，截洪沟总长为1 432 m。土方开挖3 895 m^3，水泥砂浆673 m^3，工程占地0.2 hm^2。

尾矿库周边截洪沟可以将尾矿库周边雨水导出至尾矿库东北侧的河槽内，降低尾矿坝的危险性,属于保持水土的工程,符合水土保持要求。

2)挡渣墙

为防止尾矿渣堆放过程中的淤积,同时起排渗反滤作用,设计在尾矿坝坝上游设置一道拦渣坝,拦渣坝坝轴线距拦挡坝轴线约40 m。拦渣坝为透水堆石坝,由废料堆砌而成,坝高3 m,长161 m,坝顶宽3 m。坝体内坡坡比为1∶1.8,外坡坡比为1∶1.8,内坡铺设400 g/m^{2}的土工布反滤层,内外坡设300 mm厚的碎石护坡。尾矿库拦渣坝所用废料4 057.2 m^3,碎石599 m^3,土工布反滤层998.2 m^2,工程占地0.23 hm^2。

尾矿坝挡渣墙能够将雨水导出,将尾砂拦截,减少尾矿库中的水量,属于保持水土的工程,符合水土保持要求。

3)坝顶碎石压盖

尾矿坝长561 m,坝顶宽4 m,主体工程设计在尾矿坝坝顶利用碎石进行压盖,压盖厚度为0.3 m,压盖面积0.22 hm^2,动用碎石673.2 m^3。尾矿坝坝顶碎石压盖,可以有效覆盖尾砂,减少扬尘沙源,减轻水土流失,属于保持水土的工程,符合水土保持要求。

5.2.4 工程建设对水土流失的影响因素分析

经过本项目实地调查和勘测,工程在建设过程中水土流失主要是水力侵蚀,间有风力侵蚀。侵蚀主要发生在破碎系统、废料区、选矿工业场地、尾矿库、辅助生产设施、办公生活区、水循环系统、道路系统和供电系统的修筑过程中,产生挖方和填方,以及临时堆土等,改变了原地貌,形成疏松土层,加剧了水土流失;在破碎车间、废料区、选矿工业场地和尾矿库库区场地整平的过程中,破坏了地表植被,形成疏松土层,也会产生水土流失。

5.3 防治责任范围及防治分区

5.3.1 防治责任范围

本项目共征用草地25.51 hm^2,其中永久占地为24.83 hm^2,临时占地为0.68 hm^2。开发建设项目水土流失防治责任范围为项目建设区和直接影响区,防治责任范围为25.95 hm^2,其中项目建设区25.27 hm^2,直接影响区0.68 hm^2。

5.3.1.1 项目建设区

项目建设区指工程永久占地和施工期间的临时征、租地范围以及土地使用管辖范围。根据主体工程可研资料分析统计,项目区建设占地共计25.27 hm^2,其中永久占地24.59 hm^2,临时占地0.68 hm^2,包括破碎系统、废料区、选矿工业场地、尾矿库、辅助生产设施、办公生活区、水循环系统、道路系统和供电系统。

5.3.1.2 直接影响区

直接影响区指由于工程建设活动对周边可能造成的水土流失危害的区域,虽不属于征地范围,但建设单位应对其造成的水土流失影响负责防治。根据对现场调查确定本工程直接影响区取值。

建设期项目防治责任范围见表5-1。

方案服务期末防治责任范围同建设期末防治责任范围。

表 5-1　本工程水土流失防治责任范围　（单位：hm^2）

项目	防治责任范围		合计
	占地面积	直接影响区面积	
破碎系统	1.77		1.77
废料区	4.71		4.71
选矿工业场地	3.30		3.30
尾矿库	12.54	0.57	13.11
辅助生产设施	0.03	0	0.03
办公生活区	0.38	0.07	0.45
水循环系统	0.69	0	0.69
道路系统	1.40	0.02	1.42
供电系统	0.45	0.02	0.47
合计	25.27	0.68	25.95

5.3.2　水土流失防治分区

由于该项目已建点型工程，又有线型工程，各区域水土流失类型、特点各有差异，防治的重点和所应采取的防护措施也不相同，因此根据工程建设情况及水土流失特点等因素，确定本期工程水土流失防治分区为破碎系统、废料区、选矿工业场地、尾矿库、辅助生产设施、办公生活区、水循环系统、道路系统和供电系统。具体见表 5-2。

表 5-2　水土流失防治分区　（单位：hm^2）

项目区	面积	水土流失特点
破碎系统	1.77	场平、管沟开挖等施工活动破坏地表植被严重，风力、水力侵蚀均有发生，水土流失较严重，面状扰动为重点治理区
废料区	4.71	场地整平过程中易发生风蚀
选矿工业场地	3.30	基础开挖、场平、管沟开挖等施工活动破坏地表植被严重，风力、水力侵蚀均有发生，水土流失较严重，面状扰动为重点治理区
尾矿库	12.54	尾矿库的开挖、尾矿坝的修筑，破坏了地表植被，风力、水力侵蚀均有发生，水土流失较严重，面状扰动为重点治理区
辅助生产设施	0.03	基础开挖等施工活动破坏地表植被严重，风力、水力侵蚀均有发生，水土流失较严重，面状扰动为重点治理区
办公生活区	0.38	基础开挖、场平等施工活动破坏地表植被严重，风力、水力侵蚀均有发生，水土流失较严重，面状扰动为重点治理区
水循环系统	0.69	尾水井和水池的修建，供水线路的铺设，施工便道的扰动，具有线状侵蚀的特点
道路系统	1.40	道路修建过程中破坏地表植被，风力和水力侵蚀均有发生，具有线状侵蚀的特点
供电系统	0.45	供电线路的铺设、人为施工便道扰动，具有线状侵蚀的特点

5.4 水土流失调查与预测

5.4.1 水土流失成因、类型及分布

5.4.1.1 项目区水土流失成因

项目区水土流失主要影响因素包括自然因素和人为因素。

1. 自然因素

项目区属于阴山北麓的低山丘陵区，水土流失严重。一方面由于地形坡度大，土壤贫瘠，土层薄；另一方面由于降水变率大，集中在夏季，多暴雨，冲刷作用强。由于降水较少，土壤条件差，当地植被覆盖度低，这又间接造成水土流失。除自然因素外，人为因素更加剧了水土流失。

(1)大风：风力的大小直接影响下垫面物质的运动和沉积，它的搬运能力取决于风速、风向和风的延续时间。工程建设区属于温带大陆性半干旱季风气候区，具有风大多沙的特点，强劲的风力是造成本地水土流失最主要的动力。

(2)降水：高强度的降水是导致水力侵蚀的直接动力。建设区多年平均降水量为285 mm。降水特点是：降水集中、强度大，常以暴雨的形式出现。因此，降雨是造成本地水土流失的主要动力，减少侵蚀动力的根本办法是提高地表的抗蚀能力。

(3)下垫面状况：当地土壤属于灰褐土，土壤中的腐殖质含量极低，植被稀少，项目区原有土地为草地，所以容易发生侵蚀。

2. 人为因素

人为因素是指本工程建设活动所诱发和加速原地貌的水土流失。根据实地调查，项目建设过程中，由于厂区的开挖及平整，坝体建(构)筑物的基础开挖及回填，施工生产生活区材料堆放，道路区、供排水和供电线路基础开挖及建设，取弃土堆放和回填等施工活动，对原地貌和地表植被进行扰动和破坏，降低或丧失了原地表的水土保持功能，改变了外营力与土体抵抗力之间形成的自然相对平衡，导致原地貌土壤侵蚀的发生和发展。

5.4.1.2 项目区水土流失类型

项目区新增水土流失以水力侵蚀为主，间有风力侵蚀，属风力、水力复合侵蚀区。根据对项目区的现场调查，水土流失主要发生在破碎系统、废料区、选矿工业场地、尾矿库、辅助生产设施、办公生活区、水循环系统、道路系统和供电系统等的施工过程中。

(1)破碎系统：位于厂区西南部，原地貌以水力侵蚀为主。场地平整后，基本平坦，建设期由于场地平整和临时堆土等，会造成新的水土流失。

(2)废料区：位于厂区西部，原地貌以水力侵蚀为主。场地平整后，基本平坦，建设期由于场地平整和临时堆土等，会造成新的水土流失。

(3)选矿工业场地：位于厂区南部，原地貌以水力侵蚀为主。场地平整后，基本平坦，建设期由于场地平整、建筑物基础开挖和临时堆土等，会造成新的水土流失。

(4)尾矿库：位于厂区北部，尾矿库场地平整后基本平坦，尾矿坝填筑、截洪沟开挖等会造成新的水土流失。

(5)辅助生产设施:分散于厂区内,建筑物基础开挖和临时堆土等,会造成新的水土流失。

(6)办公生活区:新建办公生活区位于厂区东南高地上,以水力侵蚀为主。建设期由于平整场地、建筑挖方填方、临时堆土和硬化等,会造成新的水土流失。

(7)水循环系统:分散于厂区内,原地貌以水力侵蚀为主,建设过程中开挖土方、临时堆土和沙石硬化等,会造成新的水土流失。

(8)道路系统:进场道路位于厂区东侧,地势较低,相对平缓,以水力侵蚀为主。建设期由于路基填筑和临时堆土等,会造成新的水土流失。场内道路和运矿道路位于厂区中部,地形有一定起伏,以水力侵蚀为主。建设期由于路基填筑,会造成新的水土流失。

(9)供电线路:供电线路所经过的地形较为复杂,多为山地,原地貌以水力侵蚀为主。建设期由于基坑开挖、临时堆土等,会造成新的水土流失。

5.4.2 水土流失调查与预测内容、方法

5.4.2.1 预测内容

根据《开发建设项目水土保持技术规范》(GB 50433—2008)的要求,结合本项目的具体建设内容,水土流失预测内容包括:扰动原地貌、破坏土地和植被情况;弃土、弃渣量;损坏水土保持设施的面积和数量;可能造成的水土流失面积和流失总量;可能造成的水土流失危害。

5.4.2.2 调查预测方法

根据对影响水土流失因素的分析,工程建设过程中的水土流失除受项目区水文、气象、土壤、地形、植被等自然因素影响外,还受各项施工建设活动的影响,使施工区域水土流失表现出特殊性(如水土流失形式、数量发生较大变化等),导致水土流失随施工场地和施工进度的变化而变化,表现出时空变化的动态性,因此也必须针对这种时空变化的动态性相应做出水土流失预测。

由于本项目主体工程在2012 年4 月就已经开工,2012 年10 月底完工,新建工程将在2015 年4 月 ~2016 年10 月建设,本方案属于补报方案,所以本方案主要采用现场调查的方法预测建设期扰动原地貌、破坏植被面积、弃土弃石量、破坏水土保持设施面积、建设期可能产生水土流失的面积、水土流失强度。在现场调查的基础上,结合包头市××县相似建设类项目进行水土流失量的预测。

1. 资料调查法

对于建设期扰动原地貌、破坏植被面积、弃土弃石量、破坏水土保持设施面积预测采用资料调查法进行。

根据主体工程资料和对现场土地类型、植被覆盖等方面的调查,预测统计建设期破坏原地貌面积及可能产生水土流失的面积,根据主体工程的施工实际情况等确定施工期产生的弃土弃石量。

2. 实地调查法

针对项目建设的特殊性,在引用科研成果和预测模型的基础上,对生产建设引起的人工地貌进行了实地调查、勘测,并在该地区已建设的区域应用体积估算法对其进行实地调

查试验。

3. 引用资料类比法

引用同一地区相似建设类项目的水土保持资料或水土保持监测资料进行类比。

5.4.3 预测结果

5.4.3.1 扰动原地貌、破坏土地和植被的面积预测

根据现场调查，工程建设扰动原地貌、破坏土地及植被面积为 25.27 hm^2，占地类型为草地，属于低山丘陵区，详见表 5-3。

表 5-3 项目建设扰动原地貌面积 （单位：hm^2）

防治分区	永久占地	临时占地	合计	占地类型
破碎系统	1.77		1.77	草地
废料区	4.71		4.71	草地
选矿工业场地	3.30		3.30	草地
尾矿库	12.54		12.54	草地
辅助生产设施	0.03		0.03	草地
办公生活区	0.38		0.38	草地
水循环系统	0.45	0.24	0.69	草地
道路系统	1.40		1.40	草地
供电系统	0.01	0.44	0.45	草地
合计	24.59	0.68	25.27	

5.4.3.2 损坏水土保持设施的面积和数量预测

根据《内蒙古自治区水土流失防治费征收使用管理办法》，施工建设活动对原地表水土保持工程设施、生物设施构成占压和损坏的要按标准交纳水土保持设施补偿费。

根据对本工程建设区占地类型的统计分析，在工程建设过程中，厂区建设占用的土地类型全部为草地。由此确定本工程建设破坏具有水土保持功能的设施面积为 25.27 hm^2。

5.4.3.3 弃土石及垃圾等废弃物预测

工程建设过程中征占地总面积 25.27 hm^2，其中永久占地 24.59 hm^2，临时占地 0.68 hm^2。根据项目建设情况，工程总土石方为 51.78 万 m^3，挖方 25.03 万 m^3，填方 26.75 万 m^3，借用废料 0.51 万 m^3，借用尾砂 1.2 万 m^3，无弃方。

项目运行期产生废料和尾矿，堆放于固定位置。由于本项目规模较小，工作人员较少，产生生活垃圾量少，所以就地填埋。

5.4.3.4 可能造成的水土流失量预测

1. 原生地貌土壤侵蚀模数确定

根据应用遥感技术进行的全国土壤侵蚀第二次普查成果，结合外业实地水土流失调

查以及对本项目的分析评价,确定项目区原地面水力侵蚀模数为 3 000 t/(km^2 · a),风力侵蚀模数为 2 000 t/(km^2 · a)。

2. 施工期地貌土壤侵蚀模数确定

工程建设区水土流失成因复杂,除受水文、气象、土壤和原有地形地貌、植被等因素影响外,还受各项施工场地、施工工艺和施工进度等因素的影响。本工程属建设生产类项目,根据《开发建设项目水土保持技术规范》(GB 50433—2008)要求,结合工程建设的特点,对工程建设过程中产生的水土流失强度采用监测资料类比法进行预测。

采用引用资料和类比分析得到预测数据。所选类比对象是与本建设项目最为接近的××铁矿。建设期××铁矿采选工程土壤侵蚀强度:原矿场、铁精粉场生产区建筑、办公生活区建筑和道路水蚀为 2 500 t/(km^2 · a),风蚀为 5 000 t/(km^2 · a);尾矿库水蚀为 3 000 t/(km^2 · a),风蚀为 65 000 t/(km^2 · a);供电线路、供水系统和空地水蚀为 2 000 t/(km^2 · a),风蚀为 35 000 t/(km^2 · a)。

运行期××铁矿采选工程土壤侵蚀强度:原矿场、铁精粉场和道路路面水蚀为2 000 t/(km^2 · a),风蚀为 4 000 t/(km^2 · a);尾矿库水蚀为 2 500 t/(km^2 · a),风蚀为6 000 t/(km^2 · a)。

资料类比区选择距本项目位置较近的××铁矿采选工程。主要从地形地貌、气象、土壤、植被、施工时间、扰动地表特点和水土流失特点等方面对××铁矿采选工程和本项目进行对比分析。

××铁矿采选工程的地形地貌、土壤、施工时间与本工程稍微有些差别,而其他各项类比条件与本工程一样,类型相同的土壤经施工扰动翻出和强蒸发后,土壤松散干燥,在相同风力、风向作用下产生的风蚀强度基本相同;在相同降雨量和强度的作用下产生的水蚀强度也基本相同。同时,本工程的施工活动与类比区的施工活动一样,其结果都是破坏或改变了原有的土体结构和植被,使表土变得疏松,降低了原地表土壤的抗蚀性。因此,类比工程造成的土壤侵蚀强度与本工程的基本一样,且现场调查所在区域的土壤侵蚀强度数据与类比工程中同一区域的土壤侵蚀强度基本接近,故不对类比工程土壤侵蚀强度进行修正,直接引用作为本工程土壤侵蚀强度值即可。

5.4.3.5 可能造成的水土流失面积预测

按水土流失分区及其建设实际扰动土地面积,统计在工程建设过程中不同预测时段可能造成的水土流失面积。工程占地面积 25.27 hm^2,全部造成新的水土流失。

5.4.3.6 可能造成的水土流失量预测

根据项目建设的施工进度和项目区土壤风力侵蚀和水力侵蚀年内分布情况,综合分析计算不同区域的水土流失量。在确定水土流失背景值、水土流失预测强度值和新增水土流失面积的基础上,求得新增水土流失总量。

根据项目建设过程中可能造成的水土流失面积和水土流失强度预测值,工程施工可能造成土壤侵蚀量为 2 836.68 t,其中新增土壤侵蚀量 1 719.33 t,占土壤侵蚀总量的61 %。

5.4.3.7 可能造成的水土流失危害预测

1. 加大项目区及周边地区土壤侵蚀强度

该项目建设过程中扰动地表,疏松土壤,在当地气候条件下,易产生挟沙风。因此,项目建设将加速项目区及周边地区的土壤风蚀发生与发展。

2. 对地表植被的破坏

项目区在建设施工期用地及机械碾压、施工人员践踏等破坏施工区域内的植被，破坏和影响施工区周围环境的植被覆盖率和数量分布。

3. 对项目区周边河道的影响

项目区东侧紧邻河槽，项目生产过程中生产用水水源主要来自河槽，持续取水会影响周边的河道水量。

5.5 建设项目水土流失防治措施布设

5.5.1 水土流失防治措施总体布局和体系

5.5.1.1 水土流失防治措施总体布局

1. 建设期水土流失防治措施总体布局

1) 破碎系统防治区

破碎系统位于厂区西南侧，包括原料堆场和破碎车间。为防止汇水进入原料堆场，主体工程设计在原料堆场北、西、南三侧设置截水沟，拦截坡面汇水。截水沟施工结束后，在原料堆场周边布设灌草防护。同时，为防止原料散落，方案新增在原料堆场周边设置挡墙拦挡。另外，方案新增洒水降尘临时措施。

2) 废料区

为防止废料散落，方案新增在废料堆场周边设置挡墙拦挡，在废料堆场周边布设灌草防护。另外，方案新增洒水降尘临时措施。

3) 选矿工业场地

主体工程设计在精粉堆场周边设置挡墙拦挡，以防止铁精粉散落，同时在选矿工业场地南侧布设截水沟，以拦挡上游汇水。截水沟施工完毕后在其施工扰动区布设灌草防护。方案新增洒水降尘临时措施。

4) 尾矿库防治区

主体工程设计尾矿库周边截洪沟、拦渣坝及尾矿坝坝顶用碎石压盖，方案新增设计尾矿库周边灌草防护，方案新增洒水降尘临时措施。

5) 办公生活区防治区

方案新增办公生活区内部空地绿化美化、周边灌草防护，以及洒水降尘临时措施。

6) 供电线路防治区

项目区原有供电线路已接入多年，供电线路施工区及施工扰动区植被均已自然恢复。因此，本方案只对新建供电线路进行植被恢复设计。

7) 水循环系统防治区

项目区供水管线已建成多年，其施工区及施工扰动区植被均已自然恢复。因此，本方案不再对其进行水土保持措施设计。

2. 运行期水土流失防治措施总体布局

方案服务期末，项目区原料堆场、废料堆场及尾矿库仍在继续使用，无法进行植被恢复，因此本方案不对运行期水土流失防治措施进行设计。

5.5.1.2 水土流失防治措施体系

根据本项目的水土流失预测结果和确定的防治责任范围，以及水土流失防治分区、防治目标、防治内容，在分析评价主体工程中具有水土保持功能措施的基础上，针对工程建设活动引发水土流失的特点和造成危害程度，通过工程措施与植物措施的合理布局，力求使本项目造成的水土流失得以集中和全面的治理。在发挥工程措施控制性和速效性特点的同时，充分发挥植物措施的长效性和美化效果，形成工程措施和植物措施结合互补的防治形式。将主体工程中界定为水土保持措施的工程，纳入到本方案的水土保持措施体系当中，使之与本方案新增水土保持措施一起，形成一个完整、严密、科学的水土流失防治措施体系。建设期水土流失防治措施体系详见图5-4。运行期水土流失防治措施体系详见图5-5。

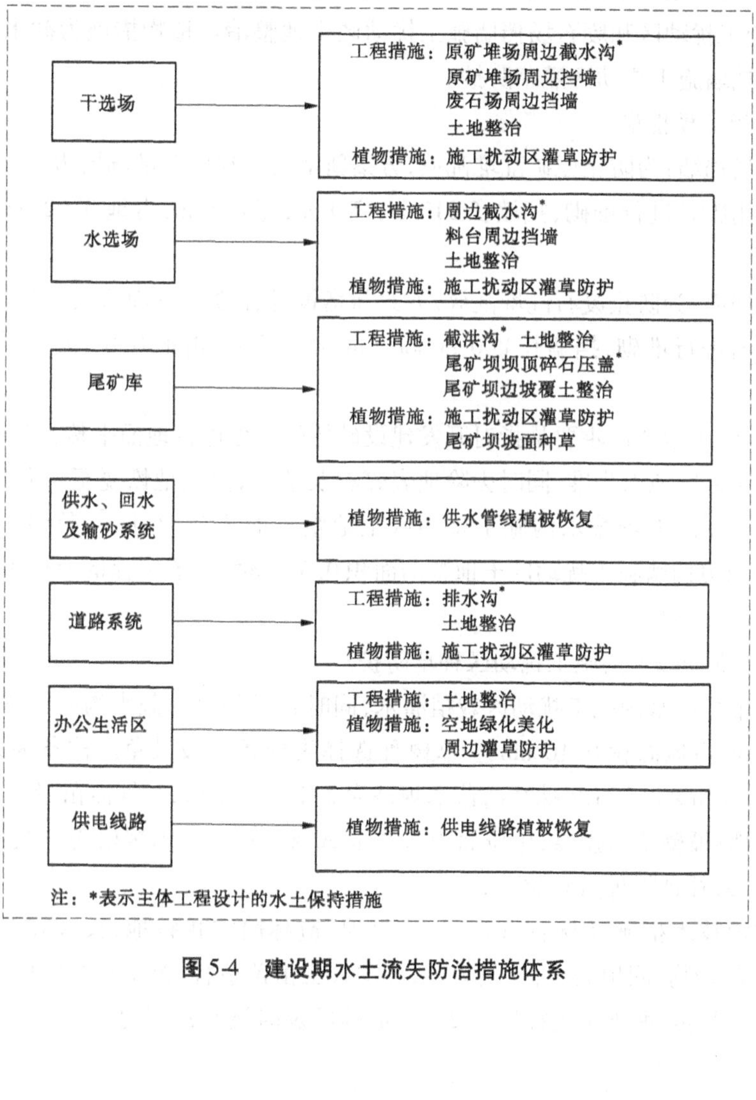

图5-4 建设期水土流失防治措施体系

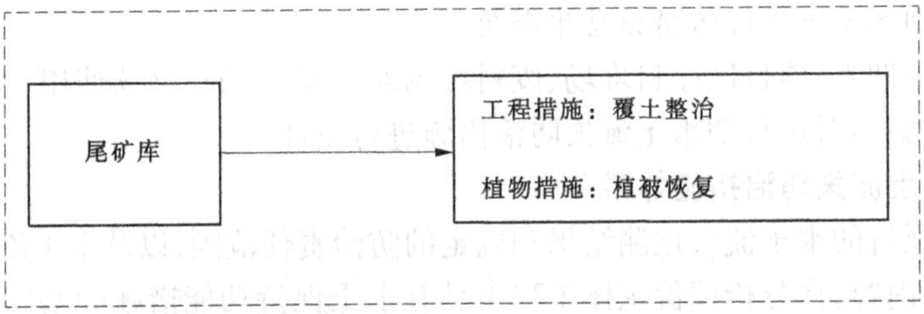

图 5-5　运行期水土流失防治措施体系

5.5.2　水土流失防治措施典型设计

5.5.2.1　建设期水土流失防治措施典型设计

1. 干选场水土保持措施设计

本方案中，干选场建设期新增的水土保持工程措施为原矿堆场挡墙拦挡、废石场挡墙、截水沟施工扰动区和废石场挡墙施工扰动区土地整治。植物措施为截水沟施工扰动区和废石场挡墙施工扰动区灌草防护。

1) 干选场工程措施

原矿堆场挡墙：为防止原矿乱堆乱放，方案新增设计在原矿堆场周边设置挡墙进行拦挡。挡墙采用废石进行堆砌，挡墙长 510 m，高 1 m，宽 0.5 m，占地 0.02 hm^2，动用废石 255 m^3。

废石场挡墙：为防止废石乱堆乱放，方案新增设计在废石场周边设置挡墙进行拦挡。挡墙采用废石进行堆砌，挡墙长 800 m，高 1 m，宽 0.5 m，占地 0.04 hm^2，动用废石 400 m^3。

土地整治：土地整治主要是指对开发建设破坏的土地进行地面平整、修复，挖高垫低，挖垫高度以接近原地面为准，同时去除地表碎石及杂质，使土地恢复至可利用的状态，便于植树种草。原矿堆场截水沟施工扰动区土地整治面积 0.16 hm^2，整治工程量为 480 m^3。废石场周边挡墙施工扰动区土地整治面积 0.32 hm^2，整治工程量为 960 m^3。

2) 干选场植物措施

(1) 原矿堆场截水沟施工扰动区种草防护。

在原矿堆场截水沟施工扰动区栽植灌木，同时林下种草。截水沟施工扰动区占地长 390 m，宽 4 m，占地面积 0.16 hm^2。草树种选择为柠条和披碱草。柠条为条播，种植 3 行，株行距 1.5 m×1.5 m，2 株/穴，苗木规格为 2 年生实生苗，初期需苗量 1 566 株，补种需苗量 314 株；披碱草为撒播，单位面积播种量 30 kg/hm^2，苗木规格为一级种子，初期需种量为 4.8 kg，补种需种量 0.96 kg。

灌草防护技术措施及抚育管理：一是整地，造林前穴状整地，长×宽为 40 cm×40 cm，清除石砾、杂物，回填表土；二是栽植，春季人工植苗造林，苗木直立穴中，保持根系舒展，分层覆土，踏实，埋土至地径以上 2 cm，造林后及时浇水；三是抚育管理，1 年 1 次，穴内松土、除草，深5~10 cm，并对死亡的苗木及时补植，以免林带形成缺口。为了促进根系的发展，提高分蘖和生长能力，柠条要适时平茬。第一次平茬一般在播种后第三年秋天进行，以后每隔四、五年平茬一次。平茬最好在秋天落叶后进行，以免影响生长和损伤根系。平茬时茬口要低，不要劈裂根系。

种草技术措施及抚育管理：一是整地，播种前精细整地，清除地表石块、杂草残枝和根系等杂物，回填表土并平整，以疏松表土，保蓄水分，为播种和出苗整齐创造良好的条件。二是播种时间，旱作最好在雨季播种（7月5日前）。三是播种方式，采用人工撒播，播后耱地镇压。播种前对种子进行去芒处理；用农药拌种或用杀虫剂、保水剂、抗旱剂对种子进行丸衣化处理，以预防种子传播病虫害和病虫对种子、植株危害。播种前必须采取措施脱去或擦破种皮，以提高其发芽率和出苗效果。可用磷钾肥或农家肥作为种肥拌种撒播，播后及时镇压，以利于出苗。四是抚育管理，播种后的翌年，对缺苗地块进行补播。出苗后及时防治杂草。追肥定在返青后到快速生长时进行。应适时进行翻耙更新，恢复生产力。

（2）废石场周边挡墙施工扰动区种草防护。

在废石场周边栽植灌木，同时林下种草。截水沟施工扰动区占地长800 m，宽4 m，占地面积0.32 hm^2。废石场周边为灌草防护，草树种选择为柠条和披碱草。柠条为条播，种植3行，株行距1.5 m×1.5 m，2株/穴，苗木规格为2年生实生苗，初期需苗量3 210株，补种需苗量642株；披碱草为撒播，单位面积播种量30 kg/hm^2，苗木规格为一级种子，初期需种量为9.6 kg，补种需种量1.92 kg。

灌草防护技术措施及抚育管理与原矿堆场截水沟施工扰动区灌草防护技术措施及抚育管理相同。

2. 水选场水土保持措施设计

本方案中，选矿工业场地建设期新增的水土保持工程措施为料台挡墙、截水沟施工扰动区土地整治。植物措施为截水沟施工扰动区灌草防护。

1）工程措施

料台挡墙：为防止料台内的铁矿散落，方案新增设计在料台周边设置挡墙进行拦挡。挡墙采用废料进行堆砌，挡墙长295 m，高1 m，宽0.5 m，占地0.01 hm^2，动用废料147.5 m^3。

截水沟施工扰动区土地整治：土地整治主要是指对开发建设破坏的土地进行地面平整、修复，挖高垫低，挖垫高度以接近原地面为准，同时去除地表碎石及杂质，使土地恢复至可利用的状态，便于植树种草。水选场截水沟施工扰动区土地整治面积0.14 hm^2，整治工程量为420 m^3。

2）植物措施——截水沟施工扰动区灌草防护

在截水沟施工扰动区周边栽植灌木，同时林下种草。截水沟施工扰动区占地长340 m，宽4 m，占地面积0.14 hm^2。截水沟施工扰动区灌草防护，草树种选择为柠条和披碱草。柠条为条播，种植3行，株行距1.5 m×1.5 m，2株/穴，苗木规格为2年生实生苗，初期需苗量1 362株，补种需苗量273株；披碱草为撒播，单位面积播种量30 kg/hm^2，苗木规格为一级种子，初期需种量为4.2 kg，补种需种量0.84 kg。

灌草防护技术措施及抚育管理与原矿堆场截水沟施工扰动区灌草防护技术措施及抚育管理相同。

3.尾矿库水土保持措施设计

1）工程措施

土地整治：土地整治主要是指对开发建设破坏的土地进行地面平整、修复，挖高垫低，挖垫高度以接近原地面为准，同时去除地表碎石及杂质，使土地恢复至可利用的状态，便于植树种草。截洪沟施工扰动区土地整治面积0.57 hm^2，整治工程量为1 710 m^3。

尾矿坝边坡覆土整治：尾矿坝是由尾砂堆砌而成的，因此在对尾矿坝边坡种草前，需对其进行覆土整治，覆表土0.15 m，覆土面积1 hm^2，需表土1 500 m^3，表土外购。

2）植物措施

（1）截洪沟施工扰动区灌草防护。

在截洪沟施工扰动区周边栽植灌木，同时林下种草。截水沟施工扰动区占地长1 432 m，宽4 m，占地面积0.57 hm^2。截水沟施工扰动区灌草防护，草树种选择为柠条和披碱草。柠条为条播，种植3行，株行距1.5 m×1.5 m，2株/穴，苗木规格为2年生实生苗，初期需苗量5 736株，补种需苗量14 483株；披碱草为撒播，单位面积播种量30 kg/hm^2，苗木规格为一级种子，初期需种量为17.1 kg，补种需种量3.42 kg。

灌草防护技术措施及抚育管理与原矿堆场截水沟施工扰动区灌草防护技术措施及抚育管理相同。

（2）尾矿坝边坡种草。

在尾矿坝边坡种草，草种选择披碱草。尾矿坝边坡面积为1.0 hm^2。该地土壤为栗钙土，有机质含量较低。披碱草为撒播，单位面积播种量30 kg/hm^2，苗木规格为一级种子，初期需种量为30 kg，补种需种量6 kg。

造林技术措施及抚育管理与原矿堆场截水沟施工扰动区种草防护技术措施及抚育管理相同。

4.供水回水及输砂系统水土保持措施设计

项目区供水管线已建成多年，场外供水管线长700 m，场内供水管线长350 m（场内供水管线为重复占地）。截至目前，场外供水管线施工区及施工扰动区植被已自然恢复，但恢复效果不好，因此本方案补充设计对其进行植被恢复。

场外供水管线施工区及施工扰动区占地面积0.28 hm^2。草种选择披碱草。披碱草为撒播，单位面积播种量30 kg/hm^2，苗木规格为一级种子，初期需种量为5.6 kg，补种需种量1.12 kg。造林技术措施及抚育管理与原矿堆场截水沟施工扰动区种草防护技术措施及抚育管理相同。

5. 道路区

1）工程措施——土地整治

土地整治主要是指对开发建设破坏的土地进行地面平整、修复，挖高垫低，挖垫高度以接近原地面为准，同时去除地表碎石及杂质，使土地恢复至可利用的状态，便于植树种草。进场道路两侧施工扰动区土地整治面积 0.02 hm^2，整治工程量为 60 m^3。新建道路两侧施工扰动区土地整治面积 0.04 hm^2，整治工程量为 120 m^3。

2）植物措施——道路施工扰动区灌草防护

在进场道路及新建道路两侧施工扰动区采取植物措施。进场道路长 50 m，新建道路长 100 m，两侧宽度各为 2 m，占地面积 0.06 hm^2。在道路两侧施工扰动区造林，草树种选择为柠条和披碱草。柠条为条播，种植 1 行，株行距 1.5 m×1.5 m，2 株/穴，苗木规格为 2 年生实生苗，总需苗量 400 株；披碱草为撒播，单位面积播种量 30 kg/hm^2，苗木规格为一级种子，总需种量为 1.8 kg。造林技术措施及抚育管理与原矿堆场截水沟施工扰动区灌草防护技术措施及抚育管理相同。

6. 办公生活区水土保持措施设计

本方案中，办公生活区建设期新增的水土保持工程措施为内部空地土地整治，植物措施为内部空地绿化美化及办公生活区周边防护林。

1）工程措施——土地整治

土地整治主要是指对开发建设破坏的土地进行地面平整、修复，挖高垫低，挖垫高度以接近原地面为准，同时去除地表碎石及杂质，使土地恢复至可利用的状态，便于植树种草。办公生活区内部空地土地整治面积 0.05 hm^2，整治工程量为 150 m^3。

2）植物措施

（1）办公生活区空地绿化美化。

本方案新增设计在办公生活区空地种植草坪，在草坪点缀灌木，既减轻水土流失，又达到美化环境的要求。办公生活区内部空地占地 0.05 hm^2，树种选择花灌木及草坪。

办公生活区内部空地占地面积 0.05 hm^2。该地土壤为棕钙土，有机质含量较低。办公生活区空地绿化美化造林，草树种选择为花灌木和披碱草。花灌木选择黄刺玫和玫瑰。黄刺玫为丛植，2 穴/20 m^2，5～10 枝/丛，单位面积需苗量 2 丛/穴，初期需苗量 100 丛，补种需苗量 20 丛；玫瑰为丛植，2 穴/20 m^2，5～10 枝/丛，单位面积需苗量 2 丛/穴，初期需苗量 100 丛，补种需苗量 20 丛；披碱草为撒播，单位面积播种量 30 kg/hm^2，苗木规格为一级种子，初期需种量为 1.5 kg，补种需种量 0.3 kg。

造林技术措施及抚育管理：①花灌木种植技术，花灌木采用穴状整地，穴坑规格为 60 cm×60 cm，随整地随造林。苗木定植前，最好土坑内施厩肥或堆肥 10～20 kg，上覆表土 10 cm，然后再放置苗木定植，浇水。造林后及时灌水 2～3 次，一般为一周浇灌一次，成活后半月浇灌一次。②抚育管理，花灌木种植后及时灌水 2～3 次，每次每穴浇水量 20 kg，一般为一周浇灌一次，成活后视旱情浇灌一次。浇水方式采用塑料管。另外，需定时进行补植补播和整形修枝。③种草技术措施及抚育管理，与原矿堆场截水沟施工扰动区种草防护技术措施相同。

(2)办公生活区周边防护林。

在办公生活区东、西两侧种植灌木,同时林下种草。周边防护林占地长200 m,宽4 m,占地面积0.08 hm^2。办公生活区周边设防护林,草树种选择为柠条和披碱草。柠条为条播,种植3行,株行距1.5 m×1.5 m,2株/穴,苗木规格为2年生实生苗,初期需苗量804株,补种需苗量161株;披碱草为撒播,单位面积播种量30 kg/hm^2,苗木规格为一级种子,初期需种量为2.4 kg,补种需种量为0.48 kg。造林技术措施及抚育管理与原矿堆场截水沟施工扰动区灌草防护设计相同。

7.供电线路水土保持措施设计

项目区原有场外供电线路长2 000 m,已建成多年,截至目前供电线路施工区及施工扰动区植被已自然恢复,但恢复效果不好,因此本方案对其进行补充设计。新建供电线路长100 m,其施工区及施工扰动区与道路施工及施工扰动区相重叠,本方案不再重复设计。场内供电线路长720 m,为地埋式,重复占地,本方案不再对其进行设计。

供电线路施工区及施工扰动区占地面积0.42 hm^2。草种选择披碱草。披碱草为撒播,单位面积播种量20 kg/hm^2,苗木规格为一级种子,初期需种量为8.4 kg,补种需种量为1.68 kg。造林技术措施及抚育管理与原矿堆场截水沟施工扰动区灌草防护设计相同。

5.5.2.2　运行期水土流失防治措施典型设计

方案服务期末,需对尾矿库进行植被恢复。

1.工程措施——覆土整治

尾矿库堆弃大量尾矿,不利于其上的植物生长,因此为了尽快恢复植被,在方案服务期末,对达到设计标高的尾矿堆放地进行覆土整治,覆土来源外购或使用河道淤泥。尾矿库覆土整治面积3.85 hm^2,覆土厚0.15 m,覆土量5 775 m^3。

2.植物措施——尾矿库植被恢复

在经覆土整治后的尾矿库实施植被恢复。该地土壤为栗钙土,有机质含量较少。尾矿库植被恢复造林,在2020年,绿化面积为3.85 hm^2,披碱草为撒播,单位面积播种量30 kg/hm^2,苗木规格为一级种子,初期需种量为115.5 kg,补种需种量为23.1 kg。种草技术措施及抚育管理与原矿堆场截水沟施工扰动区灌草防护设计相同。

5.5.3　防治措施及工程量

5.5.3.1　建设期水土保持防治措施工程量

1.工程措施

建设期主体设计的水土保持工程措施主要包括原矿堆场周边截水沟、水选场周边截水沟、尾矿库截洪沟、尾矿坝坝顶碎石压盖及道路系统排水沟。

建设期方案新增的水土保持工程措施主要包括原矿堆场周边挡墙、废石场周边挡墙拦挡、水选场料台周边挡墙拦挡及各施工扰动区土地整治、尾矿坝坡面覆土整治。

建设期水土保持工程措施量汇总表见表5-4。

表 5-4　建设期水土保持工程措施量汇总表

建设时段	防治分区	工程项目	单位	数量	工程量							备注
					土方开挖（m^3）	水泥砂浆（m^3）	碎石（m^3）	废石（m^3）	覆土量（m^3）	土地整治量（m^3）	水泥预制板（m^3）	
建设期	干选场	周边截水沟	m	300	180							主体设计
		原矿堆场挡墙	m	510				255				方案新增
		废石场挡墙	m	800				400				方案新增
		土地整治	hm^2	0.48						1 440		方案新增
	水选场	周边截水沟	m	460	276						57.6	主体设计
		料台周边挡墙	m	295				147.5				方案新增
		土地整治	hm^2	0.14						420		方案新增
	尾矿库	截洪沟	m	1 432	3 895	673						主体设计
		碎石压盖	hm^2	0.22			673.2					主体设计
		土地整治	hm^2	0.57						1 710		方案新增
		覆土整治	hm^2	1					1 500			方案新增
	道路区	排水沟	m	940	564						451.2	主体设计
		土地整治	hm^2	0.06						180		方案新增
	办公生活区	土地整治	hm^2	0.05						150		方案新增
合计					4 915	673	673.2	802.5	1 500	3 900	508.8	

2. 植物措施

建设期水土保持植物措施主要包括原矿堆场截水沟施工扰动区灌草防护、废石场周边灌草防护、水选场截水沟施工扰动区灌草防护、尾矿库截洪沟施工扰动区灌草防护、尾矿坝坡面种草、供水管线植被恢复、道路两侧施工扰动区灌草防护、办公生活区周边防护林及空地绿化美化、供电线路施工扰动区植被恢复。建设期方案新增水土保持植物措施量汇总表见表 5-5。

表 5-5　建设期方案新增的水土保持植物措施量汇总表

防治分区		措施名称	防护面积（hm^2）	总需苗（种）量（株、丛、kg）		
				柠条	花灌木	披碱草
干选场	截水沟施工扰动区	灌草防护	0.16	1 566		4.8
	废石场挡墙扰动区	灌草防护	0.32	3 210		9.6
水选场	截水沟施工扰动区	灌草防护	0.14	1 362		4.2
尾矿库	截洪沟施工扰动区	灌草防护	0.57	5 736		17.1
	尾矿坝坡面	种草	1			30
供水回水及输砂系统	供水管线	植被恢复	0.28			5.6
道路区	道路施工扰动区	灌草防护	0.06	400		1.8
办公生活区	空地绿化美化	绿化美化	0.05		200	1.5
	周边防护林	灌草防护	0.08	804		2.4
供电线路	施工扰动区	植被恢复	0.42			8.4
合计			3.08	13 078	200	85.4

5.5.3.2　运行期水土保持防治措施工程量

工程措施：尾矿库覆土整治。运行期本方案新增水土保持工程覆土整治 3.85 hm^2，覆土量 5 775 m^3。

植物措施：尾矿库植被恢复。运行期本方案新增水土保持植物措施需要种植披碱草，防护面积 3.85 hm^2，总需种量为 115.5 kg。

5.6　水土保持监测

5.6.1　监测时段及频次

本工程属于已建建设类项目，按照《开发建设项目水土保持技术规范》和《水土保持监测技术规程》的有关规定，监测时段划分为施工期、自然恢复期和运行期。由于本工程已经在 2012 年 4 月开工，2012 年 10 月完工并投产，新建项目计划于 2015 年 4 月开工，2016 年 10 月完工，本方案确定的监测时段为 2015 年 4 月 ~2016 年 10 月，自然恢复期为 2016 ~2018 年（见表 5-6）。

5.6.2　监测区域与监测点位

5.6.2.1　监测区域

由于项目施工区域不同，水土流失类型、程度和特点各不相同。水土保持监测必须充分反映各施工区的水土流失特征、水土保持建设特点及其效益，以便建设单位和有关部门有针对性地分区采取措施，有效控制水土流失，保护和绿化生态环境。

表 5-6　监测时段及监测区域

监测时段	监测区域
2012 年 4 月 ~2012 年 10 月追溯调查 2015 年 4 月至设计水平年现场监测	破碎系统
	废料区
	选矿工业场地
	尾矿库
	辅助生产设施
	办公生活区
	水循环系统
	道路系统
	供电系统

根据本项目建设工程布局、可能造成的水土流失及其水土流失防治责任范围，按照《开发建设项目水土保持技术规范》和《水土保持监测技术规程》的要求和本工程的实际情况，确定本工程水土保持监测范围(见表 5-6)。

5.6.2.2　监测点位

依据主体工程建设特点、施工中易产生新增水土流失的区域及项目区原有水土流失类型、强度等，确定水土保持监测点。从本工程水土保持预测结果看，水土流失主要发生在生产区、原料堆场、厂区和供电线路等。由于本项目主体工程已经于 2011 年 10 月完工，本方案设计在厂区周边空地林下种草、供电线路进行植被恢复、场内道路建护坡，所以在道路区护坡布设了 1 个水蚀监测点，在供电线路区布设了 1 个风蚀监测点。具体监测点位布设详见表 5-7。

表 5-7　监测点位布设、时段及频率情况

监测时段	监测区域	监测点位	监测内容	监测频次
2015 年 4 月至设计水平年	尾矿库库区	1 处(风蚀)	①扰动地表面积；②风蚀、水蚀分布及侵蚀量	①扰动地表面积。②风蚀、水蚀分布及侵蚀量监测，风蚀在春季 3 ~ 5 月每 15 天监测一次，大风风速≥5 m/s 后增测一次；水蚀在雨季 6 ~ 9 月每月监测一次，发生降雨强度≥5 mm/10 min、≥10 mm/30 min 或≥25 mm/24 h 的暴雨时增测一次
	尾矿库尾矿坝	1 处(水蚀)		
	办公生活区空地	1 处(风蚀)		
	破碎系统原矿堆场	1 处(水蚀)		
	选矿工业场地料台	1 处(风蚀)		
	尾矿库周边截洪沟	1 处(水蚀)		

5.6.3 监测内容、方法和频率

5.6.3.1 监测内容

水土保持监测的重点包括水土保持方案落实情况、扰动土地及植被占压情况、水土保持措施(含临时防护措施)实施情况、水土保持责任制度落实情况等。结合本项目的实际情况确定监测内容如下:一是水土流失影响因子监测,主要包括项目区地形地貌、坡度、土壤、植被、气象等自然因子的变化,项目区植被覆盖状况,建设占用土地、扰动地表面积,挖、填方数量。二是水土流失状况监测,主要包括建设过程中和运行期水土流失类型、面积、强度、数量的变化情况。三是水土流失危害监测,主要包括工程建设过程中和自然恢复期的水土流失面积、分布、流失量和水土流失强度变化情况,以及对周边地区生态环境的影响,造成的危害情况等。

在工程建设期的雨季、大风扬沙季节监测水土流失的发展和水土流失对当地生态敏感地带的影响;风蚀危害重点监测剥蚀土层厚度、植被变化情况、土壤肥力、土地占用及退化情况;水蚀危害重点监测水蚀发展程度、土地占用情况和退化面积;重力侵蚀重点监测诱发情况、关键地貌部位径流量、已有水土保持工程破坏情况、地貌改变情况等。

水土流失防治效果以及水土保持工程设计管理等方面监测:水土流失及其防治效果的监测区域是整个防治责任范围,根据建设过程中产生的水土流失及其治理情况,依据不同施工期,设置必要的定位监测点,着重对土壤降雨强度、产流形式、水蚀量进行监测,以确定土壤侵蚀形式及流失量,分析评价水土流失的动态变化过程,及时指导水土保持工作的进行。具体内容为:水土流失防治措施实施情况、数量、质量、防治效果等;建设项目区植物措施的成活率、保存率、生长情况和覆盖度;各项措施的标准、稳定性、完好程度和运行情况;各项措施拦渣保土效益。通过监测确定工程建设损坏水保设施面积、扰动地表面积、工程防治责任范围面积、工程建设区面积、直接影响区面积、水土保持措施防治面积、防治责任范围内可绿化面积、已采取的植物措施面积等。

水土保持措施完成情况监测:主要监测各项水土保持防治措施实施的进度、数量、规模及其分布情况。

5.6.3.2 监测方法

以实地调查为主,结合项目和项目区建设情况可以布设监测点开展水土流失量的监测。具体见表5-8。

表5-8 水土保持监测内容与方法

时段	监测内容	监测方法
2012年4月~2012年10月 (追溯调查) 2015年4月至设计水平年 (实地监测)	项目区地貌变化情况	实地调查
	占用土地面积和扰动地表面积	实地调查
	各区域风蚀、水蚀量	定位观测
	施工破坏的植被面积及数量	实地调查
	防护措施的效果	实地调查

5.6.3.3 监测频率

1. 实地调查监测频次

根据不同的施工时序、监测内容分别确定。在 2014 年 12 月立即开展水土保持监测工作，对各工程建设区进行一次全面追溯调查监测。

2. 地面定位监测频次

通过布设不同类型的监测小区进行风蚀量和水蚀量定位监测。定位监测主要在周边空地水土保持措施施工期间进行。风蚀监测期主要安排在春季 3 ~ 5 月及秋末和冬初，监测频率为每 15 天监测一次，另外，风速达到 17 m/s 后加测一次；水蚀监测期主要安排在 6 ~ 9 月，每逢降雨及时监测，重点进行产生径流降雨（降雨强度 ≥5 mm/10 min、≥10 mm/30 min 或 ≥25 mm/24 h）侵蚀量的监测。

本方案水土保持监测时段、点位及监测内容、方法和监测频次汇总详见表 5-9。

表 5-9 监测点位、内容频率情况

监测时段	监测区域	监测点位	监测内容	监测频次
2015 年 4 月至设计水平年	尾矿库	库区	风蚀、水蚀分布及侵蚀量	风蚀、水蚀分布及侵蚀量监测，风蚀在春季 3 ~ 5 月每月 15 天监测一次，大风风速 ≥5 m/s 后增测一次；水蚀在雨季 6 ~ 9 月每月监测一次，发生降雨强度 ≥5 mm/10 min、≥ 10 mm/30 min 或 ≥ 25 mm/24 h 的暴雨时增测一次
	尾矿库	尾矿坝		
	办公生活区	空地		
	破碎系统	原矿堆场		
	选矿工业场地	料台		
	尾矿库	周边截洪沟		

最后生成监测成果，应包括水土保持监测报告、监测表格及相关的监测图件。

第 6 章　洗煤厂开发建设项目水土保持案例

6.1　建设规模及工程特性

6.1.1　项目基本情况

包头市××有限公司年入选原煤 90 万 t 洗煤厂建设项目，建设地点在内蒙古包头市××区。工程建设占地均为草地，无拆迁。项目区位于××区五当沟南侧的一级阶地上，地势基本平坦，起伏不大，海拔 1 300 m 左右。项目区属于中温带半干旱大陆性季风气候区，春季干旱多风，夏季雨量集中，秋季天高气爽，冬季严寒少雪。

建设区交通方便，包头—脑包沟公路紧邻厂区北侧，距离厂区 60 m，运输条件较好。本项目电源由位于厂区北侧的××区变电所引进，距离 1 000 m。该区降水较少，生产用水主要采用地下水。根据本项目取水许可证，取水来自于五当沟河槽的地下水，取水量 5 万 t/a，可满足本项目用水需求。

××洗煤厂年处理原煤 90 万 t，洗煤厂服务年限为 30 年。建设规模为年洗精煤 20 万 t、煤泥 13 万 t、中煤 23 万 t、矸石 34 万 t。本项目工程总投资为 2 936 万元，其中土建投资 1 200 万元。工程施工期 8 个月，2012 年 3 月开始施工，2012 年 10 月底完工。本水土保持方案服务期限为 9 个月(2013 年 11 月 ~2014 年 7 月)。

根据工程规模和投资概算编制依据，本方案水土保持工程总投资 26.60 万元，其中主体工程投资 2.77 万元，在主体工程投资中工程措施投资 1.75 万元，临时措施投资 1.02 万元；方案新增投资 23.83 万元，在方案新增投资中，工程措施投资 0.07 万元，植物措施投资 0.88 万元，临时措施投资 0.02 万元，独立费用 21.61 万元(其中水土保持监测费 4.59 万元，监理费 4 万元)，基本预备费 0.68 万元，水土保持设施补偿费 0.57 万元。

6.1.2　项目组成及布局

根据项目建设情况，本工程分为办公生活区、洗煤车间、循环水池、进场道路、地磅房及变压器、空地区、产品堆场、原煤堆场和供电线路。项目占地面积共计 1.13 hm^2。

办公生活区位于洗煤厂厂区的东南部，包括办公楼和职工宿舍、食堂等，占地面积 0.02 hm^2。洗煤车间位于厂区中部，包括选煤主车间，原煤入选皮带廊、受煤坑、准备车间及压滤车间等，占地面积 0.08 hm^2。循环水池位于厂区的北侧，沉淀池长 10 m，宽 10 m，占地面积 0.01 hm^2。利用水泵将清水抽出，循环利用。厂区外道路为包头—脑包沟公路，距离项目区 60 m，交通便利，厂区内道路为新建运输道路，位于厂区北侧，与包头—脑包沟公路相连接，道路长 60 m，路面宽 6 m，新建道路占地面积 0.04 hm^2。空地区散布于项目区内，包括项目区内的硬化区和周边空地。硬化区主要是除原煤堆场、产品堆场外的硬化区域，用于原煤和产品的中转等，占地面积 0.1 hm^2。周边空地位于厂区的北侧和西侧，长 200 m，宽 2 m，可用于绿化，占地面积 0.04 hm^2。为了保护厂区安全，本项目在厂区的南侧布设有护坡。原煤堆场位于厂区的南侧，根据年生产能力 90 万 t，年工作天数 240 天计算，日生产能力 3 750 t，按存放 5 天的生产量，原煤密度 1.6 t/m^3，堆高 4 m 计算，堆放量 11 719 m^3。同时，考虑周边空地，原煤堆场占地面积为 0.33 hm^2。矸石和精煤都及时外卖。

洗煤厂从厂区北侧 20 m 的五当沟河槽地下水取水，根据取水许可证，本项目年取水量 5 万 t，采用机械提水和水车拉水的方式运输；同时，将生产用水回收于循环水池，澄清后循环利用，可满足本项目用水。生活用水由企业纯净水送水车供应，企业人员较少，饮用水问题可以解决。由于项目区生产用水和生活用水均采用水车拉水，所以不设供水管线。由于项目区降水量较少，地势较高，其北侧为五当沟，且厂区内基本进行了硬化，空地也将进行绿化，所以雨水自然排放。生活污水主要来源于办公生活区用水，因工作人员较少，生活污水就地泼洒。

本项目施工用电以及生产用电均来自厂区北侧的石拐变电所，项目区用电由该变电所接入厂区 10 kV 变压器，距离 1 000 m，共 20 个电杆，每个基坑占地 5 m^2，所以基坑共占地 0.01 hm^2；供电线路长 1 000 m，宽 2 m，除去基坑占地，线路占地面积 0.19 hm^2。供电线路共占地面积 0.2 hm^2。

6.1.3 土石方平衡

本项目已经在 2012 年 10 月底竣工并投产，总土石方为 5 120 m^3，其中挖方 2 560 m^3，填方 2 560 m^3，调入方 250 m^3，调出方 250 m^3，无弃方。工程土石方平衡及流向见图 6-1。

6.1.4 施工组织和施工工艺

6.1.4.1 施工组织

本工程施工过程中涉及的施工场地包括施工营地、材料堆放场、施工机械停放场、施工道路等。①施工营地：施工时需要人员较少，所需施工营地面积不大，施工初期本工程在办公生活区空地搭建临时板房作为施工营地，办公生活区建筑竣工后将其作为施工营地。②材料堆放场：主要用于建筑施工所需的建筑材料的暂时堆放，数量不大，占地面积很小，本工程施工过程中把办公生活区内空地作为材料堆放场。③施工机械停放场：主要为修建建筑、护厂石坝围墙、道路及供电工程需要的推土机、反铲挖掘机、汽车、装载机等机械施工期间的停放场地，本工程把生产区的空地作为施工机械停放场地。④施工道路：本工程施工中利用周边原有道路作为施工道路。

6.1.4.2 施工工艺

（1）建筑物基础开挖及回填：洗煤厂内建筑基础开挖采用人工挖土，自卸汽车运土。挖出的土方暂存放在一侧，作为基槽回填和各区域平整使用。回填土采用人工回填，土方由自卸汽车运土，人工铺平、摊平，用振动碾压机碾压，边缘压实不到之处，辅以人工和电动机具冲击夯实。

（2）护厂石坝围墙施工工艺：护厂石坝围墙基础开挖—放线—砌石—浆砌石抹面。

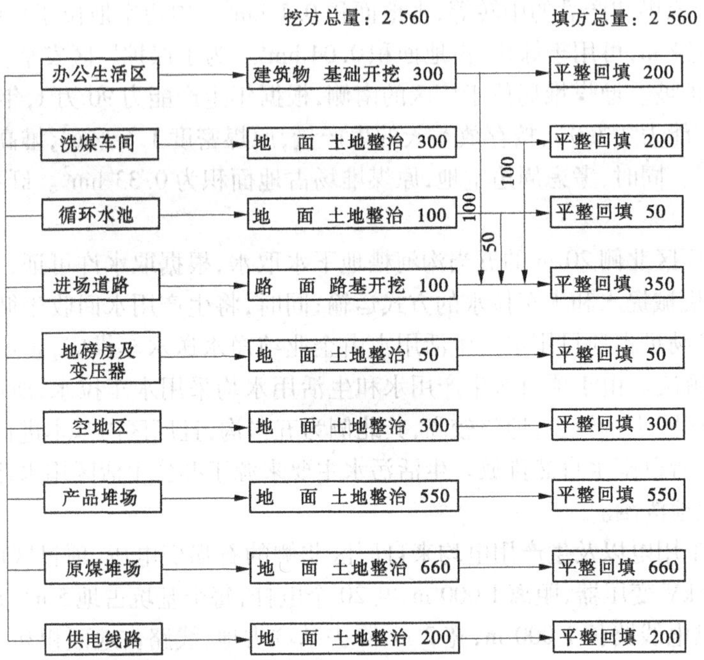

图 6-1 工程土石方平衡及流向图 （单位：m^3）

(3)道路施工：路基在填方前采用推土机清除地面上的杂草及石块，然后机械碾压，进行压实。

(4)削坡工程施工工艺：试验设计角度—逐层削坡—夯实坡面。

(5)供电线路的施工工艺：供电线路电杆基础采用人工开挖，回填土就近堆放，人工栽杆和回填土方，基部用蛙式打夯机夯实，回填余土在电杆基部拍实，架线采用人工方式进行施工。

6.2 主体工程水土保持分析与评价

6.2.1 主体工程水土保持制约因素分析与评价

按照《开发建设项目水土保持技术规范》(GB 50433—2008)要求，本工程将从工程选址及总体布局、施工组织、工程施工和工程管理等方面对涉及本工程的约束性规定进行逐项分析和评价。

6.2.1.1 工程选址及总体布局分析与评价

本工程布设在××区××镇的中低山区，占地类型为草地，植被覆盖度在15%左右，地形和地质条件较好，水土流失为中度。区域内无农耕地，也无水土保持监测站点、重点试验区等重要的水保设施，同时避开了泥石流易发区、崩塌滑坡危险区以及易引起严重水土流失和生态恶化的地区。因此，选址及总体布局基本合理，符合规范要求。

6.2.1.2 施工组织分析与评价

本工程施工组织场地占地均在协议范围内的草地上，不需新增施工场地，较好地控制了施工占地。施工时间为2012年3～10月，施工进度和时序较为紧凑，有效减小了裸露土地面积和缩短了裸露时间，施工土方总量较少，且基本就近拉运和利用，施工开挖和回填以及土石调运均控制得较好，建设期未产生废弃方，避免了造成较大的新增水土流失。因此，主体工程施工组织基本合理，符合规范要求。

6.2.1.3 工程施工分析与评价

为保证工程建设修建的施工道路基本没有，全部利用原有道路和新修的进场道路，且当地地形只需局部简单地进行一下修整即可满足通车要求，扰动范围很小；施工过程中，首先进行线型工程和办公生活区的施工，以保证主体工程施工的水、电、路和人员生活，随后生产车间等主体工程全面施工，充分利用几个月的时间全部完工，各项工程的施工均控制在规定的范围内，且施工时间较短，地表裸露时间较短，同时施工单位对扰动地表区域采取了必要的临时防护措施。因此，工程施工基本合理，符合规范要求。

6.2.1.4 工程管理分析与评价

本工程为已建项目，主体工程前期工作未进行水土保持方案设计，因此工程管理中的水土保持工作也未具体落实到位，其成为本工程主要制约性因素。下一步建设单位应按照《开发建设项目水土保持技术规范》(GB 50433—2008)具体规定及时将水土保持工程纳入到工程管理中，具体落实业主、施工、监理、监测等各方的责任、义务和工作内容，同时制定防治水土流失的具体措施，确保能够符合规范要求。

综上所述，本工程在工程选址及总体布局、施工组织和工程施工方面基本符合规范规定，满足工程施工的水土保持要求。因此，本工程基本不存在水土保持制约性因素，工程建设生产满足水土保持要求。

6.2.1.5 对不同水土流失类型区和建设项目特殊规定的分析与评价

本工程为典型建设类工程，建设地点属北方土石山区水土流失类型区，施工时间紧凑，安排有序，因此主体工程能够满足北方土石山区水土流失类型区和典型建设类工程的水土保持特殊要求。

6.2.1.6 方案比选的水土保持分析与评价

由于本工程项目组成简单，占地面积较小，受当地地形条件影响，主体工程布局和选址只进行了一个方案的设计，而且本工程为已建工程，已经在2012年10月完工。考虑到本工程主体工程设计未进行方案比选且主体工程已经完工等因素，因此本方案不存在方案比选的水土保持分析与评价。

6.2.2 主体工程的水土保持分析与评价

6.2.2.1 工程总体布局的分析与评价

本工程布设在××区的中低山区，办公生活区位于本工程南侧平地上，地势平坦；办公生活区西侧为洗煤车间、中转场地和产品堆场，东北侧为循环水池，南侧为原煤堆场，西北侧为地磅房、变压器等，它们均为平整后的坡面，地形平缓；护坡位于厂区的南侧；线型工程全部依据地形条件进行建设，其中对外联络道路由磅房开始，向北与包头—脑包沟公路连接。厂内基本硬化，可以通车。供电线路由本工程北部的××变电所引入到厂区变压器。

整个厂区布设非常集中，扰动面积较小，且均已进行了厂区平整，并基本硬化，所以建成后水土流失很小，满足水土保持的要求。

6.2.2.2 工程占地面积、类型和占地性质的分析与评价

从占地面积分析，本项目总占地面积1.13 hm^2，全部在用地协议范围内，占地面积相对较小，控制较好，对周边影响较小，造成的水土流失相对较小。

从占地类型分析，本工程占地类型为草地，符合“多占劣地、少占好地，多占荒地、少占耕地”的国家土地利用相关政策法规；项目区土地利用为荒草地，符合不宜占用农耕地，特别是水浇地等生产力较高的土地有关政策规定。同时，项目植被覆盖率较低，仅为15%左右，项目建设过程中对当地生态环境影响较小，符合水土保持要求。而且占用的一部分土地在建设生产结束后还将恢复植被，这将大大减少本工程造成的水土流失，符合水土保持要求。

从占地性质分析，永久占地0.94 hm^2，临时占地0.19 hm^2。临时占地施工结束后即可恢复植被，对土地利用仅为短期影响；永久占地施工结束后一部分变为建筑或场地，生产过程中占地面积不会扩大。项目占地面积较小，布局紧凑，符合节约用地的原则。

6.2.2.3 土石方平衡的分析与评价

本项目区为草地，施工过程中大量的土方开挖来自于工业场地平整和道路的填筑。主体工程挖填方施工时段、回填利用等安排有序，土石方调配基本合理，符合水土保持要求。建设过程中道路回填土料来源于循环水池开挖的土料，建筑基础毛石外购；运行期产生的精煤等产品全部出售，及时由购买单位运走。从水土保持角度看，减少了不必要的水土流失，最大限度地控制了人为水土流失，满足水土保持基本要求。

6.2.2.4 施工组织设计的分析与评价

1. 施工场地布设的分析与评价

本工程施工过程中涉及的施工场地主要包括施工营地、材料堆放场、施工机械停放场、施工道路等，其中施工营地施工初期在办公生活区空地搭建临时板房，待办公生活区建筑竣工后将其作为施工营地；材料堆放场布设在办公生活区内空地上；施工机械停放场布设在生产区的空地上；施工道路主要利用周边原有道路和本工程新修的厂内道路和对外联络道路。综上所述，施工场地全部布置在征地范围内，建设单位充分利用了当地的地形，对施工场地进行了合理的安排布设，既满足了施工要求，又减少了施工过程中产生的水土流失，符合水土保持要求。

2. 施工时序和施工进度的分析与评价

本工程土建施工活动主要在3～10月，3月进行道路、供电线路和供水系统的修筑，5月进行办公生活区建设，6～10月进行洗煤车间及硬化等的建设，各区域施工进度安排合理，施工紧凑，施工时序相互衔接，施工动土扰土时间较短，施工过程中考虑了土方相互调配利用，保证了土方开挖后及时调配利用，减少了临时堆土占地面积和时间，符合水土保持要求。

3. 施工能力的分析与评价

本工程施工用水较少，主要采用水车拉运；施工用电利用先期架设完成的本工程供电线路提供；通信则利用移动通信网络提供；施工道路利用现有的道路和本工程新修的道路。综上所述，本工程的施工条件较好，各项设施完全能够满足本工程的施工要求，不需新建保证本工程顺利施工所需的临时设施，减小了施工临时占地面积，使本工程施工过程

中破坏原地貌和植被面积控制在最小限度,符合水土保持要求。

4. 施工方法和施工工艺的分析与评价

本工程涉及动土、扰土的设施和建筑的施工方法主要为机械或人工进行的开挖、回填、碾压和平整等活动,施工方法和施工工艺相对简单,从水土保持角度分析,主体工程采取的施工方法和施工工艺基本满足水土保持要求,但在工程施工过程中也有一些新增水土流失没有采取措施进行控制,造成了一定的水土流失。

6.2.3 主体工程设计的水土保持分析与评价

护坡:主体工程设计在厂区南侧空地布设护坡,护坡采用浆砌石砌筑,长 60 m, 高 2 m,厚 0.5 m,已经建成。主体工程在厂区的南侧布设了护坡,能够有效防止精煤、中煤、煤泥及矸石等的撒落,避免其随意堆放,减少堆放面积,同时也是厂区的界线,满足水土保持的要求。

洒水降尘:由于项目区在建设过程中,在起沙风速的作用下将给周边带来大量的粉尘,形成较为严重的风蚀,因此建设单位在建设过程中需对进场道路、空地区、产品堆场及原煤堆场进行洒水降尘,大风天气每天最少洒水 2 次,项目区租用 1 台洒水车,加 100 m 输水软管进行洒水,项目区年平均大于起沙风速 5 m/s 的大风日数为 49 天,水源来自项目区循环水池。项目区洒水降尘面积 0.81 hm^2,每次洒水 0.41 m^3,共计洒水为 39.69 m^3。货物运输的车辆一律实行密闭运输,防治运输扬尘。

新增水土保持措施:空地区的护坡,需要洒水降尘,同时缺乏周边空地绿化,因此要新增周边空地绿化措施。在产品堆场与原煤堆场实施洒水降尘。供电线路缺乏植被恢复措施,应当新增供电线路植被恢复措施。

6.2.4 工程建设对水土流失的影响因素分析

经过本项目实地调查和勘测,工程在建设过程中水土流失主要是水力侵蚀,间有风力侵蚀。侵蚀主要发生在:办公生活区、洗煤车间、循环水池和进场道路的修筑过程中,产生挖方和填方,以及临时堆土等,改变了原地貌,形成疏松土层,加剧了水土流失。同时,在原煤堆场和产品堆场硬化的过程中,破坏了地表植被,形成疏松土层,也会产生水土流失。

办公生活区、洗煤车间等,在场地平整的过程中,破坏了地表植被;在基础开挖和回填过程中动用土石方较多,产生临时堆土体,形成疏松土层,加大地表坡度,加剧水土流失,主要是水力侵蚀,间有风力侵蚀。进场道路,在填筑过程中,动用土石方较多,人为破坏了当地植被;同时,由于车辆来往,破坏、占压地表植被,损害植物并降低了区域内的水土保持功能,加剧水土流失,主要是水力侵蚀,间有风力侵蚀。原煤堆场、产品堆场,在硬化过程中破坏了地表植被,形成疏松土层,加剧水土流失,易形成风力侵蚀,间有水力侵蚀。空地,在硬化过程中平整场地,破坏了地表植被,形成疏松土层,加剧水土流失,易形成风力侵蚀,间有水力侵蚀。

洗煤厂建设项目在生产期间每年原煤不断堆入,运走精煤、煤泥、中煤和矸石等产品。在原煤和这些产品装、运、卸的过程中场地不断被扰动,结构不断被破坏,此时极易形成扬尘,造成风蚀。

6.3 防治责任范围及防治分区

6.3.1 水土流失防治责任范围

根据工程建设实际情况和外业调查的结果，确定本项目建设期的水土流失防治责任范围为1.19 hm^2。项目建设区面积1.13 hm^2，直接影响区面积0.06 hm^2。具体见表6-1。

表6-1 防治责任范围 (单位：hm^2)

项目区		防治责任范围		
		项目建设区	直接影响区	合计
办公生活区		0.02	0	0.02
洗煤车间		0.08	0	0.08
循环水池		0.01	0	0.01
进场道路		0.04	0.02	0.06
地磅房及变压器		0.01	0	0.01
空地区	硬化区	0.10	0	0.10
	周边空地	0.04	0.04	0.08
	小计	0.14	0.04	0.18
产品堆场	精煤堆场	0.06	0	0.06
	中煤堆场	0.07	0	0.07
	煤泥堆场	0.05	0	0.05
	矸石堆场	0.12	0	0.12
	小计	0.30	0	0.30
原煤堆场		0.33	0	0.33
供电线路	基坑	0.01	0	0.01
	线路	0.19	0	0.19
	小计	0.20	0	0.20
合计		1.13	0.06	1.19

直接影响区主要产生于道路和空地。已有道路和新建道路进行原煤和产品运输。新建道路位于厂区的北侧，用于连接厂区和已有道路。新建道路在建设过程中对周边3 m的范围内具有直接影响，根据道路长60 m，确定其直接影响区为0.02 hm^2。空地是指硬化区和周边空地，其中硬化区位于厂区中间，不存在直接影响区；周边空地位于厂区西侧和北侧，将用于绿化，在建设过程中，将对周边宽2 m的范围具有影响，根据周边空地长200 m，确定其直接影响区为0.04 hm^2。

6.3.2 水土流失防治分区

由于该项目既有点型工程，又有线型工程，各区域水土流失类型、特点各有差异，防治的重点和所应采取的防护措施也不相同，因此根据工程建设情况及水土流失特点等因素，确定本期工程水土流失防治分区为办公生活区、洗煤车间、循环水池、进场道路、地磅房及变压器、空地区、产品堆场、原煤堆场和供电线路。具体见表6-2。

表6-2　水土流失防治分区

项目区	防治责任面积(hm^2)	分区特点	水土流失特点
办公生活区	0.02	位于缓坡上,施工主要为基础开挖和回填,时间为雨季,扰动时间较短,扰动程度较重,产生较为严重的水蚀	场地平整、建筑物基础开挖等施工活动破坏地表植被严重,风力、水力侵蚀均有发生,水土流失较严重,具有面状扰动的特点
洗煤车间	0.08	位于平坦地面上,施工主要为基础开挖和回填,时间为雨季,扰动时间较短,扰动程度较重,产生较为严重的水蚀	场地平整、建筑物基础开挖等施工活动破坏地表植被严重,风力、水力侵蚀均有发生,水土流失较严重,具有面状扰动的特点
循环水池	0.01	位于低洼地面上,施工主要为基础开挖,时间为风季,扰动时间较短,扰动程度较重,产生较为严重的风蚀	水池开挖施工活动破坏地表植被严重,风力、水力侵蚀均有发生,水土流失较严重,具有面状扰动的特点
进场道路	0.06	施工主要为堆高垫底修筑道路,施工时间为风季,扰动时间较短,扰动程度较重,产生较为严重的风蚀;生产运行期时间长,经历了风季和雨季,由于道路路面不断被碾压,产生严重的风蚀和水蚀	道路修筑过程中破坏地表植被,产生堆垫土情况,风力和水力侵蚀均有发生,具有线状侵蚀的特点
地磅房及变压器	0.01	位于缓坡上,施工主要为基础开挖和回填,时间为风季和雨季,扰动时间较短,扰动程度较重,产生较为严重的水蚀和风蚀	场地平整、建筑物基础开挖等施工活动破坏地表植被严重,风力、水力侵蚀均有发生,水土流失较严重,具有线状扰动的特点
空地区	0.18	位于平坦地段,施工主要为场地平整,施工过程中会产生扰动,时间为风季和雨季,扰动时间较长,扰动程度较轻,产生一定的风蚀和水蚀。在后期硬化过程中也会产生风蚀和水蚀	场地平整和硬化的过程中,破坏了地表植被,风力、水力侵蚀均有发生,水土流失较为严重,具有面状扰动的特点
产品堆场	0.30	位于平坦地段,施工主要为场地平整,时间为雨季,扰动时间较短,产生一定的水蚀;生产运行期时间长,经历了风季和雨季,由于场地内不断装、卸、运铁精粉,产生一定的风蚀	场地平整和硬化的过程中,破坏了地表植被,风力、水力侵蚀均有发生,水土流失较为严重,具有面状扰动的特点
原煤堆场	0.33	位于平坦地段,施工主要为场地平整,时间为雨季,扰动时间较短,产生一定的水蚀;生产运行期时间长,经历了风季和雨季,由于场地内不断装、卸、运铁精粉,产生一定的风蚀	场地平整的过程中,破坏了地表植被,风力、水力侵蚀均有发生,水土流失较为严重,具有面状扰动的特点
供电线路	0.20	施工主要为人工架设电线和电杆基础开挖和回填,施工时间为风季,扰动时间短,扰动程度轻,产生较轻的风蚀	场地平整的过程中,破坏了地表植被,风力、水力侵蚀均有发生,水土流失较为严重,具有面状扰动的特点

6.4 水土流失调查与预测

6.4.1 水土流失成因、类型及分布

6.4.1.1 水土流失影响因素分析

项目区水土流失主要影响因素包括自然因素和人为因素。

1. 自然因素

所有的外营力因素都对水土流失有相应的影响，而该地区造成土壤侵蚀的外营力主要是风力和降水以及下垫面状况。

（1）大风：风力的大小直接影响下垫面物质的运动和沉积，它的搬运能力取决于风速、风向和风的延续时间。工程建设区属于温带大陆性半干旱季风气候区，具有风大多沙的特点，强劲的风力是造成本地水土流失最主要的动力。

（2）降水：高强度的降水是导致水力侵蚀的直接动力。建设区多年平均降水量为342.8 mm左右。降水特点是：降水集中、强度大，常以暴雨的形式出现。因此，降雨是造成本地水土流失的主要动力，减少侵蚀动力的根本办法是提高地表的抗蚀能力。

（3）下垫面状况：当地土壤属于灰褐土，土壤中的腐殖质含量极低，植被稀少，项目区原有土地为荒草地，所以容易发生侵蚀。

2. 人为因素

该项目由于厂区平整、办公生活区、洗煤车间、护坡等的建设、道路的填筑等，改变和重塑了原有地形地貌，破坏了下垫面土壤结构、地表植被，造成水土流失，是一种典型的现代人为加速侵蚀。降水和径流产生的侵蚀，其搬运物质不仅是单纯的土壤、土体或母质，而是生产建设过程中产生的混合岩土。风蚀也不仅表现为沙土的搬运，而是夹杂生产过程中产生的岩土的混合搬运。

以上各种自然因素和人为因素的共同作用，导致了项目区的水土流失状况。

6.4.1.2 水土流失类型及其分布

项目区新增水土流失以水力侵蚀为主，间有风力侵蚀，属风力、水力复合侵蚀区。根据对项目区的现场调查，水土流失主要发生在办公生活区、洗煤车间、循环水池、进场道路、地磅房及变压器、空地区、产品堆场、原煤堆场、供电线路等的施工过程中。

（1）办公生活区：办公生活区所处地段地形平坦，原地貌以水力侵蚀为主。建设期由于平整场地、建筑挖方填方和临时堆土等，会造成新的水土流失。

（2）洗煤车间：洗煤车间所处地段地形平坦，原地貌以水力侵蚀为主。建设期由于平整场地、建筑挖方填方和临时堆土等，会造成新的水土流失。

（3）循环水池：循环水池所处地段地形平坦，原地貌以水力侵蚀为主。建设期由于平整场地、建筑挖方填方和临时堆土等，会造成新的水土流失。

（4）进场道路：进场道路所处地段地形复杂，原地貌以水力侵蚀为主。建设期由于道路平整、路基填筑和临时堆土等，会造成新的水土流失。

（5）地磅房及变压器：地磅房及变压器所处地段地形平坦，原地貌以水力侵蚀为主。

建设期由于平整场地、建筑挖方填方和临时堆土等，会造成新的水土流失。

(6)空地区：空地区所处地段地形平坦，原地貌以水力侵蚀为主。建设期由于平整场地、临时堆土和硬化等，会造成新的水土流失。

(7)产品堆场：产品堆场所处地段地形平坦，原地貌以水力侵蚀为主。建设期由于平整场地、临时堆土和硬化等，会造成新的水土流失。

(8)原煤堆场：原煤堆场所处地段地形平坦，原地貌以水力侵蚀为主。建设期由于平整场地、临时堆土和堆垫土石等，会造成新的水土流失。

(9)供电线路：供电线路所经过的地形较为复杂，多为山地，原地貌以水力侵蚀为主。建设期由于基坑开挖、临时堆土等，会造成新的水土流失。

6.4.1.3 水土流失调查时段

根据当地气象资料可知，项目建设区水力侵蚀主要发生在6~9月，风力侵蚀主要发生在每年的2~5月和11~12月，根据项目施工时间确定水土流失类型。

1. 施工期

工程建设相对比较集中，新增水土流失严重。依据工程施工组织和时序安排，确定本工程建设期水土流失调查时段为8个月(2012年3月~2012年10月)，每项工程按工程施工过程中可能发生的最大施工时期考虑。

2. 自然植被恢复期

在各项工程施工结束后，除被建(构)筑物占压和硬化的区域外，其他区域在不采取措施的情况下，自然恢复或表土形成相对稳定的结构仍需要一定时期。工程建设区地处干旱、半干旱区域，根据当地已有经验和有关资料，植被达到稳定生长或表土形成相对稳定并发挥水土保持功能需要3年，因此植被恢复期确定为3年。

6.4.2 水土流失调查与预测内容、方法

6.4.2.1 预测内容

(1)扰动原地貌、破坏土地和植被情况预测：包括办公生活区、洗煤车间、循环水池、进场道路、护厂石坝围墙等区域占地类型，经统计，得出主体工程占压的土地面积和土地类型。

(2)弃土、弃石量预测：包括办公生活区、洗煤车间平整施工中的弃土、弃石量。

(3)损坏水土保持设施的面积和数量预测：水土保持设施包括原地貌、植被，已实施的水土保持植物措施和工程措施。

(4)可能造成的水土流失面积及流失总量预测：根据新增水土流失影响因素，水土流失类型、分布情况以及原地面水土流失状况，确定工程可能造成的水土流失面积及新增水土流失总量。

(5)可能造成的水土流失危害：工程造成的水土流失对本区域及周边地区的危害。

6.4.2.2 调查预测方法

1. 资料调查法

对于建设期扰动原地貌、破坏植被面积、弃土弃石量、破坏水土保持设施面积预测采用资料调查法进行。

根据主体工程资料和对现场土地类型、植被覆盖等方面的调查，预测统计建设期破坏原地貌面积及可能产生水土流失的面积，根据主体工程的施工实际情况等确定施工期产生的弃土弃石量。

2. 实地调查法

针对项目建设的特殊性，在引用科研成果和预测模型的基础上，对生产建设引起的人工地貌进行了实地调查、勘测，并在该地区已建设的办公生活区等应用体积估算法对其进行实地调查试验。

3. 引用资料类比法

引用同一地区相似建设类项目的水土保持资料或水土保持监测资料进行类比。

6.4.3 预测结果

6.4.3.1 扰动原地貌、破坏土地和植被的面积预测

根据现场调查，工程建设扰动原地貌、破坏土地及植被面积为 1.13 hm^2，占地类型为荒草地，属于中低山区。

6.4.3.2 损坏水土保持设施的面积和数量预测

根据对本工程建设区占地类型的统计分析，在工程建设过程中，厂区建设占用的土地类型全部为荒草地。由此确定本工程建设破坏具有水土保持功能的设施面积为 1.13 hm^2。

6.4.3.3 弃土石及垃圾等废弃物预测

工程建设过程中征占地总面积 1.13 hm^2，其中永久占地 0.94 hm^2，临时占地 0.19 hm^2。根据项目建设情况，工程总共动用土石方 5 120 m^3，其中挖方 2 560 m^3，填方 2 560 m^3，无弃方。

项目运行期不产生废弃物，所有产品全部出售。由于本项目规模较小，工作人员较少，产生生活垃圾量少，所以就地填埋。

6.4.3.4 可能造成的水土流失量预测

1. 原生地貌土壤侵蚀模数确定

根据应用遥感技术进行的全国土壤侵蚀第二次普查成果，结合外业实地水土流失调查以及对本项目的分析评价，确定项目区原地面水力侵蚀模数为 2 500 t/(km^2·a)，风力侵蚀模数为 800 t/(km^2·a)，根据水土流失调查，结合类比资料，进行施工期土壤侵蚀模数的确定。类比工程为包头市××区的××煤电有限责任公司××煤矸石发电厂 2×135 MW 机组工程。该工程的水土保持方案报告书于 2005 年由内蒙古××水土保持生态环境工程技术咨询有限责任公司编制完成，2005 年水利部对该报告书进行审查和批复。根据类比工程，发现在施工过程中，该区域水力侵蚀模数为 6 400 t/(km^2·a)左右，风力侵蚀模数为 5 600 t/(km^2·a)左右。

2. 可能造成的水土流失面积和土壤侵蚀期确定

按水土流失分区及其建设实际扰动土地面积，统计在工程建设过程中不同预测时段可能造成的水土流失面积。工程占地面积 1.13 hm^2，全部造成新的水土流失。

各水土流失区土壤侵蚀期按照水力侵蚀和风力侵蚀的发生期结合施工进度具体确

定。项目建设区水力侵蚀主要发生在6~9月,若施工时段跨越6~9月,该区域水力侵蚀期则视为1年;若只经历1个月,水力侵蚀期应视为0.25年,按时间比例确定,如此类推;若没有经过6~9月,水力侵蚀期视为0.2年。风力侵蚀主要发生在每年的3~5月和10~11月,若施工时段跨越3~5月和10~11月,该区域风力侵蚀期则视为1年;若只经历1个月,风力侵蚀期应视为0.2年,按时间比例确定,如此类推;若没有经过3~5月和10~11月,风力侵蚀期视为0.2年。

3. 可能造成的水土流失量预测

根据项目建设的施工进度和项目区土壤风力侵蚀和水力侵蚀年内分布情况,综合分析计算不同区域的水土流失量。在确定水土流失背景值、水土流失预测强度值和新增水土流失面积的基础上,求得新增水土流失总量。

根据项目建设过程中可能造成的水土流失面积和水土流失强度预测值,工程施工可能造成土壤侵蚀量为93.31 t,其中新增土壤侵蚀量57.32 t,占土壤侵蚀总量的61.43%。

6.4.3.5 可能造成的水土流失危害预测

1. 加大项目区及周边地区土壤侵蚀强度

该项目建设过程中扰动地表,疏松土壤,在当地气候条件下,易产生挟沙风。因此,项目建设将加速项目区及周边地区的土壤风蚀发生与发展。

2. 对地表植被的破坏

在项目区建设过程中,机械碾压、施工人员践踏等破坏施工区域内的植被,使得施工区周围植被覆盖率和数量明显减少。

6.5 建设项目水土流失防治措施布设

6.5.1 水土流失防治措施体系和总体布局

根据水土流失防治分区、防治措施布设原则,在分析评价主体工程中具有水土保持功能工程的基础上,针对本项目建设施工活动引发水土流失的特点和危害程度,采取有效防治措施,把水土保持工程措施和植物措施、永久性防护措施和临时性防护措施有机结合起来,并与主体工程设计中的水土保持措施相衔接,从而形成一个完整的、科学的水土流失防治措施体系,以实现开发建设与保护生态环境并重。水土流失防治措施体系见图6-2。

6.5.2 水土流失防治措施典型设计

6.5.2.1 空地区

1. 工程措施——土地整治

方案新增设计对厂区周边空地进行土地整治,清理表层土,以便绿化美化。土地整治主要是指用铁锹、锄头清除施工场地表层土及杂草,使土地恢复至可利用的状态,便于植树种草。绿化区土地整治面积0.04 hm^2,清理深度0.4 m,清理表层土160 m^3。

2. 植物措施——厂区周边防护林

方案新增设计在厂区周边空地布设1行防护林,防护林占地带长200 m,宽2 m,占地

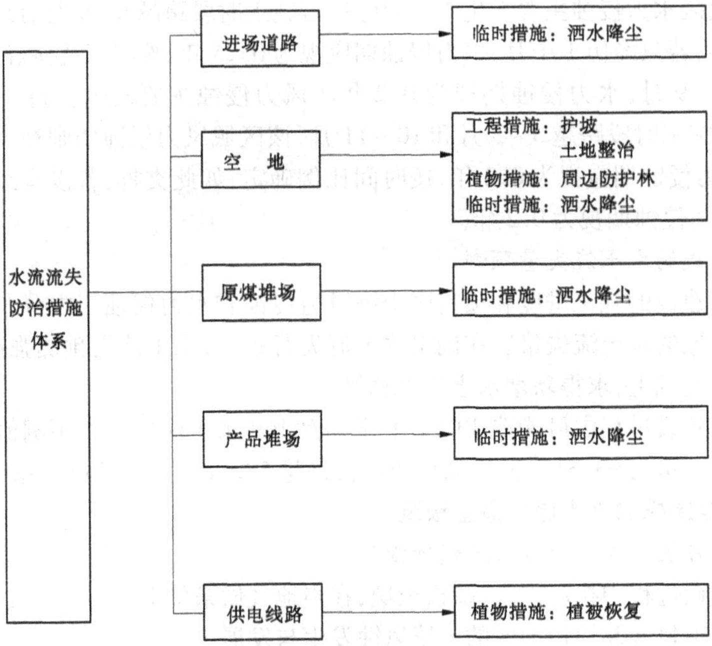

图 6-2　水土流失防治措施体系

面积 0.04 hm^2。

3. 设计依据

土壤类型以灰褐土为主，土壤腐殖质层厚度 30 cm 左右，土壤养分含量较高。本项目为洗煤厂项目，粉尘污染严重，因此树种选择吸收粉尘效果明显的山榆。山榆采用孤植，防护面积 0.04 hm^2，株行距 2 m×2 m，苗木规格为胸径 6～8 cm，1 株/穴，初期需苗量 101 株，补植需苗量 21 株。

4. 绿化技术措施

苗木要求：山榆采用实生苗，对苗木冠形和规格的要求是：树干高度合适，分枝点高度基本一致，树冠完整；栽在同一行内的同一批苗木个体不能相差过大，高差不超过 ±0.5 m，胸径差不超过 1 cm，相邻植株规格应基本相同。

整地方式与时间：根据项目区的土壤条件和绿化栽植要求，采用穴状整地。根据厂区绿化工程量，山榆整地在春季进行，随整地随造林。整地规格：乔木，坑径×坑深为 100 cm×100 cm。

栽植方法：栽植前在含有生根粉和保湿剂的泥浆中蘸根，栽植时要扶正苗木入坑，用表土填至坑 1/3 处，将苗木轻轻上提，保持树身垂直，树根舒展，栽植后乔木填高约高于原土痕 10 cm，然后将回填土壤踏实。栽好后在树坑外围筑成灌水埂，即时浇灌，然后覆土，防止蒸发。将树型及长势较好的一面朝向主要观赏方向；如遇弯曲，应将变曲的一面朝向主风方向。山榆在栽植前在清水中全株浸泡 48～72 小时，栽时截干，切口处涂漆。

所有苗木定植前，土坑内施厩肥或堆肥 10～20 kg，上覆表土 10 cm，然后再放置苗木定植。

抚育管理：造林后灌足水，以后每隔 15 天浇一次水，成活后一月浇一次水。每年穴内除草 2 ~ 3 次。另外，需定期整形修枝。

6.5.2.2 **供电线路**

1. 植物措施——植被恢复

洗煤厂运行 1 年后，供电线路植被已自然恢复一部分，但恢复效果不明显，成活率较低，因此方案新增设计对供电线路进行植被恢复，植被恢复面积 0.19 hm^2。

2. 设计依据

土壤类型以灰褐土为主，土壤腐殖质层厚度 30 cm 左右，土壤养分含量较高。草种选择较易成活的草木犀。草木犀种植方式为撒播，绿化面积 0.19 hm^2，苗木规格为一级种子，单位需种量 10 kg/hm^2，初期需种量 1.9 kg，补植需种量 0.38 kg。绿化技术措施及抚育管理措施与空地绿化技术措施相同。

6.5.3 防治措施工程量

水土流失防治措施包括工程措施、植物措施和临时措施。主体工程已有的工程措施工程量见表 6-3，主体工程已有的临时措施工程量见表 6-4。方案新增的工程措施工程量见表 6-5，方案新增的植物措施工程量见表 6-6。

表 6-3 主体工程已有的工程措施工程量

项目区	措施	单位	数量	工程量
				浆砌石（m^3）
空地区	护坡	m	60	60

表 6-4 主体工程已有的临时措施工程量

防治区域	措施名称	单位	防护材料	防护量
进场道路	洒水降尘	台	洒水车	1
		m^3	水	1.96
空地区	洒水降尘	m^3	水	6.86
产品堆场	洒水降尘	m^3	水	14.7
原煤堆场	洒水降尘	m^3	水	16.17

表 6-5 方案新增的工程措施工程量

防治分区	工程项目	单位	数量	工程量（m^3）
空地区	土地整治	hm^2	0.04	160

表 6-6 方案新增的植物措施工程量

防治区域	防治部位	措施名称	单位	防护数量	草树种	总需种（苗）量	
						单位	数量
空地区	厂区周边空地	周边防护林	hm^2	0.04	山榆	株	101
供电线路	施工扰动区	植被恢复	hm^2	0.04	草木犀	kg	1.9

6.6 水土保持监测

6.6.1 监测时段及频次

本工程属于已建建设类项目，按照《开发建设项目水土保持技术规范》和《水土保持监测技术规程》的有关规定，监测时段划分为施工期、植被恢复期和运行期。由于本工程已经在2012年3月开工，2012年10月完工并投产，本水土保持方案确定的监测时段为2013年12月～2014年7月，植被恢复期为2014～2016年，见表6-7。

表6-7 监测时段及监测区域

监测时段	监测区域
2013年12月至设计水平年	办公生活区
	洗煤车间
	循环水池
	进场道路
	地磅房及变压器
	空地区
	产品堆场
	原煤堆场
	供电线路

6.6.2 监测区域、监测点位

6.6.2.1 监测区域

根据本项目建设工程布局、可能造成的水土流失及其水土流失防治责任范围，按照《开发建设项目水土保持技术规范》和《水土保持监测技术规程》的要求和本工程的实际情况，将本工程水土保持监测范围确定为办公生活区、洗煤车间、循环水池、进场道路、地磅房及变压器、空地区、产品堆场、原煤堆场和供电线路(见表6-7)。

6.6.2.2 监测点位

依据主体工程建设特点、施工中易产生新增水土流失的区域及项目区原有水土流失类型、强度等，确定水土保持监测点。从本工程水土保持预测结果看，水土流失主要发生在供电线路区等，且供电线路区还未进行植被恢复，所以本方案在供电线路区布设了1个水蚀监测点和1个风蚀监测点。具体见表6-8。

表 6-8　监测点位布设、时段及频率情况

监测时段	监测区域	监测点位	监测内容	监测频次
2013 年 12 月至设计水平年	供电线路区	1 处	①扰动地表面积;②风蚀、水蚀分布及侵蚀量	①扰动地表面积。②风蚀、水蚀分布及侵蚀量监测,风蚀在春季 3～5 月每 15 天监测一次,大风风速≥5 m/s 后增测一次;水蚀在雨季 6～9 月每月监测一次,发生暴雨(降雨强度≥5 mm/10 min、≥10 mm/30 min 或≥25 mm/24 h)时增测一次
	供电线路区	1 处		

6.6.3　监测内容、方法和频率

6.6.3.1　监测内容

1. 水土流失影响因子监测

主要包括:项目区地形地貌、坡度、土壤、植被、气象等自然因子的变化;项目区植被覆盖状况;建设占用土地、扰动地表面积;挖、填方数量。

2. 水土流失状况监测

主要包括建设过程中和运行期水土流失类型、面积、强度、数量的变化情况。

3. 水土流失危害监测

主要包括工程建设过程中和植被恢复期的水土流失面积、分布、流失量和水土流失强度变化情况,以及对周边地区生态环境的影响,造成的危害情况等。

在工程建设期的雨季、大风扬沙季节监测水土流失的发展和水土流失对当地生态敏感地带的影响;风蚀危害重点监测剥蚀土层厚度、植被变化情况、土壤肥力、土地占用及退化情况;水蚀危害重点监测水蚀发展程度、土地占用情况和退化面积;重力侵蚀重点监测诱发情况、关键地貌部位径流量、已有水土保持工程破坏情况、地貌改变情况等。

4. 水土流失防治效果以及水土保持工程设计管理等方面监测

水土流失及其防治效果的监测区域是整个防治责任范围,根据建设过程中产生的水土流失及其治理情况,依据不同施工期,设置必要的定位监测点,着重对土壤降雨强度、产流形式、水蚀量进行监测,以确定土壤侵蚀形式及流失量,分析评价水土流失的动态变化过程,及时指导水土保持工作的进行。具体内容为:水土流失防治措施实施情况、数量、质量、防治效果等;建设项目区植物措施的成活率、保存率、生长情况和覆盖度;各项措施的标准、稳定性、完好程度和运行情况;各项措施拦渣保土效益。通过监测确定工程建设损坏水保设施面积、扰动地表面积、工程防治责任范围面积、工程建设区面积、直接影响区面积、水土保持措施防治面积、防治责任范围内可绿化面积、已采取的植物措施面积等。

5. 水土保持措施完成情况监测

主要包括各项水土保持防治措施实施的进度、数量、规模及其分布情况。

6.6.3.2　监测方法

根据水利部水保〔2009〕187 号《关于规范生产项目水土保持监测工作的意见》的监测内容和重点的要求,其监测方法为:以实地调查为主,结合项目和项目区建设情况可以布设监测点开展水土流失量的监测。具体见表 6-9。

表 6-9　水土保持监测内容与方法

时段	监测内容	监测方法
2013 年 12 月至设计水平年	项目区地貌变化情况	实地调查
	占用土地面积和扰动地表面积	实地调查
	各区域风蚀、水蚀量	定位观测
	施工破坏的植被面积及数量	实地调查
	防护措施的效果	实地调查

6.6.3.3　监测频率

1. 实地调查监测频次

根据不同的施工时序、监测内容分别确定。在 2013 年 12 月立即开展水土保持监测工作,对各工程建设区进行一次全面调查监测。

2. 地面定位监测频次

通过布设不同类型的监测小区进行风蚀量和水蚀量定位监测。定位监测主要是在绿化区水土保持措施施工期间进行。风蚀监测期主要安排在春季 3 ~ 5 月及秋末和冬初,监测频率为每 15 天监测一次,另外风速达到 17 m/s 后加测一次;水蚀监测期主要安排在 6 ~ 9 月,每逢降雨及时监测,重点进行产生径流降雨(降雨强度≥5 mm/10 min、≥10 mm/30 min 或≥25 mm/24 h)侵蚀量的监测。

本方案水土保持监测时段、点位及监测内容、方法和监测频次汇总详见表 6-10。

表 6-10　监测点位、内容频率情况

监测时段	监测区域	监测点位	监测内容	监测频次
2013 年 12 月至设计水平年	供电线路区	1 处	风蚀、水蚀分布及侵蚀量	风蚀、水蚀分布及侵蚀量监测,风蚀在春季 3 ~ 5 月每 15 天监测一次,大风风速≥5 m/s 后增测一次;水蚀在雨季 6 ~ 9 月每月监测一次,发生暴雨(降雨强度≥5 mm/10 min、≥10 mm/30 min 或≥25 mm/24 h)时增测一次
	供电线路区	1 处		

通过实施以上监测过程,得到水土保持监测报告、监测表格及相关的监测图件等监测成果。